JN417945

ORGANIC CHEMISTRY

2판

유기화학

ORGANIC CHEMISTRY

최병범 지음

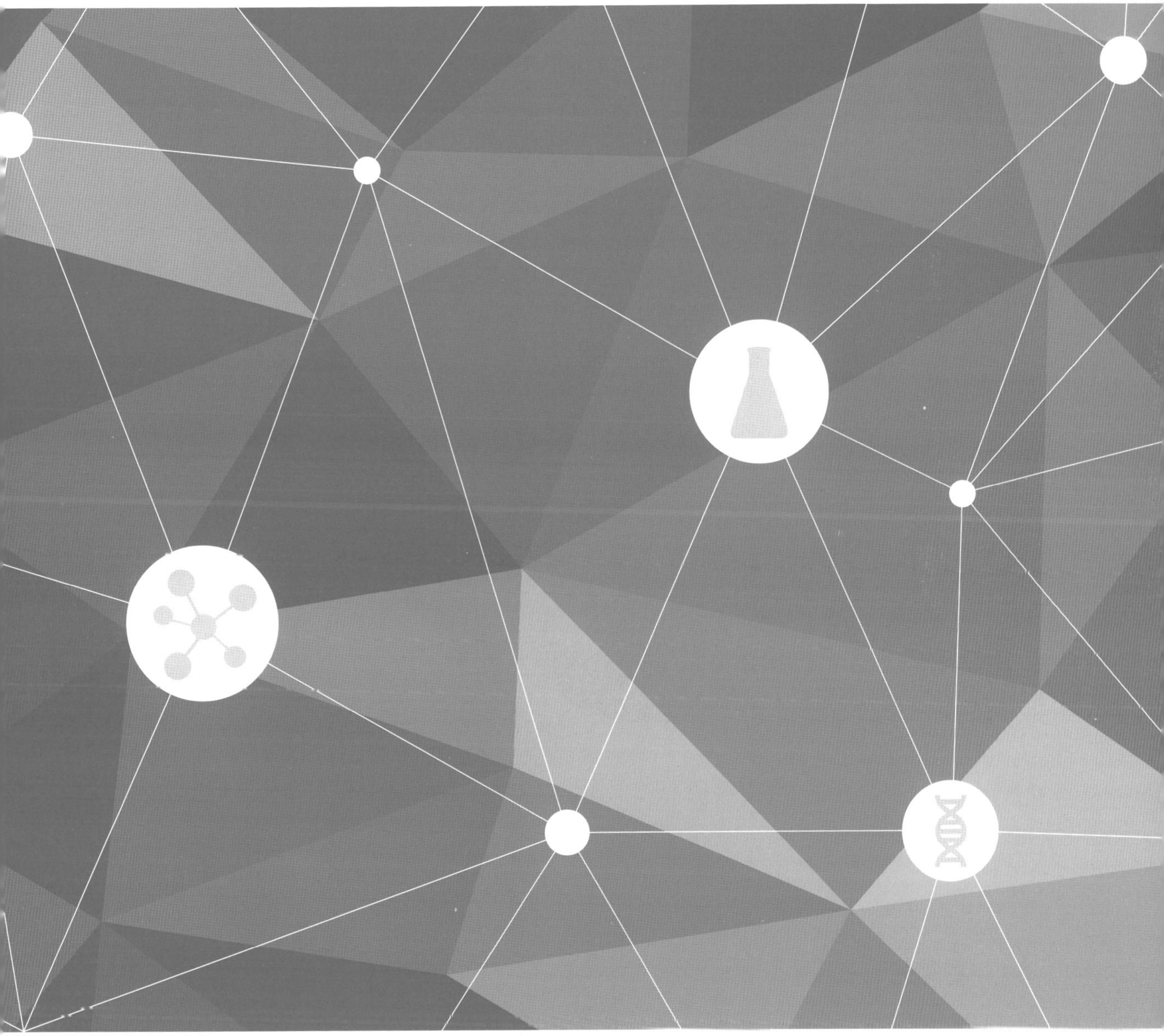

교문사

PREFACE

20세기는 전자, 원자핵을 구성하는 양성자와 중성자 등 원자 시대(atomic age)였고, 현재 21세기는 원자들로 구성된 분자 시대(molecular age)이다. 인체와 식품, 의약품 등 모든 생명체와 물질은 분자로 이루어져 있고 그중 유기화합물(organic compound)인 탄소화합물은 가장 중요한 물질로서 지금까지는 현재 우리가 살고 있는 세계를 탄소 세계(carbon world)로 규정할 수 있다. 유기화학(organic chemistry)은 이러한 탄소화합물의 구조, 성질 및 변화를 다루는 학문으로 인간의 생활사와 밀접하며 인간의 위대한 과학적 성과를 대표한다. 그럼에도 불구하고, 유기화학은 수많은 구조, 용어 및 반응으로 처음 접하는 학생들에게는 어렵고 부담을 느끼게 하는 과목이다. 그러나, 유기화학은 방대한 역사와 내용에도 불구하고 대단히 체계적이고 논리적인 과목인 것 또한 사실이다. 학생들은 몇 가지 단순한 기본 원리를 암기가 아니라 정확히 이해한다면, 수많은 구조와 반응은 서로 연계되어 있고 결과 또한 예측할 수 있다.

이번 개정판도 전공 기초과목으로 유기화학을 공부하거나 또는 화학 비전공자로서 식품영양학, 식품과학, 식품공학, 생명과학 등을 공부하기 위한 학생들을 대상으로 한 학기 수업에 적합하도록 유기화학의 내용과 범위를 적절하게 기술하였다.

총 13장으로 나누어 알케인, 알켄 등의 사슬화합물, 벤젠 등의 방향족화합물, 알코올, 알데하이드와 케톤 등의 작용기화합물, 탄수화물, 지질, 단백질 등의 천연화합물의 명명법, 구조, 성질 및 반응 등에 대하여 기술하였으며 각 장마다 예제와 연습문제를 수록하였다.

부디 학생들이 이 책을 통하여 유기화학의 규칙과 논리를 이해하여 유기화학은 물론 각자 전공에 대한 흥미와 성과를 갖기를 진심으로 기원한다. 향후 이 책에 대한 독사 여러분의 기탄없는 조언이나 제안을 환영하며 여러 가지 미흡한 점이 있다면 보완을 통하여 더 나은 책으로 거듭날 것을 약속하면서 개정판의 출판을 위하여 많은 도움과 노고를 아끼지 않은 교문사 관계자 여러분들에게 감사의 마음을 전한다.

2020년 1월

최병범

CONTENTS

12 CHAPTER 지질

13 CHAPTER 아미노산과 단백질

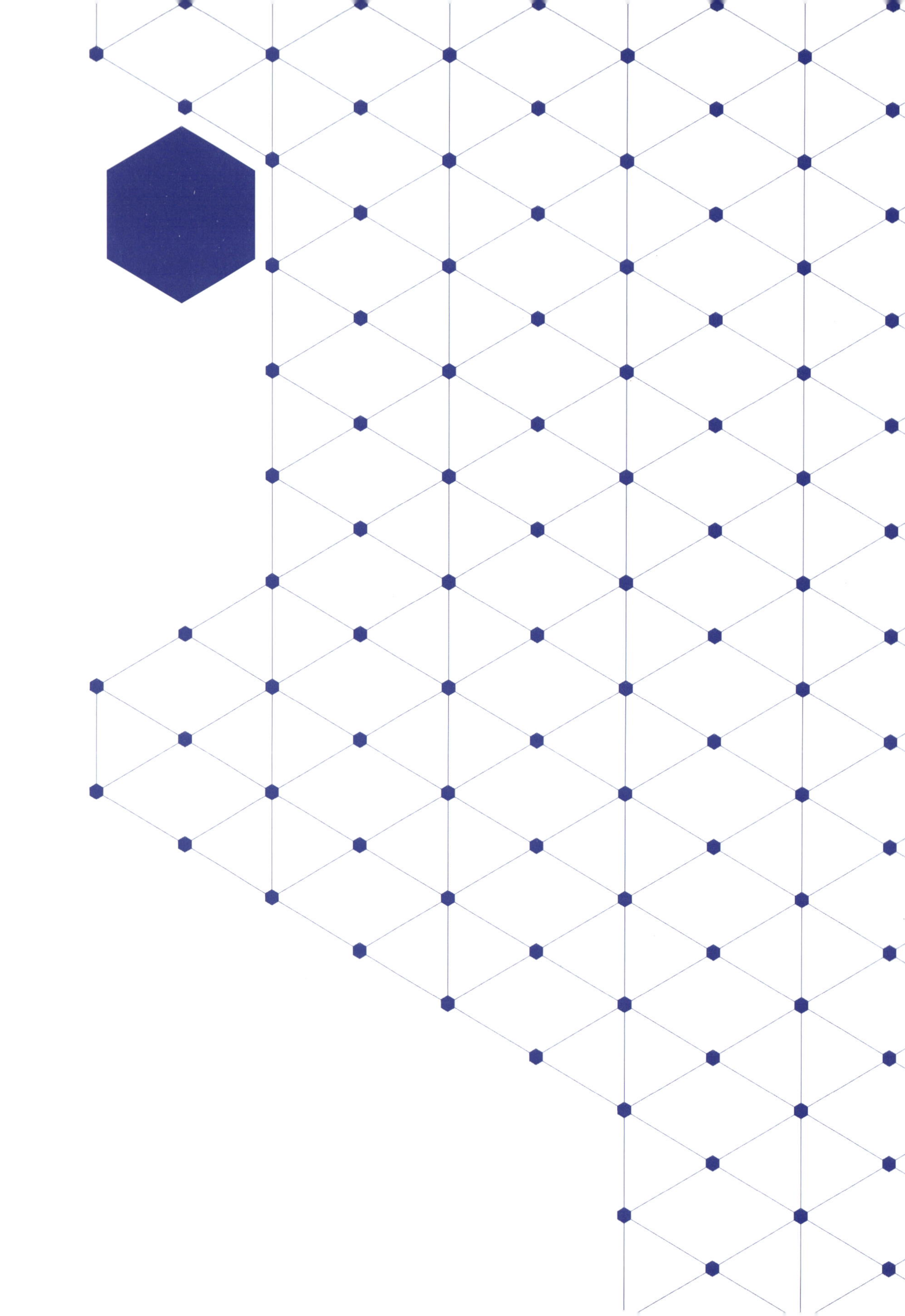

CHAPTER 1

기본 개념

BASIC CONCEPTS

1 기본 개념

BASIC CONCEPTS

1. 개요

과거에는 물질을 그 기원에 따라서 유기화합물과 무기화합물로 구별하였다. 베르셀리우스(Jöns Jacob Berzelius, 1806)는 동식물체의 기관(organ) 등 생명체로부터 유래된 물질을 유기화합물(organic compound)이라 부르고, 비생명체에서 생성되는 물질을 무기화합물(inorganic compound)이라 불렀다. 그러나 뵐러(Friedich Wöhler, 1828)가 무기물질인 시안산암모늄(ammonium cyanate)을 유기물질로 알려진 요소(urea)로 전환시킬 수 있다는 것을 발견함으로써, 생명력(vital force)에 의해서만 합성하게 된다고 믿었던 유기화합물이 인공적으로 합성될 수 있다는 새로운 사실이 밝혀지게 되었다.

그림 1-1 프리드리히 뵐러 (Friedrich Wöhler, 1800~1882)

$$NH_4CNO \xrightarrow{\text{열(heat)}} NH_2-\overset{\overset{\displaystyle O}{\|}}{C}-NH_2$$

시안산암모늄 요소

현재 유기화합물은 탄소를 함유한 물질이라 정의하고, 유기화합물의 구조, 성질 및 반응 등을 다루는 학문, 즉 탄소화합물의 화학을 유기화학(organic chemistry)이라 한다.

2. 유기화합물의 특성과 구분

2.1 유기화합물의 특성

유기화합물은 기본적으로 중심원자인 탄소와 공유결합으로 이루어진 탄소화합물이다. 유기화합물의 특성은 다음과 같다.

① 유기화합물은 대부분 가연성으로 공기 중에서 완전연소하면 물과 이산화탄소로 변한다.

② 유기화합물은 분자 간 인력이 작아 녹는점(융점, melting point : mp)과 끓는점(비점, boiling point : bp)이 낮다.

③ 유기화합물은 소수성 또는 비극성으로 물에는 녹지 않으며 유기용매에 녹는다.

④ 유기화합물은 반응속도가 느려 반응을 위해서 외부 에너지나 촉매가 필요하다.

⑤ 유기화합물은 무기화합물보다 많은 이성질체와 복잡한 구조를 가진다.

⑥ 유기화합물은 공유결합으로 이루어진 비전해질로 10만 이하 종류의 무기화합물보다 훨씬 많은 100만 이상의 종류를 가지고 있다.

⑦ 유기화합물의 구성하는 원소은 주로 탄소(C), 수소(H), 산소(O), 질소(N), 인(P), 황(S), 할로젠 원소(Cl, Br, I) 등이다.

2.2 유기화합물의 구분

유기화합물은 탄소원자의 결합 형태, 그리고 탄화수소와 작용기(관능기)의 종류에 따라 구분할 수 있다.

1) 탄소원자의 결합 형태

유기화합물은 탄소원자의 결합 형태에 따라 사슬화합물(지방족화합물, aliphatic compound)과 고리화합물(환상화합물, cyclic compound)로 나누는데 사슬화합물에는 포화탄화수소(알케인, alkane), 불포화탄화수소(알켄, alkene) 등이 있으며 고리화합물은 사이클로알케인(cycloalkane), 사이클로알켄(cycloalkene) 등의 탄소고리화합물, 벤젠(benzene) 등의 방향족화합물, 헤테로고리화합물(heterocyclic compound) 등으로 구분한다.

- 사슬화합물(지방족화합물, aliphatic compound)
  - 포화탄화수소
  - 불포화탄화수소
- 고리화합물(환상화합물, cyclic compound)
  - 탄소고리화합물
  - 방향족화합물
  - 헤테로고리화합물

그림 1-2 탄소가 관여하는 여러 화학결합

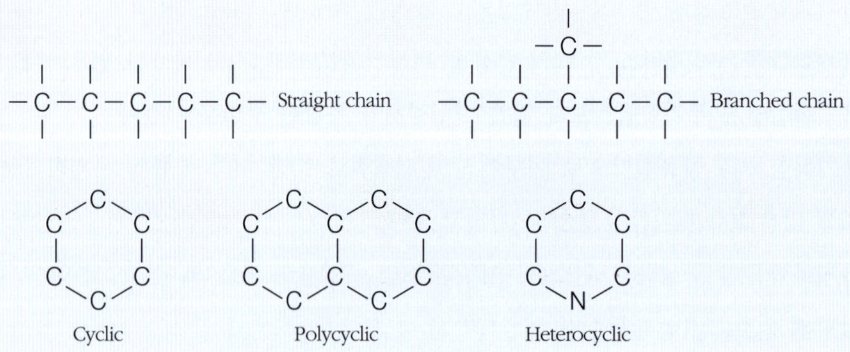

Straight chain

Branched chain

Cyclic

Polycyclic

Heterocyclic

그림 1-3 탄화수소의 분류

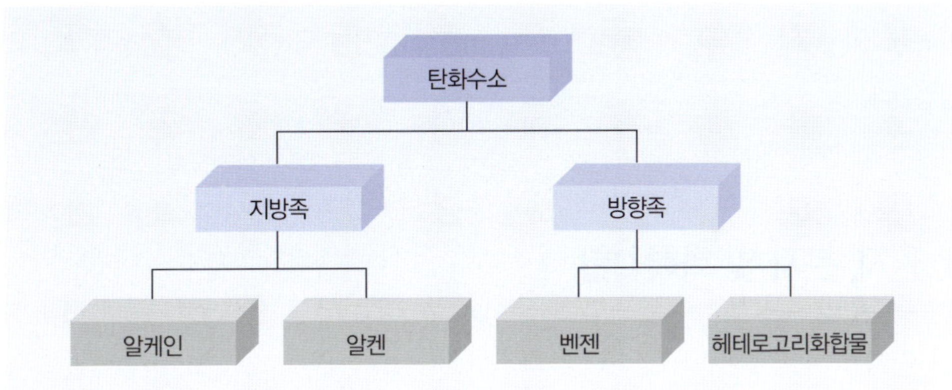

표 1-1 중요한 작용기

작용기	화합물 종류	구조	예
하이드록시기 (−OH)	알코올(alcohol)	R−OH	에탄올(CH_3CH_2OH)
알데하이드기 (−CHO)	알데하이드(aldehyde)	R−C(=O)−H	아세트알데하이드(CH_3CHO)
케톤기 (=CO)	케톤(ketone)	R−C(=O)−R	아세톤(CH_3COCH_3)
카복실기 (−COOH)	카복실산(carboxylic acid)	R−C(=O)−OH	아세트산(CH_3COOH)
아미노기 ($-NH_2$)	아민(amine)	R−N(−H)−H	메틸아민(CH_3NH_2)

2) 탄화수소

탄화수소(hydrocarbon)는 탄소와 수소만으로 구성되어 있는 화합물로 유기화합물은 크게 포화와 불포화 그리고 지방족과 방향족으로 구분한다. 지방족 탄화수소에는 사슬화합물 탄화수소인 포화탄화수소의 알케인과 불포화탄화수소의 알켄 등이 있으며 고리화합물 탄화수소에는 포화탄화수소의 사이클로알케인과 불포화탄화수소의 사이클로알켄 등이 있다. 방향족 탄화수소에는 벤젠과 헤테로고리화합물 등이 있다.

3) 작용기

유기화합물은 구성 원자모임이 각각의 특성이 있는데 이 같은 원자모임을 작용기(functional group, 관능기)라 한다(표 1-1). 이들의 특성에 의하여 유기화합물의 성질이 결정된다.

3. 원자, 분자 및 화학결합

3.1 원자

원자(atom)는 중심에 양전하(+)를 가진 원자핵과 그 주위를 회전하는 음전하(−)를 가진 전자(electron)로 구성되어 있으며, 원자핵은 양성자(proton)와 중성자(neutron)를 포함하고 있다. 일반적으로 양성자 수와 전자 수는 같으며 양성자 수는 그 원소의 기본적인 성질을 나타내어 그 원소의 원자번호라고 한다. 원자의 질량 수는 양성자 수와 중성자 수를 합한 값이다.

3.2 분자

분자(molecule)는 자연계의 모든 순수한 물질들의 기본단위로 원자들의 결합에 의해 생성된다. 전기를 띠고 있는 원자나 원자 모임(원자단)을 이온(ion)이라 하며 양전하를 가진 양이온(양성자 수가 전자 수보다 많은 경우)과 음전하를 가진 음이온(전자 수가 양성자 수보다 많은 경우)이 있다. 한 가지 원자만으로 구성된 물질을 원소(element), 두 가지 이상의 원자로 구성된 분자 모임을 화합물(compound)이라 한다. 분자를 구성하는 원자의 종류와 개수를 나타내는 식을 분자식이라 한다.

3.3 화학결합

물질을 계속 쪼개어 나가면 그 물질의 성질을 가지는 가장 작은 입자인 분자가 된다.

분자는 원자로 이루어져 있다. 이러한 원자들이 결합하여 분자가 되며, 분자들이 모여서 물질이 된다. 이처럼 원자들이 서로 결합하여 분자를 이루는 이유는, 자연에 있어서 물질의 변화는 늘 안정한 쪽으로 이루어지는데 원자가 결합하여 분자를 형성하는 것도 그렇게 함으로써 더 안정되기 때문이다. 이때 '안정하다'는 것은 에너지 함량이 상대적으로 적다는 의미이다. 만일, 원자 상태가 분자 상태보다 더 안정하다면 화학결합은 이루어지기 어려울 것이다. 따라서 원자가 결합을 형성하면 안정되는 만큼의 에너지를 외부로 방출하는데, 이 에너지를 결합에너지라고 한다.

$$\text{원자} + \text{원자} \xrightarrow{\text{결합 형성}} \text{분자} + \text{결합에너지}$$

분자 내의 원자와 원자 사이의 결합을 화학결합(chemical bond)이라 하며, 이는 원자들의 결합에 의해 형성된다. 결합방식에는 전자를 주고받는 이온결합(ion bond), 전자를 공유하는 공유결합(covalent bond) 등이 있다.

탄소는 다른 원소들과 전자쌍을 공유함으로써 공유결합을 형성할 수 있다. 탄소는 이때 자신과 수소, 산소 혹은 질소와 강하고 안정한 공유결합을 쉽게 형성할 수 있다. 이것은 탄소가 최대로 4개의 다른 원자들과 결합할 수 있음을 말한다.

탄소의 이러한 성질 때문에 다양한 공유결합 배열이 가능하며 수백만의 다른 물질을 만들 수 있다. 이것은 탄소가 다양한 결합이 가능한 원소이며 생명에 대한 기본요소로 이용되는 데 아주 적당하다는 것을 보여주는 것이다.

$$\cdot\dot{\underset{\cdot}{C}}\cdot + 4H\cdot \longrightarrow H:\overset{H}{\underset{H}{\overset{..}{\underset{..}{C}}}}:H$$

공유결합

Methane

4. 공유결합

앞서 원자들이 서로 원자가전자를 공유하여 비활성 기체와 같은 전자 배치를 가지려 하며 이러한 전자 배치를 갖게 되면 안정한 상태가 된다고 제안하였다. 이와 같이 전자의 공유를 통한 결합을 공유결합이라고 한다.

2개의 수소원자(H)가 각각의 전자를 상대방 원자와 함께 공유함으로써 수소 분자(H_2)를 형성하면 수소원자들은 비활성 기체인 아르곤(Ar)과 같은 전자 배치를 갖게 되어 전체적으로 안정화가 된다.

공유결합은 결합된 두 원자 사이에 전자쌍을 공유함으로써 이루어진다. '공유한다'는 것은 전자쌍이 두 원자의 각 궤도함수를 동시에 점유한다는 것을 의미하며, 이것은 두 궤도함수가 서로 적당히 겹치면 일어난다. 단일, 이중 및 삼중 결합은 두 원자 사이에 각각 1, 2 및 3개의 결합 전자쌍을 공유한다. 또한, 공유결합은 공유전자쌍으로 이루어진 결합으로 방향성을 가지며 입체구조를 가지는 것이 특징이다. 즉, 공유결합의 방향성을 통해 공유결합물질의 입체구조를 예측할 수 있다.

4.1 원자 궤도함수

원자의 전자는 원자핵을 중심으로 원형 궤도를 에너지 준위의 차이에 따라 회전한다.

중앙의 원자핵으로부터 전자궤도 순서는 각각 1s, 2s, 2p, 3s, 3p, 3d 등인데, 이것을 원자 궤도함수(atomic orbital)라고 한다.

4.2 분자 궤도함수

가장 간단한 공유결합 분자인 수소 분자(H_2)에서 전자궤도의 모양을 생각해 보자. 1s 원자 궤도함수의 수소원자는 서로 겹쳐서 공유한 2개의 전자가 어느 한쪽의 수소원자에 속하지 않고, 양쪽 수소의 원자핵 주위에 동일하게 존재한다. 이때 형성된 분자의 전자궤도를 분자 궤도함수(molecular orbital)라고 한다. 수소 분자의 분자 궤도함수를 수소원자를 연결하는 축에 수직인 평면으로 잘라 보면 그 단면은 원형이 되는데, 이처럼 자른 단면의 모양이 원형인 분자 궤도함수를 σ 궤도함수(sigma orbital)라고 하며, σ 궤도함수로 연결된 결합을 σ 결합이라 한다.

다음으로, 이중결합을 가진 C_2H_4(ethene, ethylene) 분자에서 각 탄소원자는 1개의 s 원자 궤도함수와 3개의 p 원자 궤도함수를 가지고 있으며, 각 탄소원자는 2개의 수소원자 및 인접한 다른 탄소원자의 원자 궤도함수와 서로 겹쳐서 3개의 결합을 이루고, 각 탄소

그림 1-4 σ 궤도함수와 π 궤도함수

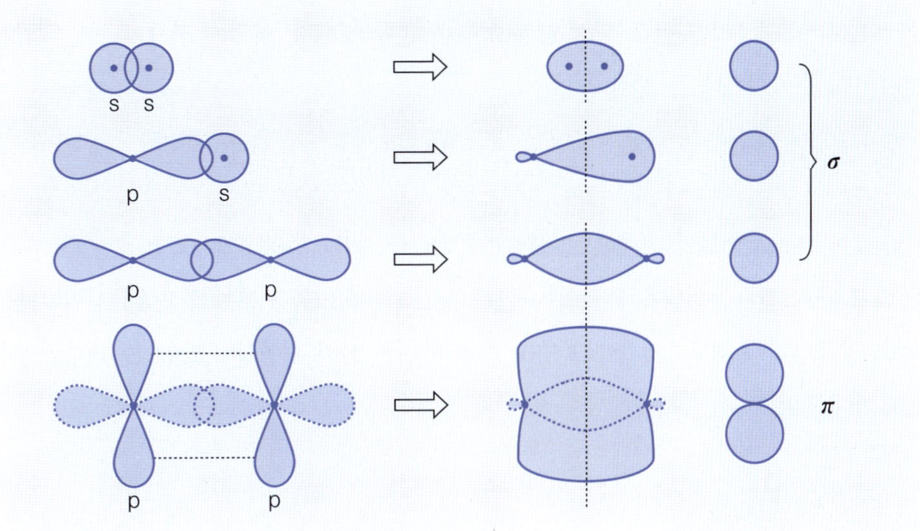

원자에 남아 있는 1개의 p 궤도함수들은 서로 겹쳐서 p–p 겹침을 이룬다. 이 p–p 겹침을 수직으로 잘랐을 때 분자 궤도함수의 단면은 아령형이 된다. 이처럼, 자른 단면의 모양이 아령형이 되는 분자 궤도함수를 π 궤도함수(pi orbital)라고 하고, π 궤도함수로 연결된 결합을 π 결합이라 한다. π 결합은 항상 σ 결합과 함께 형성된다.

σ 궤도함수는 두 원자핵 사이에 연결된 것이며, π 궤도함수는 두 원자핵을 잇는 축의 주위에 있다. 따라서 분자의 골격은 언제나 σ 궤도함수에 의하여 형성되고, π 궤도함수는 분자의 골격에는 영향을 주지 않는다.

4.3 공유결합 분자의 모양

우리는 같은 전하를 가진 물체 사이에 정전기적 반발이 작용하는 것을 알고 있다. 시지윅(Nevil Vincent Sidgwick, 1940)은 전자쌍 사이의 정전기적 반발력이 공유결합 분자의 모양을 결정한다고 생각하여 한 원자를 둘러싼 전자쌍들은 정전기적 반발 때문에 가능한 한 서로 멀리 떨어지려는 방향으로 놓인다는 전자쌍 반발 이론을 제안하였다.

한 분자의 중심 원자 주위에 전자쌍이 2, 3 및 4개가 존재하는 경우를 생각해 보자.

먼저 한 분자의 중심 원자에 전자쌍이 2개 존재하는 플루오르화베릴륨(BeF_2) 분자의 경우, BeF_2 분자에서 Be 원자에는 2개의 전자쌍이 존재하므로, 이들의 반발력이 최소가 되도록 배열하려면 서로 반대 방향에 놓여야 할 것이다. 따라서, F−Be−F의 결합각은 180°이고, 분자의 구조는 선형이다.

:F: Be :F: F − Be − F

다음으로, 전자쌍 3개가 존재하는 삼플루오르화붕소(BF_3) 분자의 경우, B 원자에는 3개의 전자쌍이 존재하므로 3개를 멀리 놓는 방법은 삼각 평면형이고, F−B−F의 결합각은 120°이다.

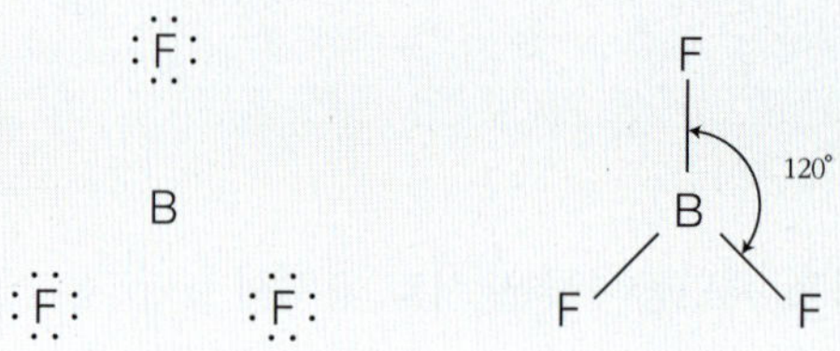

:F:
B
:F: :F:

F
120°
B
F F

마지막으로, 4개의 전자쌍이 존재하는 분자의 경우에 가장 멀리 놓는 방법은 정사면체이다.

1) 메테인(methane, CH_4)

4개의 전자쌍은 정사면체의 꼭짓점에 있을 때 가장 멀리 떨어져 있어서 H−C−H 결합각은 109.5°가 되고, 분자는 정사면체가 된다.

그림 1-5 메테인 분자의 구조와 분자 궤도함수

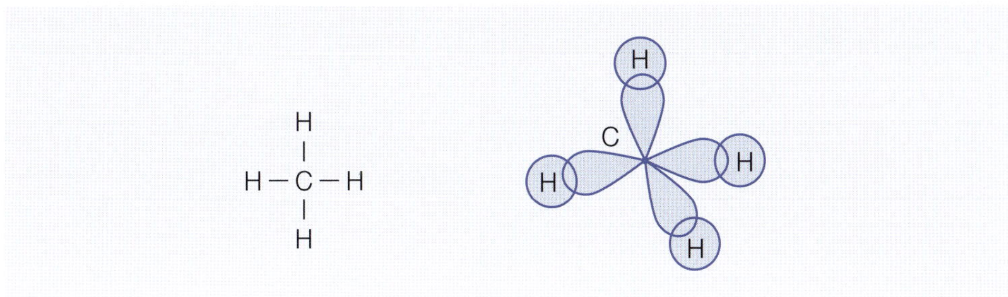

2) 암모니아(NH_3)

1개의 비공유전자쌍이 존재하여 비공유전자쌍은 공유전자쌍보다 반발력이 훨씬 커서 정사면체에서 약간 일그러진 삼각피라미드 구조를 가지며, H—N—H 결합각은 107°이다.

그림 1-6 암모니아 분자의 구조와 분자 궤도함수

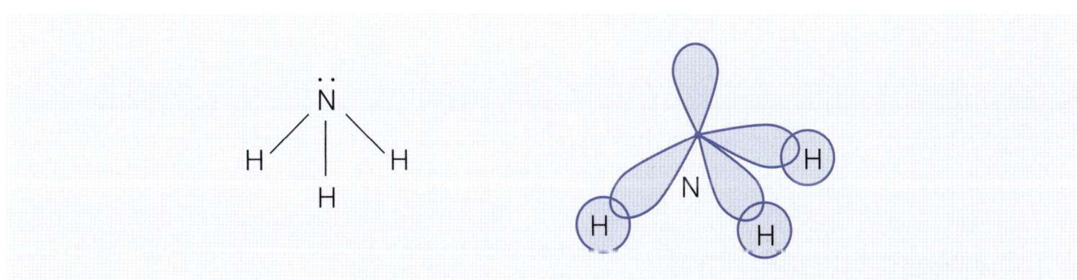

3) 물(H_2O)

2개의 비공유전자쌍이 존재하여 H_2O는 정사면체에서 크게 일그러진 굽은 구조를 가지며, H—O—H 결합각은 104.5°이다.

그림 1-7 물 분자의 구조와 분자 궤도함수

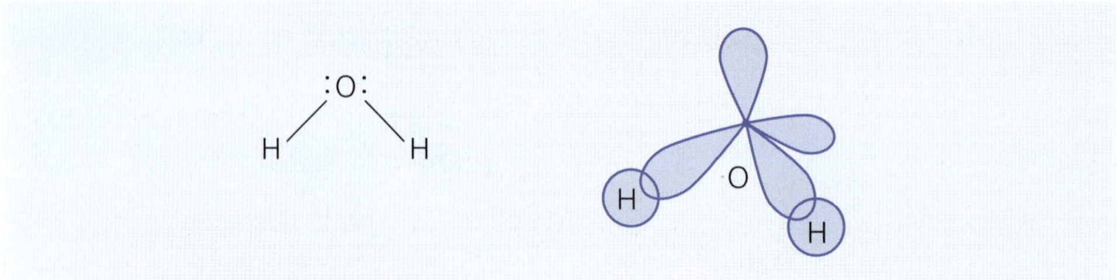

중심원자의 전자쌍 수와 분자 구조의 관계는 〈표 1-2〉와 같다.

표 1-2 전자쌍 수와 분자의 모양

분자	모양	전자쌍 수	결합각
플루오르화베릴륨(BeF_2)	선형	2	180°
삼플루오르화붕소(BF_3)	삼각평면	3	120°
메테인(CH_4)	정사면체	4	109.5°
암모니아(NH_3)	삼각 피라미드	4	107°
물(H_2O)	굽은 모양	4	104.5°

4.4 전기음성도와 결합의 극성

1) 전기음성도

폴링(Linus Carl Pauling, 1932)은 공유결합에서 공유 전자쌍에 대한 인력의 척도를 그 원소의 전기음성도(electronegativity)라 정의하고, 그것의 기준으로 수소의 전기음성도를 2.1로 정한 후 그것과 비교한 다른 원소의 전기음성도를 결정했다. 폴링의 전기음성도는 원소에 따라 0.7(Cs)~4.0(F) 사이의 값을 가지는데, 그 값은 〈표 1-3〉과

그림 1-8 라이너스 칼 폴링(Linus Carl Pauling, 1901~1994)

같다.

〈표 1-3〉을 보면 전기음성도는 주기율표의 같은 주기에서는 오른쪽으로 갈수록 커지고, 같은 족에서는 아래로 내려갈수록 작아짐을 알 수 있다. 한편, 원자 반지름은 주기율표의 같은 족에서는 원자 번호가 클수록 작아지므로, 원자 반지름이 작은 원자일수록 전기음성도가 크다고 말할 수 있다. 그리고 금속을 전자에 대한 인력이 약한 원소라 하고, 비금속을 전자에 대한 인력이 큰 원소라고 정의한다면, 주기율표의 금속성 및 비금속성의 상대적인 경향성과 전기음성도의 경향성이 서로 일치함을 알 수 있다.

표 1-3 원소의 전기음성도

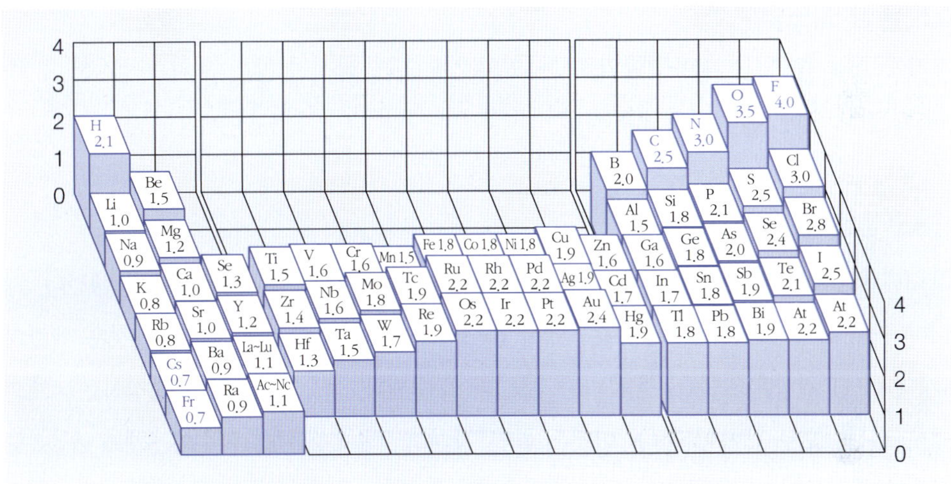

2) 결합의 극성

A와 B 두 원소가 공유결합하는 분자에서 A, B의 전기음성도 차이가 거의 없는 경우 비극성 결합이고, 전기음성도 차이가 큰 경우 극성 결합이다.

일반적으로 결합에서 두 원소의 전기음성도를 x_A, x_B라고 할 때, 그 차이가 $|x_A - x_B| > 1.7$이면 이온결합이고, $|x_A - x_B| < 1.7$이면 극성 공유결합이며, 극성 공유결합에서 전기음성도가 큰 원자는 δ^-(부분 음전하)를, 전기음성도가 작은 원소는 δ^+(부분 양전하)를 띠게 된다.

그림 1-9 이온결합과 공유결합

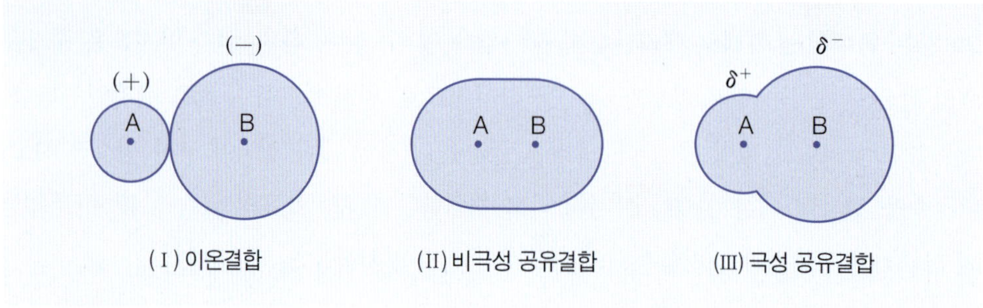

(Ⅰ) 이온결합 (Ⅱ) 비극성 공유결합 (Ⅲ) 극성 공유결합

4.5 혼성 궤도함수

원자가 이룰 수 있는 공유결합의 수는 최외각에 있는 짝짓지 않은 전자(최외각전자), 즉 원자가전자 수에 따라 결정된다.

1) sp^3 혼성 궤도함수

CH_4(메테인) 분자의 탄소원자 전자배치에서 1개의 2s 전자와 3개의 2p 전자가 생긴다. 그러나 이때에 형성된 4개의 공유결합에서 하나는 그 모양이 달라야 한다. 이것은 메탄의 4개의 C−H 결합은 모두 동등하다는 사실과 모순된다. 즉, 공유결합을 형성하는 4개의 궤도함수는 모두 같아야 한다. 이것은 들뜬 상태의 1개의 2s 궤도함수와 3개의 2p 궤도함수가 혼성화하여 4개의 동등한 sp^3 혼성 궤도함수(hybrid orbital)를 이룬다.

2) sp^2 혼성 궤도함수

탄소의 들뜬 상태에서 1개의 2s 전자와 3개의 2p 전자 중 2개만 혼성화되면 3개의 sp^2 혼성 궤도함수를 이루게 되고 2p 전자 1개는 그대로 있게 된다.

C_2H_4(에텐)은 하나의 탄소에 형성된 3개의 sp^2 혼성 궤도함수에서 2개는 수소의 1s 궤도와 각각 결합을 이루고 1개는 다른 탄소의 sp^2 혼성 궤도함수와 결합을 이루게 된다. 이때 C−C와 C−H 결합은 결합축을 중심으로 연결되며, 이러한 결합을 시그마 결합(σ bond)이라고 한다. 나머지 혼성화되지 않은 2p 전자는 다른 탄소의 혼성화되지 않은 2p

전자와 겹쳐서 결합을 이루며 C−C 결합축의 위와 아래에 있는데, 이를 파이 결합(π bond)이라고 부른다.

5. 이성질체

유기화학을 공부하는 동안 우리는 수많은 화합물들을 접하게 되는데 이러한 다양한 화합물의 존재는 이성질체(isomer) 때문이다. 이성질체는 분자식(molecular formula)은 같

그림 1−10 탄소의 sp^3 혼성궤도함수의 전자 배치

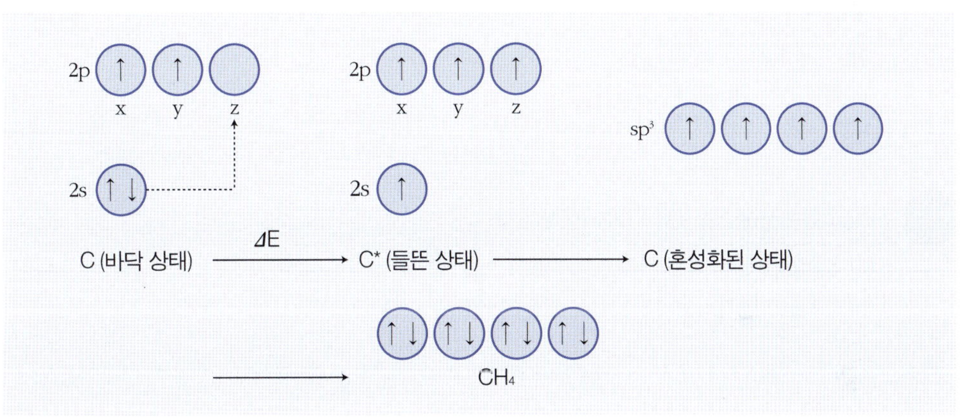

그림 1−11 탄소의 sp^2 혼성궤도함수와 전자 배치

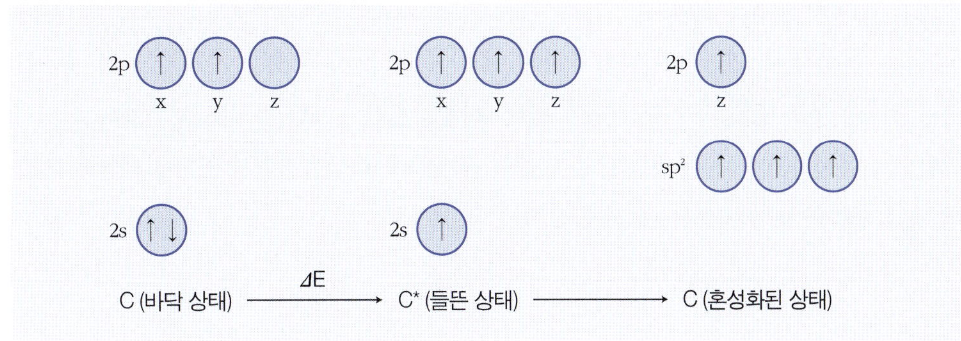

으나 성질이 서로 다른 물질이다. 이성질체의 종류는 구조, 기하, 입체 등의 성질에 따라 각각 구조이성질체, 기하이성질체, 입체이성질체 등이 있다.

구조이성질체(structural isomer)는 분자식이 같고 구조가 서로 다른 물질이다.

분자식이 C_2H_6O인 서로 다른 물질이 있다. 하나는 끓는점(boiling point, bp)이 78.5℃이고 액체인 에틸알코올이며 다른 하나는 bp가 −23.6℃이고 상온에서 기체인 다이메틸에터이다. 따라서, 에틸알코올과 다이메틸에터는 서로 구조이성질체이며 이들은 분자식이 같고 구조만 서로 다르다. 이런 형태의 이성질체는 분자 구조가 서로 다르기 때문에 물리적·화학적 성질도 서로 다르다.

```
    H   H                    H       H
    |   |                    |       |
H — C — C — O — H        H — C — O — C — H
    |   |                    |       |
    H   H                    H       H
```

Ethyl alcohol
(bp 78.3℃)

Dimethyl ether
(bp −24.9℃)

예제 1 다음 화합물에 해당하는 구조를 쓰시오.

(a) C_5H_{12}의 분자식을 가지는 3개의 이성질체

(b) C_3H_8의 분자식을 가지는 알코올 이성질체

6. 구조식

분자식은 분자에 포함되어 있는 원자의 수와 종류를 알려 주지만 구조식(structural formula)은 분자 내 원자의 배열에 대하여 알려 준다. 유기화학을 공부하는 동안 우리는 화합물들의 구조식을 그릴 수 있어야 한다. 화합물들은 3차원적 구조로 존재하고 있어 그림으로 표현하기가 매우 어렵다. 화합물의 구조식에서 공유결합의 공유전자쌍은 결합에 의해 연결된 두 원자 사이에 선을 그어서 나타낸다.

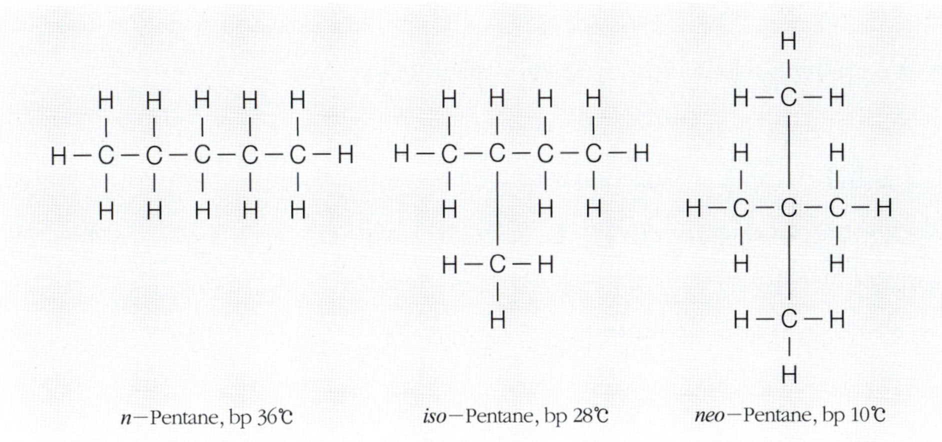

n−Pentane, bp 36℃ *iso*−Pentane, bp 28℃ *neo*−Pentane, bp 10℃

분자식이 C_5H_{12}인 물질의 모든 가능한 구조식인 완전구조식은 3가지이며 이들은 서로 구조이성질체이다.

구조식을 줄여서 쓸 수 있는 축소구조식은 분자의 일부분만 그리고 나머지 부분을 짧게 표시하거나 R로 표시한다. 때로는 구조식에서 수소를 제외하고 탄소만 표시하여 더 간략하게 쓸 수 있으며 완전히 간략하게 한다면 탄소골격만을 선으로 나타낼 수 있다.

$$\begin{array}{c} \mathrm{H}\quad\mathrm{H}\quad\mathrm{H} \\ |\quad\;\;|\quad\;\;| \\ \mathrm{H-C-C-C-OH} \\ |\quad\;\;|\quad\;\;| \\ \mathrm{H}\quad\mathrm{H}\quad\mathrm{H} \end{array} \rightarrow \begin{array}{c} \mathrm{H} \\ | \\ \mathrm{CH_3CH_2-C-OH} \\ | \\ \mathrm{H} \end{array} \rightarrow \begin{array}{c} \mathrm{H} \\ | \\ \mathrm{R-C-OH} \\ | \\ \mathrm{H} \end{array}$$

예제 2 다음 물질의 모든 결합을 나타내는 완전구조식을 쓰시오.

(a) $CH_3CCl_2CH_3$

(b) $(CH_3)_2C(CH_2CH_3)_2$

7. 유기반응

물질의 변화에는 모든 물질의 동질성을 변화시키지 않는 물리적 변화와 최소화한 물질인 반응물이 새로운 물질인 생성물로 변환되는 화학적 변화가 있다. 화학적 변화인 화학반응 중에서는 공유결합의 형성 및 분해와 관련된 유기반응이 있는데 주요 반응으로는 치환반응, 첨가반응, 제거반응, 이성질화 반응 등이 있다.

1) 치환반응

치환반응(displacement)은 알케인 등 포화탄화수소와 벤젠 등 방향족화합물에서 주로 일어나며 한 작용기가 다른 작용기를 치환하는 반응이다.

$$A{-}B + C{-}D \longrightarrow A{-}C + B{-}D$$

2) 첨가반응

첨가반응(addition)은 알케인 등 불포화탄화수소에서 일어나며 2개의 반응물이 합쳐져서 하나의 화합물이 되는 반응이다.

$$A{-}B \longrightarrow C(A + B)$$

3) 제거반응

제거반응(elimination)은 반응물인 한 분자의 일부분이 떨어져 나가는 반응이다.

$$C \longrightarrow A + B$$

4) 이성질화 반응

이성질화 반응(isomerization)은 반응물의 결합이나 원자가 재배열되면서 이성질체를 만드는 반응이다.

$$A \rightleftharpoons B$$

연습문제

1. 다음 화합물의 완전한 구조를 그리시오.

① $CH_3(CH_2)_3CH_3$

② $CH_3CH(CH_3)CH_2CH(CH_2CH_3)CH_2CH_3$

2. 다음 화합물의 축소된 구조를 그리시오.

①

```
              H
              |
          H - C - H
              |
      H       |   H   H   H
      |       |   |   |   |
  H - C - - - C - C - C - C - H
      |       |   |   |   |
      H       |   H   H   H
              |
          H - C - H
              |
              H
```

②

```
      H   H   H   H   H   H
      |   |   |   |   |   |
  H - C - C - C - C - C - C - H
      |   |   |   |   |   |
      H   H   H   H   H   H
```

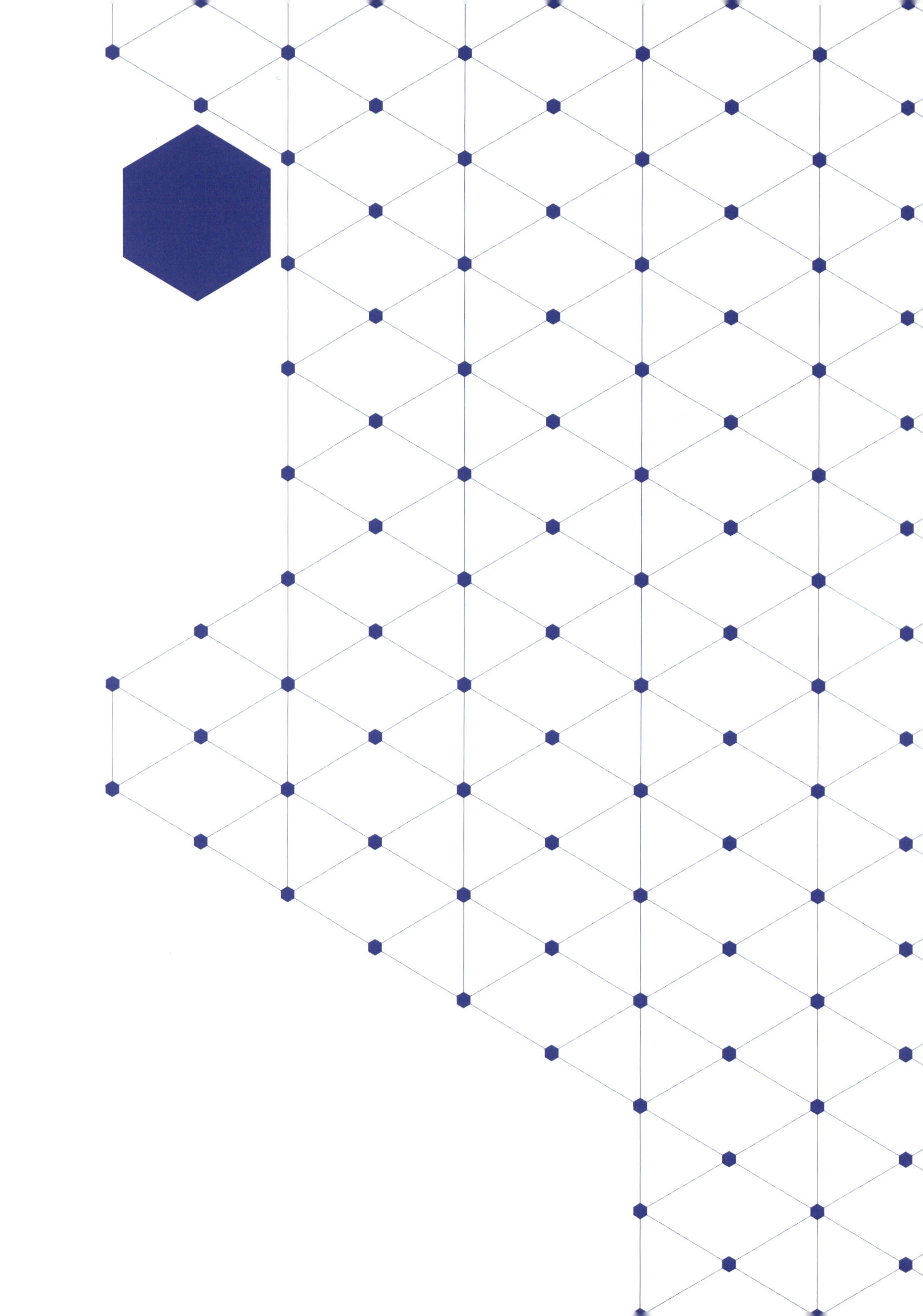

CHAPTER 2

알케인

ALKANES

2 알케인

ALKANES

1. 알케인의 구조

탄소와 수소만으로 되어 있는 화합물을 탄화수소(hydrocarbon)라 하고, 탄소원자들이 단일결합한 탄화수소를 포화탄화수소(saturated hydrocarbon), 즉 알케인(alkane)이라고 한다.

알케인의 일반식은 C_nH_{2n+2}로 나타내며 접미사는 −ane로 표시한다. 알케인은 〈표 2–1〉에서처럼 탄소 수에 따라 명명한다. 처음 네 화합물, 즉 메테인(methane), 에테인(ethane), 프로페인(propane) 및 부테인(butane)을 제외한 기타 알케인은 탄소 수에 상응하는 그리스 숫자로 명명된다. 그 끝에 −ane라는 접미사를 붙여 그 화합물이 알케인임을 나타낸다. 알케인에서 수소원자가 1개 작은 치환기를 알킬기(alkyl group)라고 하며, 일반식은 $C_nH_{2n+1}-$, 흔히 R−로 표시한다. 알킬기는 alkane의 −ane 대신에 −yl을 붙여 부른다.

표 2–1 수를 나타내는 접두사(그리스어의 수사)

수	1	2	3	4	5	6	7	8	9	10
수 표시	mono	di	tri	tetra	penta	hexa	hepta	octa	nona	deca
물질명 표시	metha	etha	propa	buta	penta	hexa	hepta	octa	nona	deca

표 2-2 C_1부터 C_{10}까지의 알케인계열 탄화수소

분자식	명칭	축소구조식	구조	알킬기
CH_4	Methane	C	CH_4	CH_3- Methyl
C_2H_6	Ethane	C–C	CH_3CH_3	CH_3CH_2- Ethyl
C_3H_8	Propane	C–C–C	$CH_3CH_2CH_3$	$CH_3CH_2CH_2-$ Propyl
C_4H_{10}	Butane	C–C–C–C	$CH_3CH_2CH_2CH_3$	$CH_3CH_2CH_2CH_2-$ Butyl
C_5H_{12}	Pentane	C–C–C–C–C	$CH_3CH_2CH_2CH_2CH_3$	$CH_3CH_2CH_2CH_2CH_2-$ Pentyl(Amyl)
C_6H_{14}	Hexane	C–C–C–C–C–C	$CH_3(CH_2)_4CH_3$	$CH_3(CH_2)_4CH_2-$ Hexyl
C_7H_{16}	Heptane	C–C–C–C–C–C–C	$CH_3(CH_2)_5CH_3$	$CH_3(CH_2)_5CH_2-$ Heptyl
C_8H_{18}	Octane	C–C–C–C–C–C–C–C	$CH_3(CH_2)_6CH_3$	$CH_3(CH_2)_6CH_2-$ Octyl
C_9H_{20}	Nonane	C–C–C–C–C–C–C–C–C	$CH_3(CH_2)_7CH_3$	$CH_3(CH_2)_7CH_2-$ Nonyl
$C_{10}H_{22}$	Decane	C–C–C–C–C–C–C–C–C–C	$CH_3(CH_2)_8CH_3$	$CH_3(CH_2)_8CH_2-$ Decyl

그림 2-1 *n*–부테인의 구조(C_4H_{10}, bp –0.5℃)

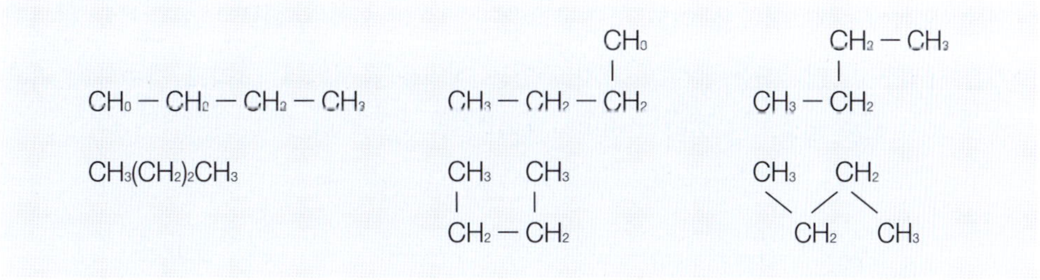

$CH_3-CH_2-CH_2-CH_3$

$CH_3(CH_2)_2CH_3$

하나의 알케인은 여러 가지로 표시할 수 있는데, 예로 탄소 4개의 알케인인 부테인(butane)은 〈그림 2–1〉과 같이 여러 가지로 나타낼 수 있다. 이들은 부테인이 단지 4개의 탄소 사슬로 되어 있다는 것을 의미할 뿐이다. 실제로 부테인은 보통 $CH_3CH_2CH_2CH_3$

그림 2-2 *iso*-부테인의 구조(C_4H_{10}, bp −11.7℃)

$$\begin{array}{c} CH_3 - CH - CH_3 \\ | \\ CH_3 \end{array}$$

또는 n-C_4H_{10}으로 쓰는데, n은 노말(normal), 즉 가지가 없는 사슬이라는 뜻이다.

〈그림 2-2〉와 같이 가지가 달린 사슬 모양인 것을 *iso*-부테인이라고 하는데, n-부테인의 bp와 비교하면 서로 다른 물질임을 알 수 있다. 이처럼, 분자식은 같으나 구조가 서로 다른 물질을 구조이성질체라고 한다.

2. 알케인의 IUPAC 명명법

유기화합물의 수가 급격히 증가함에 따라 많은 유기화합물을 계통적으로 명명하는 방법을 생각하게 되었고, 이에 따라 국제순수응용화학연맹(IUPAC, International Union of Pure & Applied Chemistry)에서 체계화하여 공식화한 규칙인 IUPAC 체계가 현재 국제적으로 사용되고 있다.

IUPAC 체계에서 화학명은 세 부분, 즉 접두사(prefix), 모체(parent) 및 접미사(suffix)로 나뉜다. 모체에 대한 이름은 기본 사슬을 이루는 탄소 수를 나타냄으로써 전체 분자의 크기를 규정하고, 접미사는 분자가 가지고 있는 계열을 표시한다. 그리고 접두사는 기본 사슬에 붙어 있는 작용기나 기타 치환기의 위치를 규정하게 된다.

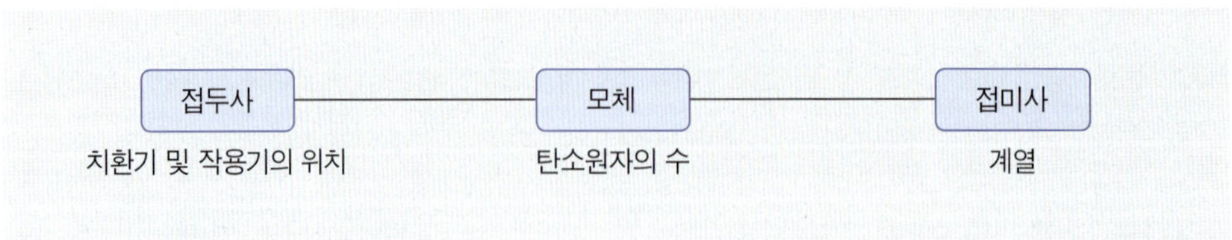

IUPAC 규칙에 따른 알케인 명명법은 다음과 같다.

① 모체는 분자 내에서 가장 긴 연속된 탄소사슬이다(길이가 동일한 서로 다른 사슬이 존재하면 곁가지 수가 많은 사슬이 모체이다).

② 모체의 탄소번호는 곁가지의 위치가 가능한 한 가장 낮은 번호가 되도록 한다.

③ 치환기(알킬기)의 위치는 모체화합물의 탄소에 아라비아 숫자로 표시한다.

④ 만일 서로 다른 치환기가 2개 이상 있으면 치환기의 이름에 따라 알파벳 순(또는 복잡도의 증가 순)으로 모체 알케인의 이름 앞에 접두사를 붙인다.

⑤ 만일 동일한 치환기가 2개 이상 있으면 그 수에 따라 2개는 '다이(di)', 3개는 '트라이(tri)', 4개는 '테트라(tetra)', 5개는 '펜타(penta)', 6개는 '헥사(hexa)' 등의 수사를 알킬기 이름 앞에 쓴다.

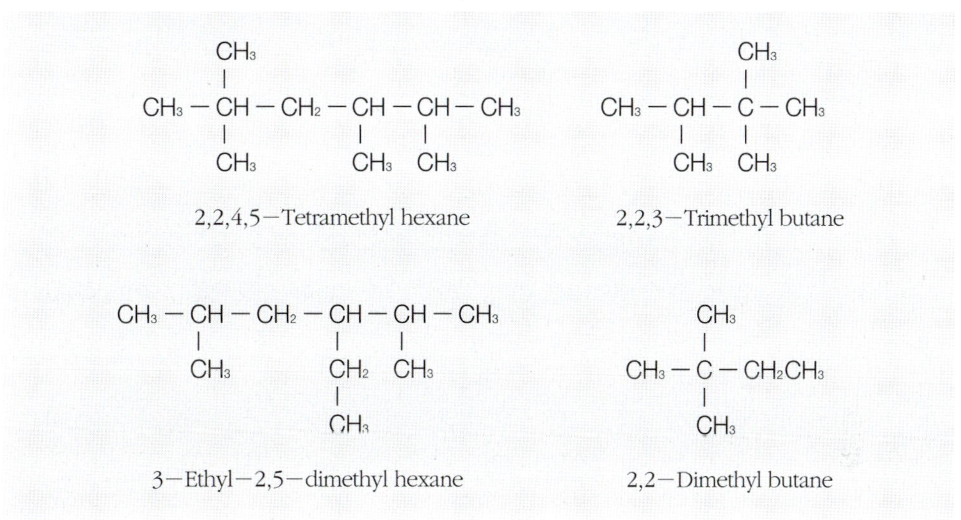

다음 화합물의 구조를 쓰시오.

(a) 2,2–Dimethyl pentane　　(b) 4–Ethyl–2–methyl hexane

(c) 3–Ethyl–4–propyl octane

3. 알케인의 구조이성질체

메테인, 에테인, 프로페인의 구조이성질체는 한 종류밖에 없으나 부테인에는 2종류, 펜테인에는 3종류가 있다. 탄소 수가 증가하면 탄화수소는 수많은 구조이성질체가 존재하게 된다.

표 2-3 탄소 수에 따른 구조이성질체 수

탄소 수	4	5	6	7	8	9	10	11	12
구조이성질체 수	2	3	5	9	18	35	75	159	355

표 2-4 알케인의 구조이성질체

탄소 수	명칭	구조	끓는점 (bp, ℃)	녹는점 (mp, ℃)	밀도 (g/mL, 20℃)
C_4	*n*–Butane	$CH_3CH_2CH_2CH_3$	–0.5	–138.4	0.622
	iso–Butane	$(CH_3)_2CHCH_3$	–11.7	–159.6	0.604
C_5	*n*–Pentane	$CH_3CH_2CH_2CH_2CH_3$	36.1	–129.7	0.626
	iso–Pentane	$(CH_3)_2CHCH_2CH_3$	27.9	–159.9	0.620
	neo–Pentane	$CH_3-C(CH_3)_2-CH_3$	9.5	–16.6	0.591
C_6	*n*–Hexane	$CH_3CH_2CH_2CH_2CH_2CH_3$	68.7	–95.3	0.659
	3–Methyl pentane	$CH_3CH_2CH(CH_3)CH_2CH_3$	63.3	–	0.664
	iso–Hexane 2–Methyl pentane	$(CH_3)_2CHCH_2CH_2CH_3$	60.3	–153.7	0.653
	2,3–Dimethyl butane	$CH_3CH(CH_3)-CH(CH_3)CH_3$	58.0	–128.5	0.662
	neo–Hexane 2,2–Dimethyl butane	$CH_3-C(CH_3)_2-CH_2CH_3$	49.7	–99.9	0.649

그림 2-3 이성질체 없음

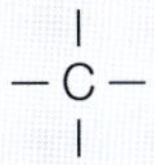

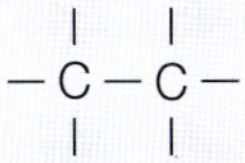

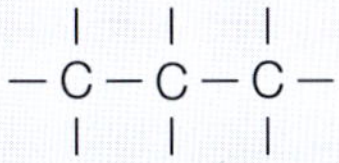

그림 2-4 C_4H_{10}의 이성질체

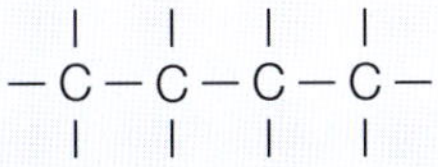

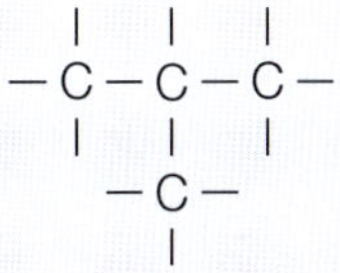

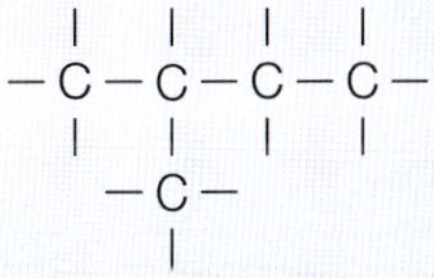

그림 2-5 C_5H_{12}의 이성질체

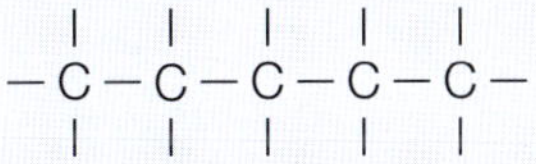

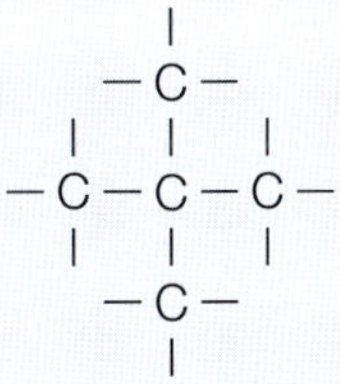

4. 알킬기의 IUPAC 명명법

알케인의 수소원자가 1개 작은 치환기인 알킬기는 alkane의 −ane 대신 −yl을 붙여 부른다. IUPAC 규칙에 따른 알킬기 명명법은 다음과 같다.

① 모체는 분자 내에서 가장 긴 연속된 탄소사슬로, 수소원자가 1개 작은 탄소를 포함한다.
② 모체의 1번 탄소번호는 수소원자가 1개 모자라는 탄소이다.
③ 치환 알킬기의 명명은 알케인과 동일하다. 반면, 오랜 관계와 관습에 따라 명명하는 것을 관용명(trivial name)이라 하는데 *n*−, *iso*−, *neo*−, *sec*−(*s*−), *tert*−(*t*−) 등이 있다.

〈표 2−5〉에는 주요 알킬기를 표시하였다.

표 2−5 주요 알킬기

알킬기	구조	탄소
메틸(Methyl)	CH_3-	1차
에틸(Ethyl)	CH_3CH_2-	1차
n−프로필(*n*−Propyl)	$CH_3CH_2CH_2-$	1차
n−부틸(*n*−Butyl)	$CH_3CH_2CH_2CH_2-$	1차
아이소부틸(*iso*−Butyl)	$(CH_3)_2CH-CH_2-$	1차
n−펜틸(*n*−Pentyl 또는 Amyl)	$CH_3CH_2CH_2CH_2CH_2-$	1차
아이소펜틸(*iso*−Amyl)	$(CH_3)_2CH-CH_2-CH_2-$	1차
네오펜틸(*neo*−Pentyl)	$CH_3-C(CH_3)_2-CH_2-$	1차
아이소프로필(*iso*−Propyl)	$(CH_3)_2CH-$	2차

(계속)

알킬기	구조	탄소
t−부틸(*t*−Butyl)	$CH_3-\overset{CH_3}{\underset{CH_3}{\vert{C}\vert}}-$	3차

$$\underset{\displaystyle CH_3}{\underset{|}{CH_3CH}}-$$

1−Methyl ethyl
(*iso*−Propyl)

$$CH_3CH_2\underset{\displaystyle CH_3}{\underset{|}{CH}}CH_2CH_2-$$

3−Methyl pentyl

$$CH_3-\overset{\displaystyle CH_3}{\overset{|}{\underset{\displaystyle CH_3}{\underset{|}{C}}}}-$$

1,1−Dimethyl ethyl
(*tert*−Butyl)

$$CH_3\underset{\displaystyle CH_3}{\underset{|}{CH}}-\overset{\displaystyle CH_3}{\overset{|}{\underset{|}{C}}}-CH_3$$

1,1,2−Trimethyl propyl

알케인에서 탄소는 수소 대신 치환된 알킬기의 수에 따라 각각 1차, 2차, 3차, 4차 탄소로 나눌 수 있다. 1차(1°) 탄소는 탄소에 1개의 알킬기가, 2차(2°) 탄소는 2개의 알킬기가, 3차(3°) 탄소는 3개의 알킬기가, 4차(4°) 탄소는 4개의 알킬기가 수소 대신에 치환되어 있다.

$$R-\overset{\displaystyle H}{\overset{|}{\underset{\displaystyle H}{\underset{|}{C}}}}-H$$ 1차 탄소 : 탄소에 1개의 알킬 치환기

$$R-\overset{\displaystyle H}{\overset{|}{\underset{\displaystyle R'}{\underset{|}{C}}}}-H$$ 2차 탄소 : 탄소에 2개의 알킬 치환기

$$R-\overset{\displaystyle R''}{\overset{|}{\underset{\displaystyle R'}{\underset{|}{C}}}}-H$$ 3차 탄소 : 탄소에 3개의 알킬 치환기

$$R-\overset{\overset{\displaystyle R''}{|}}{\underset{\underset{\displaystyle R'}{|}}{C}}-R'''$$

4차 탄소 : 탄소에 4개의 알킬 치환기

접두사 *sec*−(secondary, 2차)와 *tert*−(tertiary, 3차)는 특정 탄소에서 알킬기의 치환 정도가 각각 2개, 3개를 나타낸다.

R은 알킬기를 나타내는데 메틸, 에틸 또는 다른 알킬기를 나타낸다. 만약 한 종류 이상의 알킬기가 존재할 때는, 이들을 구별하기 위하여 R′, R″ 등으로 표시한다.

예제 2 탄소 4개로 된 알킬기(butyl) 4가지를 그리고, 관용명으로 명명하시오.

예제 3 다음 화합물에서 탄소원자를 1차, 2차, 3차 또는 4차 탄소로 분류하시오.

(a) $(CH_3)_2CHCH_2CH_3$ (b) $CH_3CH_2CH(CH_3)C(CH_3)_3$

(c) $C(CH_3)_4$

5. 알케인의 성질

5.1 물리적 성질

화합물의 물리적 성질은 일반적으로 녹는점(mp), 끓는점(bp), 비중(밀도) 및 용해도 등이 있는데, 여기서는 끓는점과 용해도에 관하여 구체적으로 살펴보자.

1) 끓는점

〈표 2−6〉을 살펴보면 탄소 수가 증가함에 따라 끓는점(bp)이 높아지며, 곁가지가 늘어날수록 bp가 낮아진다. Pentane(가지 없음)은 36.1℃에서 끓지만, 2−methyl butane(가지 하나)은 27.85℃에서, 그리고 2,2−dimethyl propane(가지 둘)은 9.5℃에서 끓는다.

끓는 과정이 일어나기 위해서는 액체나 고체에 작용하고 있는 분자 간의 인력을 이겨내야 하는데 분자가 커지면 분자 간의 인력이 증가하므로 bp가 높아진다. 알케인에서는 탄소사슬에 1개의 탄소가 증가할 때마다 bp가 20~30℃씩 상승한다.

처음 4개의 *n*-알케인은 기체이지만 사슬 길이가 늘어남에 따라서 bp가 높아지기 때문에 $C_{5\sim17}$은 액체이며, C_{18} 이상은 고체이다.

탄소 수가 같지만 구조가 다른 알케인들의 bp는 약간 다르다. 모든 경우에 가지사슬이 있는 알케인은 가지 없는(곧은) 사슬 알케인보다 bp가 낮으며 곁가지가 많을수록 bp가 낮아진다는 것을 알 수 있다. 곁가지를 가지면 bp가 낮아지는 이유는 곁가지가 있으면 분자의 모양이 구형에 가까워지며 이로 인해서 표면적이 감소한다. 그 결과 분자 간의 인력이 약화되어 보다 낮은 온도에서도 이 인력을 이겨낼 수 있게 되는 것이다. bp 값은 안정도의 척도로 사용될 수 있는데, bp 값이 클수록 안정한 반면에 작을수록 불안정하다.

표 2-6 알케인의 물리적 성질

탄소 수	알케인	녹는점(mp, ℃)	끓는점(bp, ℃)	비중(g/mL)
1	Methane	−182.5	−164.0	0.5547
2	Ethane	−183.3	−88.6	0.509
3	Propane	−189.7	−42.1	0.5005
4	Butane	−138.3	−0.5	0.5788
5	Pentane	−129.7	36.1	0.6262
6	Hexane	−95.0	68.9	0.6603
7	Heptane	−90.6	98.4	0.6837
8	Octane	−56.8	125.7	0.7025
9	Nonane	−51.0	150.8	0.7176
10	Decane	−29.7	174.1	0.7300
20	Eicosane	36.8	343.0	0.7886
30	Triacontane	65.8	450.0	0.8097
4	2-Methyl propane	−159.4	−11.7	0.579
5	2-Methyl butane	−159.9	27.85	0.6201
5	2,2-Dimethyl propane	−16.5	9.5	0.6135
8	*iso*-Octane	−107.4	99.3	0.6919

2) 용해도

용해도는 녹는 정도를 의미하는데, 용해도 값이 클수록 잘 녹는다. 반면에 작을수록 녹지 않고 침전된다.

알케인의 용해도는 「같은 종류는 같은 종류를 녹인다("*like dissolve like*")」는 법칙이 있다. 이에 따라서 알케인의 화합물은 벤젠, 에터, 클로로포름, 사염화탄소와 같은 비극성 용매에는 용해되지만, 물과 같은 극성 용매에는 용해되지 않는다.

5.2 알케인의 반응

1) 할로젠화 반응

할로젠화 반응(halogenation)은 알케인을 가열하거나 자외선을 비추는 조건하에서 알케인의 수소 1원자가 할로젠 1원자와 치환되는 반응(substitution reaction)이다. 이때에 할로젠화수소가 1분자 생성된다.

할로젠화 반응의 세기는 F > Cl > Br > I의 순이며 알케인의 할로젠화 반응 메커니즘(halogenation mechanism)은 자유라디칼 연쇄반응(free radical chain reaction)으로 개시단계(initiation), 진행단계(propagation), 종결단계(termination)의 3단계로 이루어진다.

- 개시단계(initiation) : $X_2 \longrightarrow X\cdot + X\cdot$
- 진행단계(propagation) : $X\cdot + RH \longrightarrow R\cdot + HX$
  $R\cdot + X_2 \longrightarrow RX + X\cdot$
- 종결단계(termination) : $2\,X\cdot \longrightarrow X_2$
  $2\,R\cdot \longrightarrow RR(R_2)$
  $R\cdot + X\cdot \longrightarrow RX$

메테인의 할로젠화 반응은 다음과 같으며 이 반응은 계속해서 일어날 수 있다.

$$CH_4 + Cl-Cl \xrightarrow{h\nu} CH_3Cl + HCl$$

$$CH_4Cl + Cl_2 \xrightarrow{h\nu} CH_2Cl_2 + HCl$$

Dichloro methane
(Methylene chloride)

$$CH_2Cl_2 + Cl_2 \xrightarrow{h\nu} CHCl_3 + HCl$$

Trichloro methane
(Chloroform)

$$CHCl_3 + Cl_2 \xrightarrow{h\nu} CCl_4 + HCl$$

Tetrachloro methane
(Carbon tetrachloride)

2) 산화반응

알케인은 과량의 산소 존재하에서 완전연소되어 이산화탄소와 물을 생성한다.

$$CH_4 + 2\,O_2 \longrightarrow CO_2 + 2\,H_2O$$

$$C_7H_{16} + 11\,O_2 \longrightarrow 7\,CO_2 + 8\,H_2O$$

3) 열분해(크래킹, cracking)

긴 탄소사슬의 고급 알케인을 가열하면 C와 C, C와 H의 단일결합이 파괴되어 짧은 탄소 사슬의 저급 알케인으로 된다.

$$\text{고급 탄화수소} \xrightarrow[400\sim600℃]{\text{공기 차단}} \text{저급 탄화수소}$$

$$C_8H_{18} \xrightarrow{\text{cracking}} \begin{cases} C_4H_{10} + C_4H_8\ (\text{불포화}) \\ C_6H_{14} + C_2H_4\ (\text{불포화}) \\ C_4H_{10} + CH_4 + C_2H_4 + C \\ C_8H_{16} + H_2 \end{cases}$$

4) 이성질화 반응

촉매와 가열조건하에서 화합물은 자신의 구조이성질체로 변화된다.

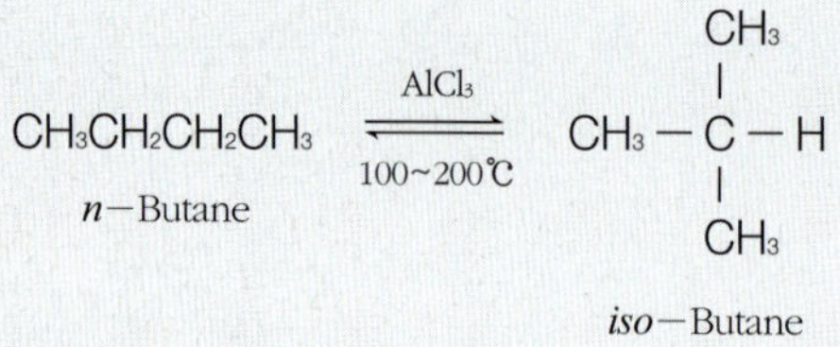

$$CH_3CH_2CH_2CH_3 \underset{100\sim200℃}{\overset{AlCl_3}{\rightleftharpoons}} CH_3-\underset{CH_3}{\overset{CH_3}{\underset{|}{\overset{|}{C}}}}-H$$

n−Butane　　　　　　　　*iso*−Butane

6. 알케인의 입체구조

6.1 에테인

2개의 탄소원자가 단일결합으로 결합될 때 서로 자유롭게 회전할 수 있다. 그래서 에테인(ethane)과 같은 분자에서는 한 탄소에 붙어 있는 3개의 수소와 다른 탄소에 붙어 있는 수소들 사이에 한 탄소가 다른 탄소에 대하여 회전하는 각도에 따라 수많은 배열이 가능하다. 이들의 배열 중 엇갈린(staggered) 형태에서는 한 탄소의 각 C−H 결합이 다른 탄소의 C−H 결합과 반대 방향인 반면, 가려진(eclipsed) 형태에서는 앞뒤 두 탄소의 C−H 결합이 동일 방향에 놓여 있다.

에테인의 엇갈린 형태와 가려진 형태들은 C−C 결합 주위를 회전하면 서로 변환되므로 구조이성질체이며 형태(conformational) 또는 회전이성질체(rotational isomer)라고도 한

그림 2−6 에테인의 형태이성질체

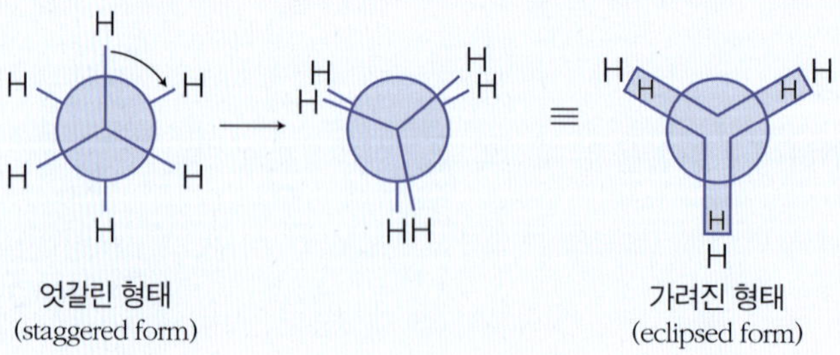

그림 2-7 에테인의 탄소-탄소 단일결합에 따르는 에너지의 변화

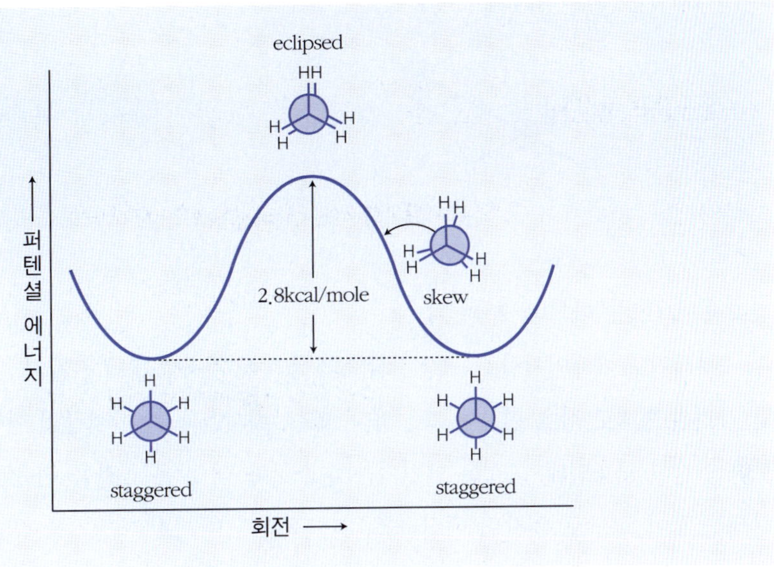

다. 실온에서 에테인 분자들은 갈린 형태와 가려진 형태가 상호 변환되어 서로 분리될 수 없다. 엇갈린 형태는 〈그림 2-7〉에서처럼 가려진 형태보다 대략 3kcal/mole 더 안정하다. 이 3kcal/mole의 에너지 장벽 때문에 대부분의 에테인 분자들은 실온에서 엇갈린 형태를 가지고 있다.

6.2 부테인

부테인(butane)은 C_4H_{10}이라는 분자식을 가지고 있으며, 두 종류의 구조이성질체인 *n*-부테인과 *iso*-부테인이 있다. 여기에서는 *n*-부테인의 구조에 대하여 살펴보기로 한다.

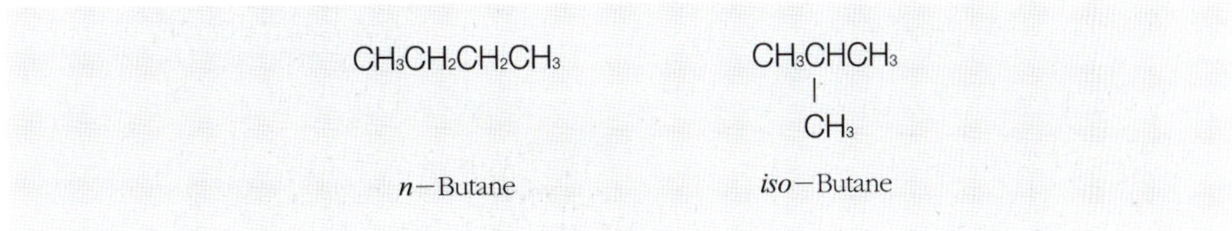

부테인의 구조식에서 두 번째와 세 번째 탄소의 결합축 C_2-C_3을 에테인의 C_1-C_2 결합축과 동일시하면 에테인의 C_1, C_2에 결합되어 있는 수소가 각각 1개씩 메틸기로 치환된

그림 2-8 n-부테인의 입체구조

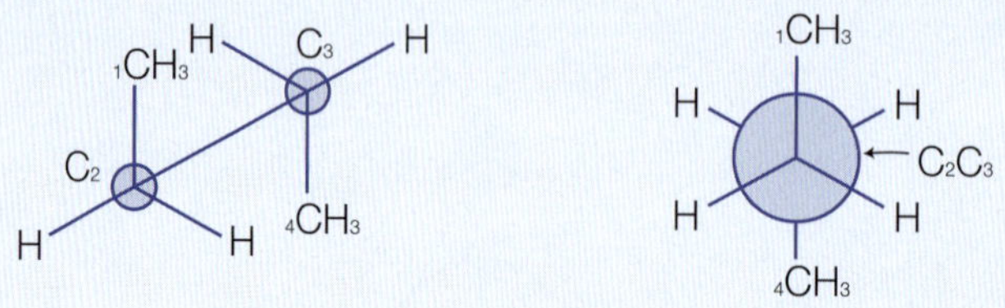

것이 n-부테인이다(그림 2-8).

n-부테인도 에테인처럼 C_2-C_3 결합축의 둘레를 자유롭게 회전할 수 있어 엇갈린 형태와 가려진 형태로 상호 변환이 가능하다. 또한, 에테인과 같이 엇갈린 형태가 가려진 형태보다 안정한 구조인데, 그것은 메틸기는 수소보다 더 많은 공간을 점유하고 전자를 배척하려는 힘이 크므로 엇갈린 메틸기를 갖는 형태가 가려진 메틸기를 갖는 형태보다 안정하기 때문이다.

7. 사이클로알케인

사이클로알케인(cycloalkane)은 고리를 나타내는 접두사 사이클로(cyclo)처럼, 고리 형태의 포화탄화수소로서 C_nH_{2n}의 일반식을 가진다.

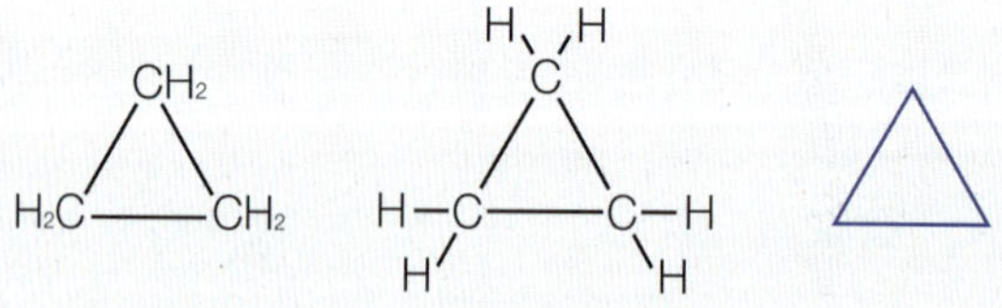

Cyclopropane

Cyclobutane

Cyclopentane

Cyclohexane

7.1 사이클로알케인의 IUPAC 명명법

IUPAC 규칙에 따른 사이클로알케인의 명명법은 다음과 같다.

① 모체는 고리를 형성하고 있는 탄소 수이다.

② 모체의 탄소번호는 치환기를 가진 탄소가 가능한 한 가장 낮은 번호가 되도록 한다. 최초 치환기가 붙어 있는 탄소원자를 C_1(1번 탄소)로 하고, 다른 치환기가 붙는 번호를 가급적 작게 하는 방향으로 번호를 붙인다.

③ 치환기의 위치는 모체화합물의 탄소에 아라비아 숫자로 표시한다. 치환기가 1개 있는 경우에는 위치를 표시하지 않으나, 2개 이상부터는 표시한다.

④ 치환기의 명명은 알케인과 동일하다.

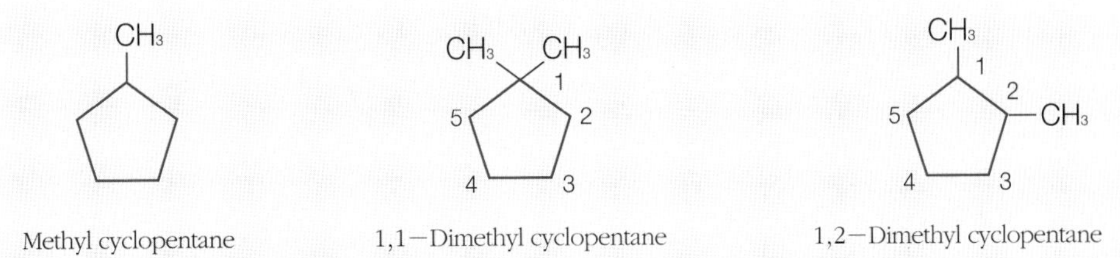

Methyl cyclopentane　1,1−Dimethyl cyclopentane　1,2−Dimethyl cyclopentane

7.2 사이클로알케인의 기하이성질체

사이클로알케인은 고리 형태이기 때문에 비록 단일결합으로 구성되었지만 사슬 형태처럼 회전할 수는 없다. 따라서, 사이클로알케인은 앞뒤가 구분되는 평면분자이다. 평면분자는 시스–트랜스 이성질체(*cis–trans* isomer)라 불리는 기하이성질체(geometric isomer)를 가지는데, 접두사 *cis*–와 *trans*–를 써서 이들을 구분하고 있다.

두 화합물의 구별을 위해서 고리의 같은 편에 치환기를 갖고 있는 이성질체를 시스(*cis*, 같은 편) 이성질체라고 하고, 치환기가 고리에서 서로 반대편에 있는 이성질체를 트랜스(*trans*, 다른 편) 이성질체라고 한다.

그림 2–9 1,2–다이메틸사이클로펜테인의 시스–트랜스 이성질체

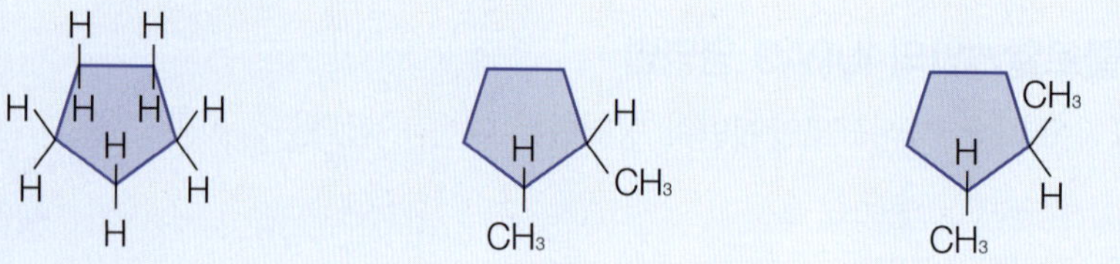

Cyclopentane

cis–1,1–
Dimethyl cyclopentane
bp 130℃

trans–1,2–
Dimethyl cyclopentane
bp 124℃

예제 4 다음 화합물을 IUPAC명으로 명명하시오.

(a)

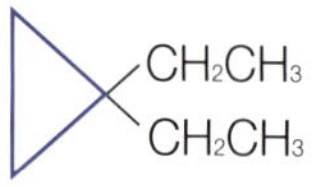

(b)

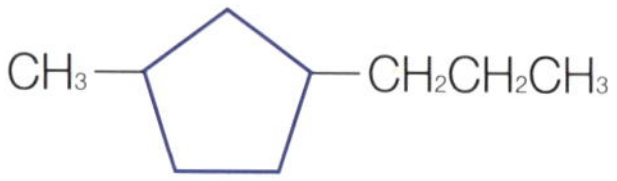

(c)

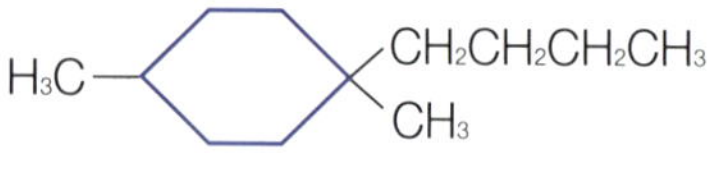

(d)

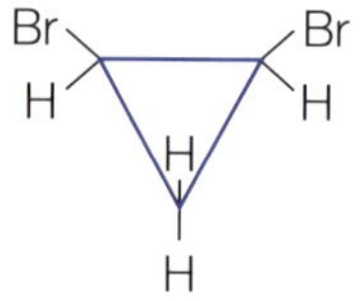

(e)

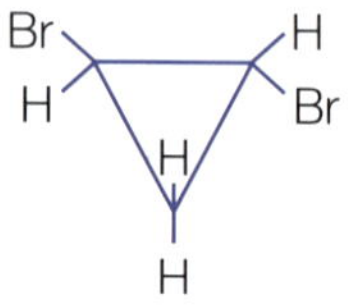

사이클로알케인들은 알케인과 유사한 반응을 하며 주로 치환반응을 일으킨다.

7.3 사이클로헥세인의 입체구조

6원자 고리는 천연물에서 매우 보편적인 것으로 사이클로헥세인(cyclohexane)은 두 가지 형태의 입체구조로 존재할 수 있다. 하나는 모든 C–C와 C–H 결합이 서로 엇갈린 형태로 반발력이 가장 작은 의자형(chair form)이고, 다른 하나는 모든 결합이 서로 가려진 형태인 배형(보트형, boat form)이다. 사이클로헥세인은 실온에서 의자형으로 존재한다.

그림 2-10 사이클로헥세인의 입체구조

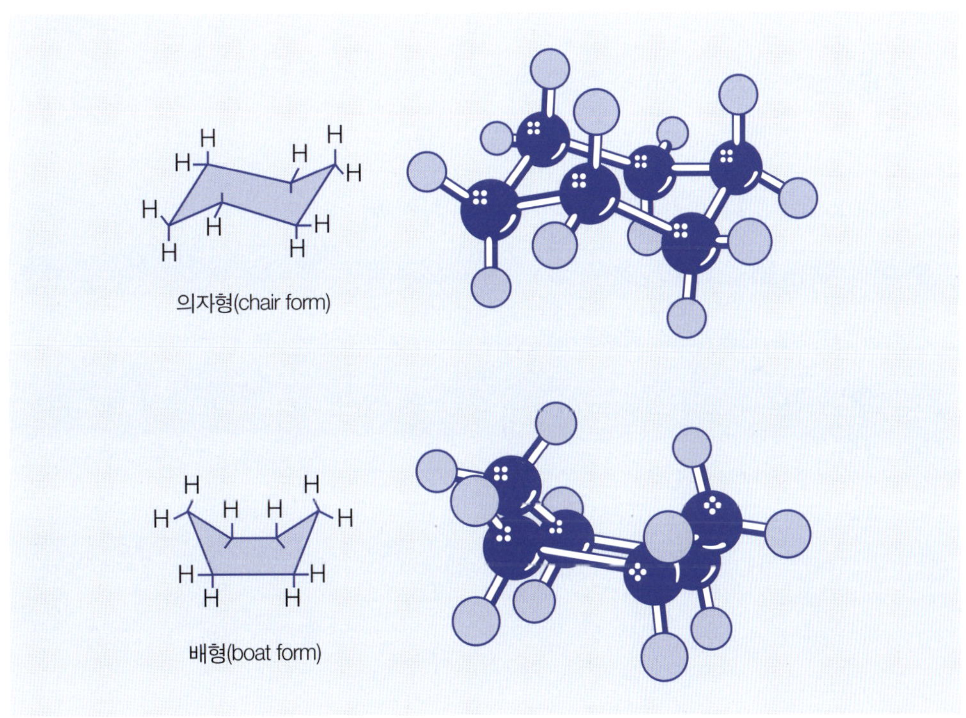

연습문제

1. 다음 화합물을 IUPAC 명명법으로 명명하시오.

① $CH_3-CH_2-C(CH_3)_2-CH_2-CH_3$

② $(CH_3)_2CH-CH(CH_3)_2$

③ $(CH_3)_2CH-C(CH_3)(C_2H_5)_2$

④ $(CH_3)_2CH-CH(C_2H_5)-CH_2-CH(CH_3)_2$

⑤ $CH_3-CH_2-C(CH_3)_2-CH(CH_3)-CH(CH_3)-CH(CH_3)_2$

2. 다음 알킬기를 관용명으로 명명하시오.

① $(CH_3)_2CH-$

② $(CH_3)_2CH-CH_2-$

③ $CH_3-CH_2-CH\cdot(CH_2)-$

④ $(CH_3)_3\cdot C-$

⑤ $(CH_3)_2CH-CH_2-CH_2-$

3. 다음 물질을 IUPAC명으로 명명하시오.

①
```
          CH3
           |
CH3 — C — CH2 — CH3
           |
          CH3
```

②
```
                         CH3
                          |
CH3 — CH2 — C — CH2 — CH3
                          |
                     CH(CH3)2
```

③
```
                   CH3
                    |
Cl — CH2 — C — CH — CH3
                    |      |
                 CH3  CH3
```

④
```
                      CH3
                       |
CH3 — CH — C — CH3
             |         |
           CH3   CH3
```

⑤
```
                      CH3
                       |
CH3 — CH2 — CH — CH — CH2 — CH3
                               |
                           CH2CH3
```

4. 다음 화합물의 구조를 그리시오.

① 1–Bromo–5,5–dichlorodecane

② 2,2,3–Trichloroheptane

③ 3–Isopropy1–2,4–dimethyl heptane

④ Dichlorodifluoromethane

⑤ Isopropyldimethyl methane

⑥ Tetramethyl methane

5. C_3H_8O의 화학식을 가지는 알코올 이성질체를 쓰시오.

6. C_7H_{16}의 구조이성질체를 모두 쓰고, IUPAC명을 쓰시오.

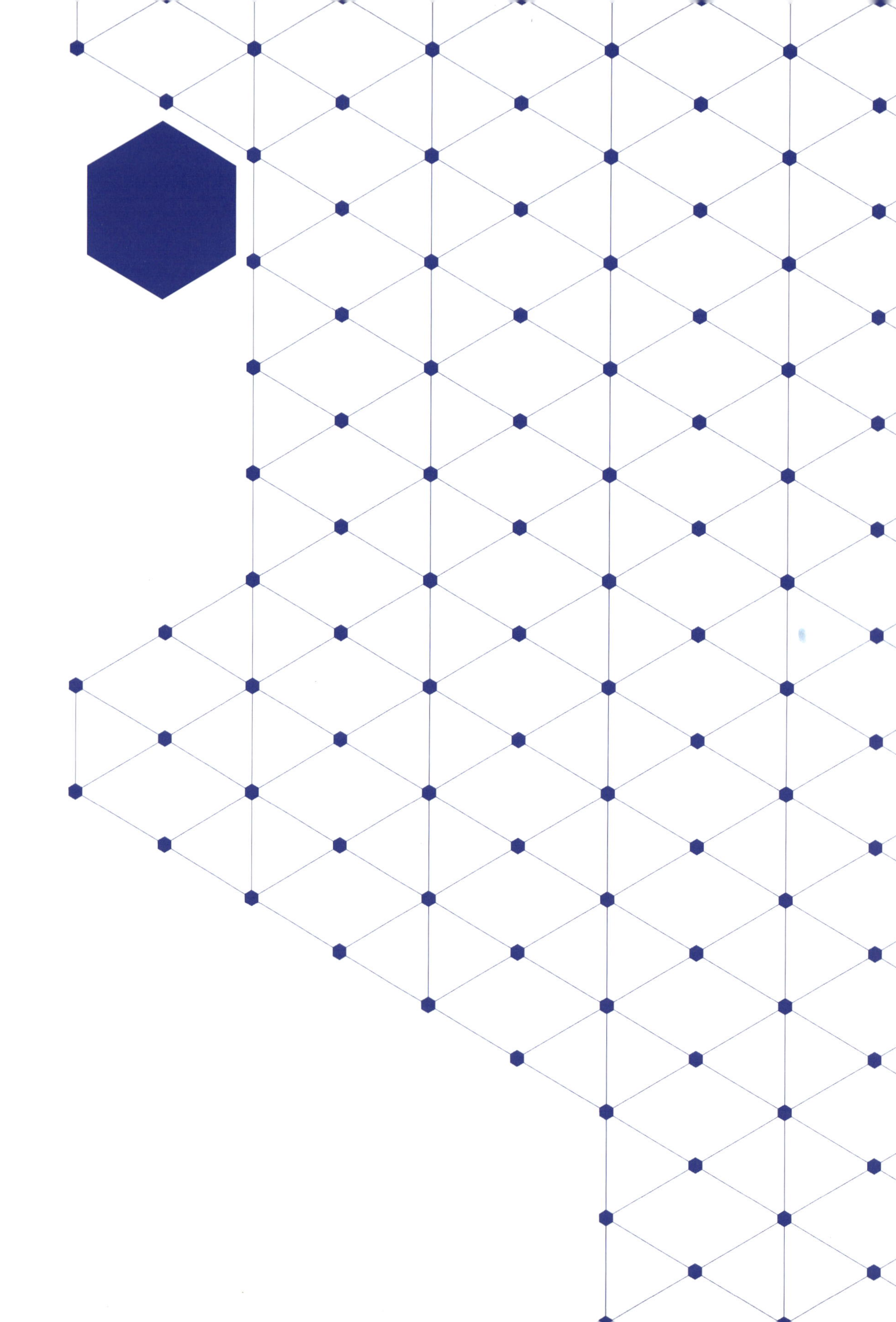

CHAPTER 3

알켄

ALKENES

3 알켄

ALKENES

1. 알켄의 구조

탄소–탄소 이중결합을 분자 내에 1개 가지고 있는 사슬 모양의 불포화탄화수소를 알켄(alkene)이라고 한다. 알켄은 알케인보다 수소원자가 2개 적으므로 일반식은 C_nH_{2n}으로 표시한다.

표 3–1 알켄의 종류

명칭	구조	bp(℃)
에텐(ethene)	$CH_2=CH_2$	−104
프로펜(propene)	$CH_2=CHCH_3$	−48
1–부텐(1–butene)	$CH_2=CHCH_2CH_3$	−6
1–펜텐(1–pentene)	$CH_2=CHCH_2CH_2CH_3$	30
1–헥센(1–hexene)	$CH_2=CHCH_2CH_2CH_2CH_3$	64
1–헵텐(1–heptene)	$CH_2=CHCH_2CH_2CH_2CH_2CH_3$	94
1–옥텐(1–octene)	$CH_2=CHCH_2CH_2CH_2CH_2CH_2CH_3$	121
1–노넨(1–nonene)	$CH_2=CHCH_2CH_2CH_2CH_2CH_2CH_2CH_3$	147
1–데센(1–decene)	$CH_2=CHCH_2CH_2CH_2CH_2CH_2CH_2CH_2CH_3$	171

그림 3-1 에텐의 π 결합 궤도함수

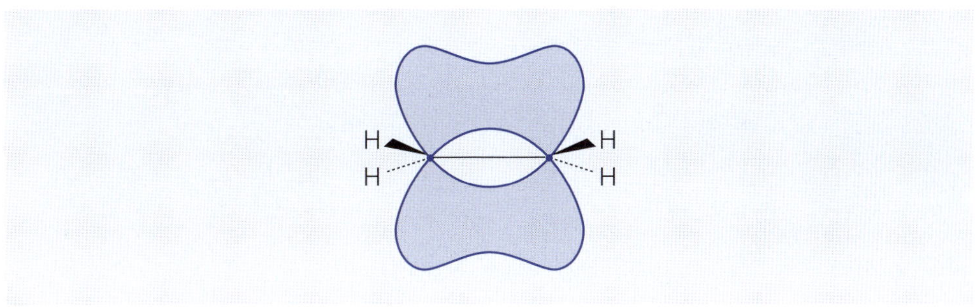

에텐(ethene)은 평면분자이다. 즉, 이중결합의 탄소와 결합하는 모든 원자는 같은 평면에 위치한다. 이중결합의 각 탄소는 4개의 결합을 만들기 위해 3개의 혼성 sp^2 궤도함수와 1개의 p 궤도함수를 사용한다. 각 탄소의 3개의 혼성 sp^2 궤도함수는 서로 겹쳐서 시그마(σ) 결합을 구성한다. 남아 있는 각 탄소의 p 궤도함수는 서로 겹쳐서 파이(π) 결합을 만든다. π 결합은 실제 σ 결합의 평면 위, 아래에 있다(그림 3-1).

이중결합의 π 결합은 화합물들이 회전하지 못하는 중요한 결과를 초래한다. 따라서 이중결합을 가진 화합물은 평면분자이다.

2. 알켄의 명명법

2.1 관용명

① 알케인의 접미사인 −ane 대신 −ylene(= −yl + ene)을 붙여서 명명한다.

$CH_2=CH_2$	Ethylene
$CH_3CH=CH_2$	Propylene
$CH_3-\underset{\displaystyle CH_3}{\underset{\vert}{C}}=CH_2$	Isobutylene
$CH_2=\overset{\displaystyle CH_3}{\overset{\vert}{C}}-CH=CH_2$	Isoprene

② 에틸렌(ethylene)과 프로필렌(propylene)에서 유도된 수소 1개가 부족한 치환기는 각각 비닐(vinyl)기와 알릴(allyl)기라고 명명한다.

$CH_2=CH-$	Vinyl group
$CH_2=CHCH_2-$	Allyl group
$CH_2=CHCl$	Vinyl chloride
$CH_2=CHCH_2Cl$	Allyl chloride
$(CH_3)_2C=C(CH_3)_2$	Tetramethylethylene

2.2 알켄의 IUPAC 명명법

① 모체는 이중결합을 포함하는 긴 연속된 탄소사슬이다. 알케인의 접미사인 −ane 대신 −ene을 써서 명명한다.

② 모체의 탄소번호는 이중결합탄소에 낮은 번호(이중결합탄소가 치환기탄소보다 우선순위)를 부여한다.

③ 이중결합탄소의 번호를 적어 이중결합 위치를 표시한다.

④ 치환기는 탄소번호에 따라 위치를 표시하며 명명은 알칸과 동일하다.

⑤ 이중결합이 2개 이상 존재하면 이중결합의 위치를 표시하며, 각각 −diene, −triene 등의 접미사를 사용한다.

$CH_2CH=C(CH_3)-CH_3$	2−Methyl−2−butene
$CH_3-CH(CH_3)-CH=CHCH_3$ (printed: $CH_3-C(CH_3)-CH=CHCH_3$)	4−Methyl−2−pentene
$CH_3-C(CH_3)_2-CH=CH_2$	3,3−Dimethyl−1−butene

```
CH3CH2CH2CHCH2CH2CH3                 3-Propyl-1-hexene
            |
            CH
            ||
            CH2

CH2 = C - CH = CH2                   2-Methyl-1,3-butadiene
      |
      CH3

                  CH3
                  |
CH3 - C = C - CH2CHCH3               3-Isobutyl-4-methyl-1,3-pentadiene
      |   |
      CH3 CH = CH2
```

분자 내에서 2개의 이중결합은 반드시 1개의 단일결합을 사이에 두고 있는 구조를 갖는데 이를 공액이중결합(conjugated double bond) 또는 짝지은 이중결합이라 한다.

2.3 사이클로알켄의 IUPAC 명명법

① 모체는 이중결합을 포함하고 고리를 형성하고 있는 탄소 수이다.

② 모체의 탄소번호는 이중결합탄소가 각각 C_1과 C_2가 되며, 첫 번째 치환기가 가능한 한 낮은 숫자가 되도록 한다(이중결합탄소가 치환기탄소보다 우선순위).

③ 치환기의 위치는 모체화합물의 탄소에 아라비아 숫자로 표시하며 치환기의 명명은 알칸과 동일하다.

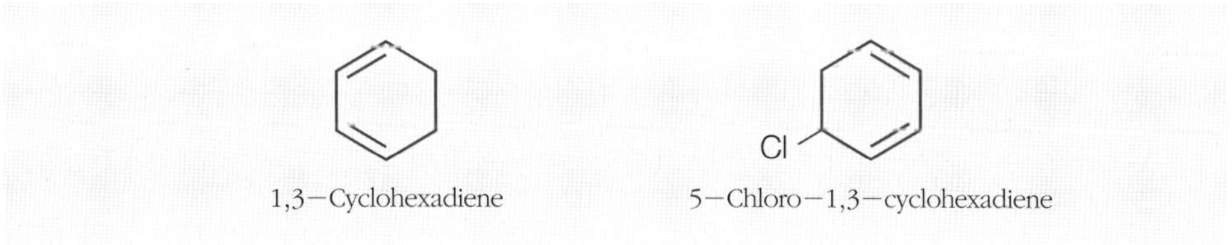

1,3-Cyclohexadiene　　5-Chloro-1,3-cyclohexadiene

2.4 알케닐기의 IUPAC 명명법

알켄보다 수소원자 1개가 작은 치환기를 알케닐(alkenyl)기라 하며 알켄의 접미사 -ene와 알킬기의 접미사 -yl을 합쳐서 -enyl이라 부른다(-ene + yl = -enyl).

IUPAC 규칙에 따른 알케닐기 명명법은 다음과 같다.

① 모체는 분자 내에서 가장 긴 연속된 탄소사슬로 이중결합탄소를 포함한다.

② 모체의 1번 탄소번호는 수소원자가 1개 모자라는 탄소이다.

③ 치환 알킬기의 명명은 알칸과 동일하다.

$CH_2=CH-$	Ethenyl
$CH_2=CHCH_2-$	2-Propenyl
$CH_2=C(CH_3)-$	1-Methylethenyl

다음 화합물을 IUPAC 명명법으로 명명하시오.

(a) $H_2C=CHCH_2CH(CH_3)_2$ (b) $CH_3CH_2CH=CHCH_2CH_2CH_3$

(c) $H_2C=CHCH_2CH_2CH=CHCH_3$ (d) $CH_3CH_2CH=CHCH(CH_3)_2$

다음 화합물의 구조를 그리시오.

(a) 2-Methyl-1-hexene (b) 4,4-Dimethyl-2-pentene

(c) 2-Methyl-1,5-hexadiene (d) 3-Ethyl-2,2-dimethyl-3-heptene

3. 알켄의 기하이성질체

알켄에서 이중결합은 1개의 σ 결합과 1개의 π 결합으로 되어 있다. 이중결합을 만드는 2개의 탄소원자와 이것에 결합하고 있는 4개의 원자는 동일 평면 상에 있다. 이중결합으로 결합하고 있는 2개의 탄소원자가 이중결합을 축으로 하여 회전하려면 π 결합이 끊어져야 되므로 보통의 조건에서는 회전할 수 없다. 그러므로 이중결합의 같은 쪽에 있는 시스(*cis*)형과 반대쪽에 있는 트랜스(*trans*)형의 이성질체가 존재한다. 이 같은 이성질체를 기하이성질체(geometric isomer)라고 하며, 이들은 물리·화학적 성질이 모두 다르다.

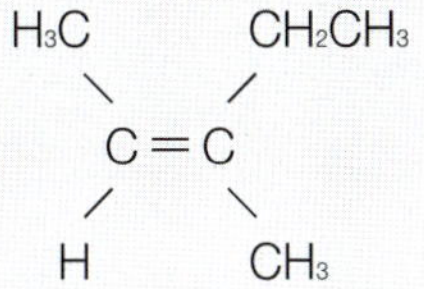

H_3C CH_2CH_3
\ /
C = C
/ \
H CH_3

3−Methyl−*cis*−2−pentene

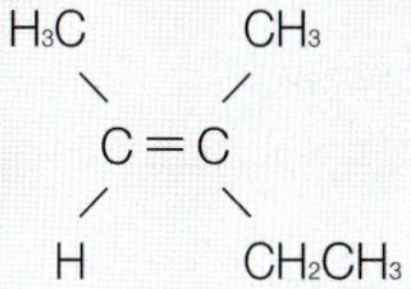

H_3C CH_3
\ /
C = C
/ \
H CH_2CH_3

3−Methyl−***trans***−2−pentene

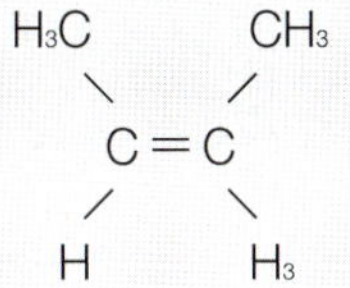

H_3C CH_3
\ /
C = C
/ \
H H_3

cis−2−Butene

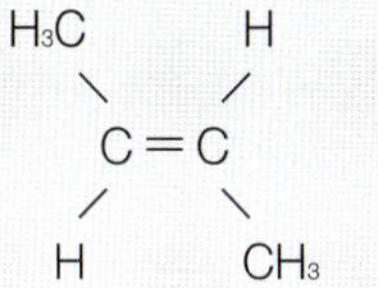

H_3C H
\ /
C = C
/ \
H CH_3

trans−2−Butene

예제 3 2−Pentene의 *cis, trans*의 이성질체 구조를 그리시오.

예제 4 2−Chloro−2−pentene의 *cis, trans*의 이성질체 구조를 그리시오.

4. 알켄의 성질

4.1 물리적 성질

알케인과 거의 유사하다. 〈표 3−2〉에서처럼 탄소 수가 증가할수록 bp가 높아지며, 알케인의 경우와 마찬가지로 곁가지 사슬을 가지고 있으면 bp가 낮아진다. 또한 동일 탄소의 알켄은 알케인보다 bp가 낮은데 이는 이중결합의 π 결합이 원인이다.

표 3−2 알케인과 알켄의 끓는점 비교

알케인	bp(℃)	알켄	bp(℃)
CH_3CH_3	−89	$CH_2=CH_2$	−104
$CH_3CH_2CH_3$	−42	$CH_3CH=CH_2$	−48
$CH_3CH_2CH_2CH_3$	−0.5	$CH_3CH_2CH=CH_2$	−6.5
$CH_3CH_2CH_2CH_2CH_3$	36	$CH_3CH_2CH_2CH=CH_2$	30

또한 알켄은 극성용매인 물에는 녹지 않으나 벤젠, 에터, 클로로포름 등과 같은 비극성 용매에는 잘 녹는다.

4.2 알켄의 반응

1) 첨가반응

이중결합에 수소, 할로젠, 할로젠화수소, 황산, 물 등이 첨가될 수 있다.

① 수소(H_2) 첨가

$$RCH = CH_2 + H_2 \longrightarrow RCH_2CH_3$$

② 할로젠(X_2) 첨가

$$RCH = CH_2 + X_2 \longrightarrow RCHX - CH_2X$$

③ 할로젠화수소(HX) 첨가 : 이중결합에 할로젠화수소를 첨가할 때에는 이중결합을 이루는 탄소 중 수소원자가 적은 탄소에 할로젠이 결합하는데, 이것을 마르코우니코프(Markownikoff) 법칙이라 한다.

$$CH_2 = CHCH_3 + HI \longrightarrow CH_3CHICH_3$$

④ 황산(H_2SO_4) 첨가

$$RCH = CH_2 + H_2SO_4 \longrightarrow R - \underset{\substack{|\\ OSO_3H}}{CH} - CH_3$$

⑤ 물(H_2O) 첨가

$$RCH = CH_2 + H_2O \longrightarrow R - \underset{\substack{|\\ OH}}{CH} - CH_3$$

2) 산화반응

알켄은 과망간산칼륨($KMnO_4$)이나 황산(H_2SO_4)에 의하여 산화되면 이중결합이 끊어져 글리콜(glycol)이나 카복실산(carboxylic acid)을 생성한다.

$$R-CH=CH-R' \xrightarrow[\text{산화}]{[O]} \underset{\displaystyle OH\quad OH}{R-CH-CH}-R' \xrightarrow[\text{산화}]{[O]} R-COOH + R'-COOH + H_2O$$

$$\underset{\displaystyle R'}{R-CH}=CH-R'' \xrightarrow[\text{산화}]{[O]} \underset{\displaystyle R'}{R-C}=O + R''-COOH$$

3) 중합반응

중합반응(polymerization)은 같은 종류의 분자를 단위로 반복하여 동일 조성의 큰 분자를 생성하는 과정이며 이때 단위를 단량체(monomer), 이러한 단위로 생성된 생성물을 중합체(polymer)라고 한다. 폴리비닐 클로라이드(polyvinyl chloride)인 PVC는 비닐 클로라이드의 중합체로 플라스틱 용기 등으로 사용된다.

$$n\ CH_2=CH_2 \longrightarrow (-CH_2=CH_2-)_n$$

Ethylene (monomer) → Polyethylene(PE) (polymer)

$$n\ CH_2=CHCl \longrightarrow (-CH_2=CHCl-)_n$$

Vinyl chloride (monomer) → Polyvinyl chloride(PVC) (polymer)

5. 디엔

디엔(diene)은 일반식이 C_nH_{2n-2}인 이중결합이 2개인 불포화탄화수소이다. 디엔의 대표적인 종류로는 공액 디엔 또는 짝지은 디엔(conjugated diene)이 있으며, 이중결합 사이에 단일결합을 가진 구조이다.

$-C=C-C=C-$
Conjugated diene

$-C=C-C-C=C-$
Non-conjugated diene

$CH_2=C=CH_2$
Allene

표 3-3 알케인과 알켄의 비교

구분	알케인	알켄
탄화수소	포화	불포화
결합	단일	이중
일반식	C_nH_{2n+2}	C_nH_{2n}
결합 종류	시그마(σ) 1개	시그마(σ) 1개/파이(π) 1개
분자 모형	정사면체	평면삼각형
결합 길이(Å)	1.54	1.34
주요 반응	치환	첨가/중합

연습문제

1. 다음 화합물을 IUPAC명으로 명명하시오.

① $CH_3-C=CH-C(CH_3)_2-CH_3$

$$\begin{array}{c} \qquad\qquad\qquad\quad CH_3 \\ \qquad\qquad\qquad\quad | \\ CH_3-C=CH-C-CH_3 \\ \qquad\qquad\qquad\quad | \\ \qquad\qquad\qquad\quad CH_3 \end{array}$$

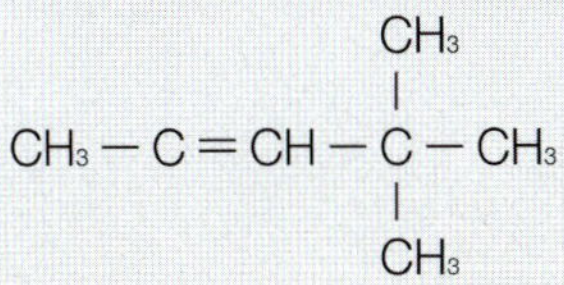

② $CH_2=C=CH-CH_2-CH_3$

③ $CH_2=CH-C(CH_3)=CH-CH_3$

$$\begin{array}{l} CH_2=CH-C=CH-CH_3 \\ \qquad\qquad\quad | \\ \qquad\qquad\quad CH_3 \end{array}$$

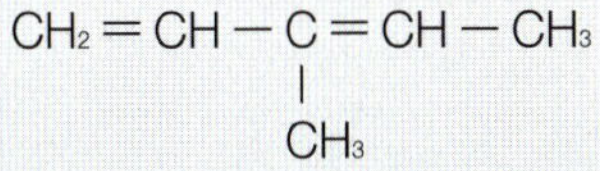

④

$$\begin{array}{l} \qquad\qquad\qquad\qquad\qquad\quad CH_3 \\ \qquad\qquad\qquad\qquad\qquad\quad | \\ CH_3-C=C-CH_2-CH-CH_2 \\ \qquad\quad | \quad\;\; | \\ \qquad CH_3\;CH=CH_2 \end{array}$$

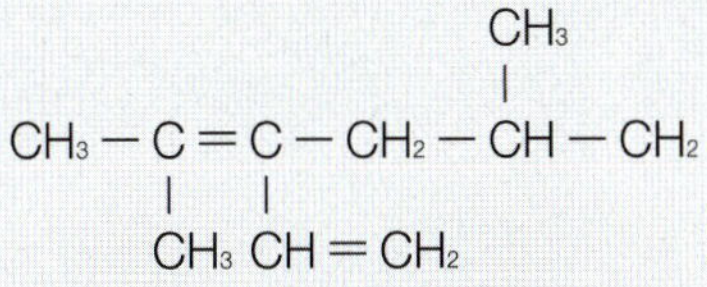

2. 다음 기를 관용명으로 명명하시오.

① $CH_2=CH-$

② $CH_2=CH-CH_2-$

③ $CH_2=C(CH_3)-$

3. 분자식 C_5H_8로 표시되는 알카다이엔(alkadiene)의 모든 구조를 그리고, IUPAC명으로 명명하시오.

4. 다음 화합물의 구조를 그리시오.

① 2-Methyl butene

② 2,3-Dimethyl-1-pentene

③ 1,3-Hexadiene

④ 3,3-Dimethyl-1-hexene

⑤ *cis*-1,2-Dibromoethene

⑥ *trans*-1,2-Dichloroethene

5. HBr과 사이클로핵센의 반응식을 쓰시오.

MEMO

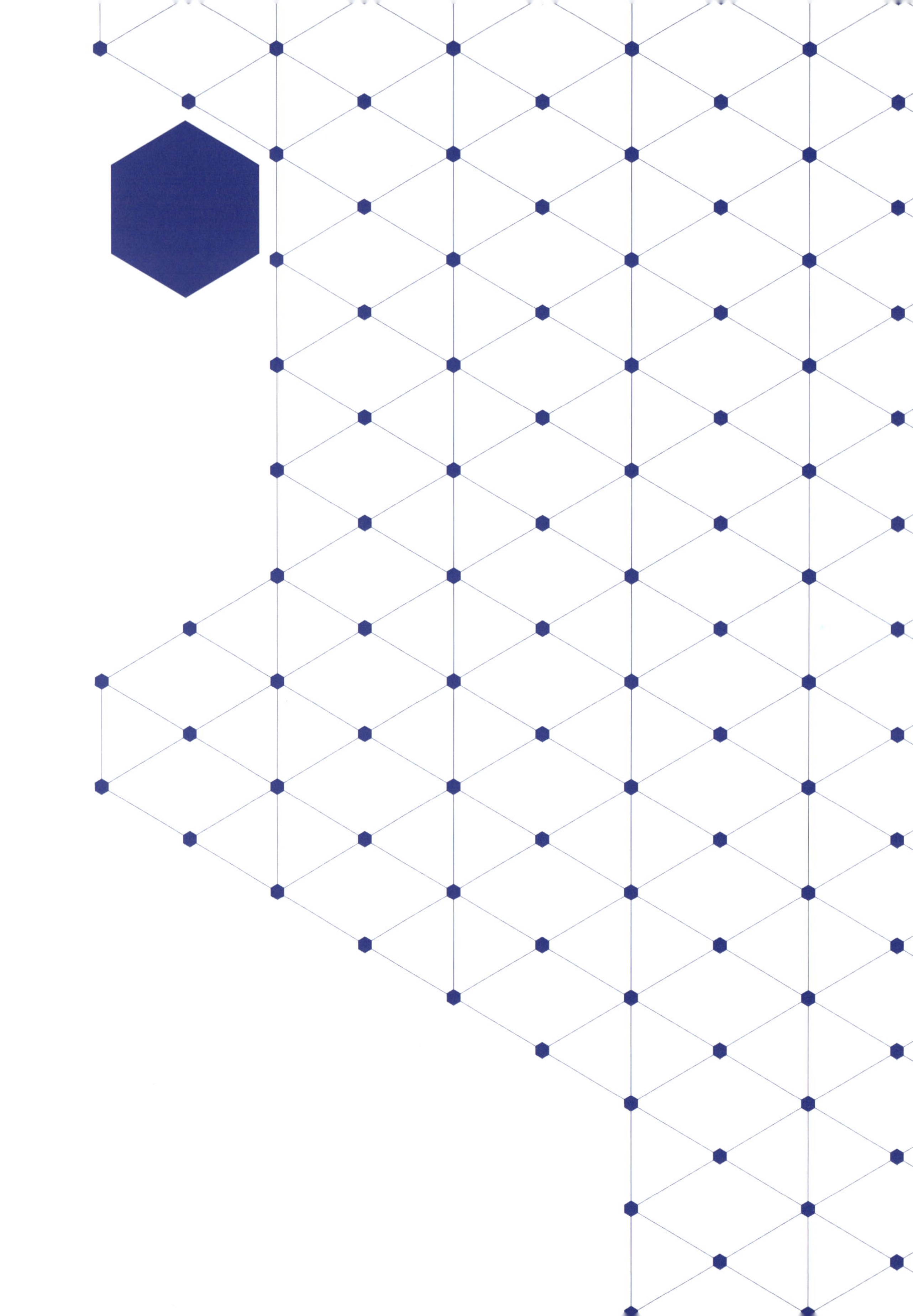

CHAPTER 4

벤젠

BENZENES

4 벤젠

BENZENES

1. 개요

벤젠(benzene)은 모든 방향족화합물의 모체로, 벤젠과 벤젠고리를 가지고 있는 많은 화합물들이 대부분 냄새가 좋기 때문에 총칭하여 방향족화합물이라고 부른다. 그러나 벤젠과 기타 많은 방향족화합물들은 독성과 발암성이 대단히 크다.

벤젠은 분자식이 C_6H_6로서 불포화도가 큰 화합물이지만, 반응성은 훨씬 낮다. 즉 안정하며, 다른 불포화화합물과는 달리 첨가반응보다 치환반응을 주로 한다.

2. 벤젠의 구조

케쿨레(Friedrich August Kekulé)는 벤젠이 육각형의 고리를 이루고 탄소의 이중결합이 하나씩 걸려 있기 때문에 탄소와 수소의 원자가를 만족시키는 안정한 화합물이라고 주장하였다. 그러나 이 같

그림 4-1 프리드리히 아우구스투스 케쿨레 폰 슈트라도니츠(Friedrich August Kekulé von Stradonitz, 1829 ~1896)

은 구조일 경우 탄소와 탄소의 거리가 단일결합 길이는 1.54Å이고 이중결합 길이는 1.34Å이기 때문에 정육각형이 될 수 없다. 또한, X선에 의한 벤젠의 구조 연구 결과, 결합 길이가 1.40Å인 평면 정육각형이라는 것을 알게 되었다. 따라서 벤젠의 구조는 탄소와 탄소의 거리가 단일결합보다 짧고 이중결합보다 긴 공명혼성체(resonance hybrid)의 구조이다.

벤젠의 σ 결합 골격은 탄소원자의 3개의 sp^2 혼성궤도함수에 의하여 구성되고 남은 1개의 p 궤도함수는 비편재화되어 분자평면의 아래와 위에 π 결합을 이룬다. 이러한 비편재화는 벤젠 분자를 안정화시키게 된다.

그림 4-2 벤젠의 공명혼성체 구조

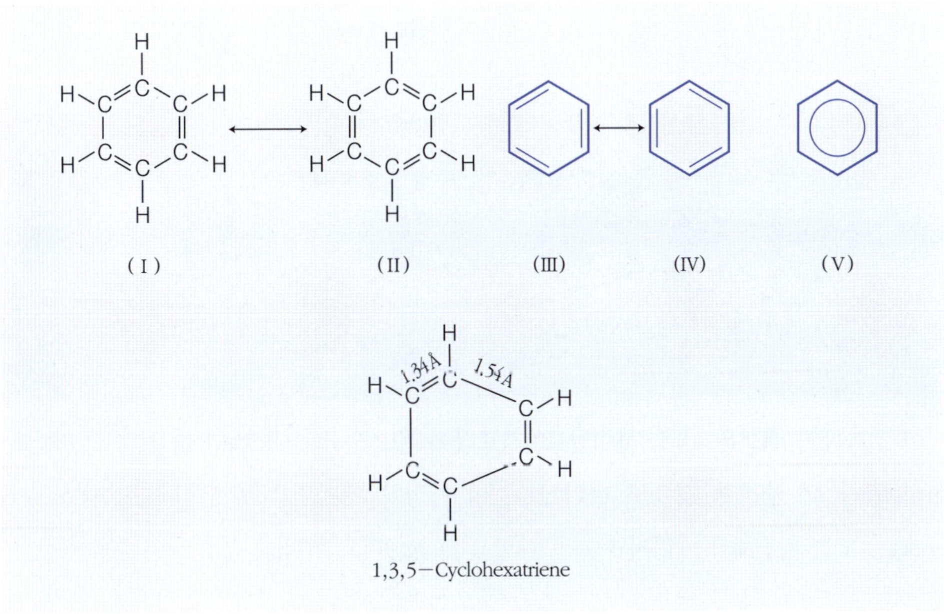

(I) (II) (III) (IV) (V)

1.34Å 1.54Å

1,3,5-Cyclohexatriene

그림 4-3 벤젠의 분자 구조

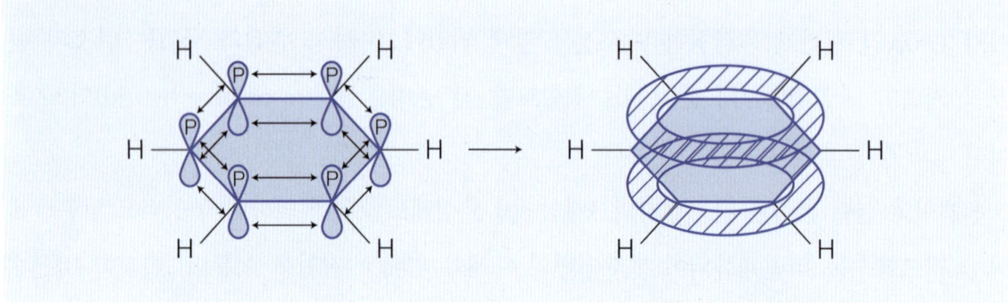

벤젠의 안정화는 다음의 수소첨가 반응에서 반응열을 비교하면 쉽게 알 수 있다.

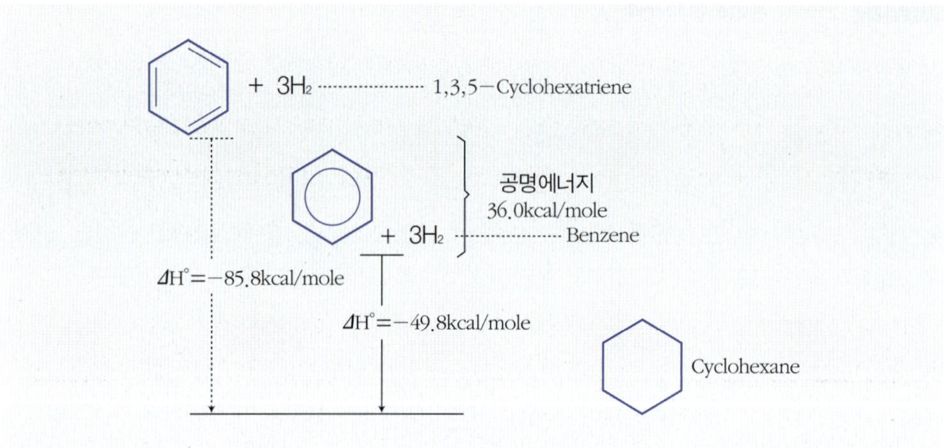

이 결과에서 벤젠은 1,3,5−사이클로헥사트라이엔(1,3,5−cyclohexatriene)보다 36.0kcal/mole만큼 더 안정한 것으로 나타난다. 이 안정화 에너지를 공명에너지(resonance energy) 또는 비편재화 에너지(delocalization energy)라고 한다.

3. 벤젠의 명명법

3.1 관용명

벤젠은 주로 관용명을 많이 사용한다.

1) 1치환 벤젠

벤젠의 수소 한 개 대신 치환된 작용기는 접두사로 명명한다. 특히, 한 개의 치환기를 가진 다음과 같은 벤젠 화합물들은 벤젠 고리에 치환기를 가지고 있어도 관용명으로 사용하며 IUPAC 명명법에서도 동일하게 사용한다.

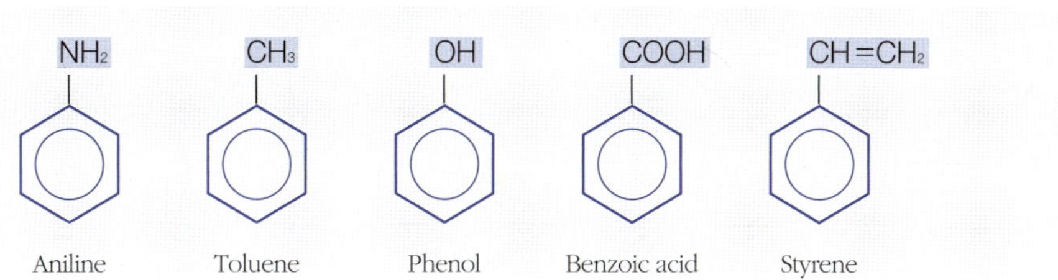

2) 2치환 벤젠

벤젠 고리에 두 개의 치환기가 있을 때에는 세 가지 이성질체가 가능하므로 오쏘(ortho−, *o*−), 메타(meta−, *m*−) 및 파라(para−, *p*−)라는 접두사를 사용하여 그 위치를 구분한다. *o*−는 벤젠 고리에서 두 개의 치환기가 인접한 위치를, *m*−는 하나 건너뛴 위치를, *p*−는 정 반대의 위치를 나타낸다.

o−Xylene　*m*−Cresol　Catechol　Resorcinol

Hyodroquinone　Salicylic acid　Phthalic acid

3) 3치환 벤젠

벤젠 고리에 세 개의 치환기가 있을 때에는 비시널(vicinal−, *v*−), 시메트리컬(symmetrical−, *s*−) 및 어시메트리컬(asymmetrical−, *as*−)이라는 접두사를 사용하여 그 위치를 구분한다. *v*−는 벤젠 고리에서 세 개의 치환기가 인접한 위치를, *s*−는 대칭적인 위치를, *as*−는 비대칭적인 위치를 나타낸다.

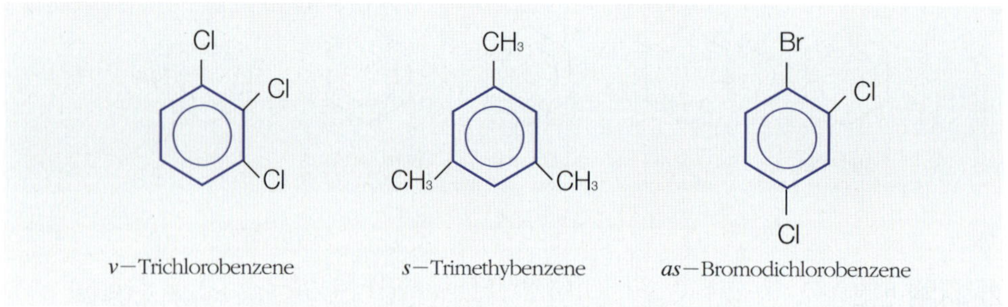

v−Trichlorobenzene　　*s*−Trimethybenzene　　*as*−Bromodichlorobenzene

3.2 벤젠의 IUPAC 명명법

① 모체는 벤젠이다.

② 모체의 탄소번호는 치환기의 위치가 가능한 한 가장 낮은 번호가 되도록 한다.

③ 치환기의 위치는 벤젠의 탄소에 아라비아 숫자로 표시한다. 벤젠에 치환기가 하나 있을 때에는 위치 표시를 하지 않고 치환기를 접두사로 앞에 쓰고 뒤에 benzene을 붙이면 된다.

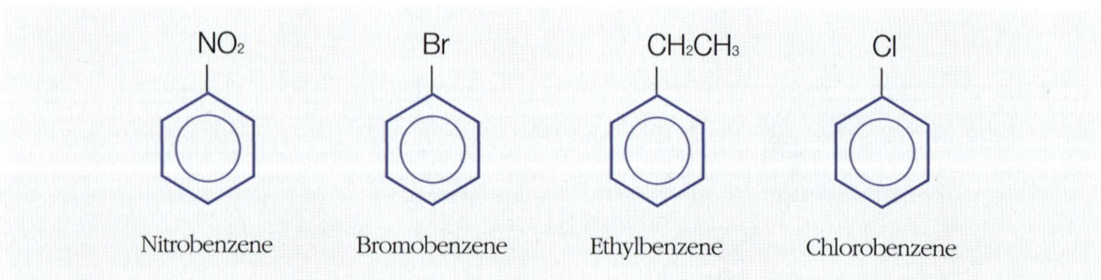

Nitrobenzene　　Bromobenzene　　Ethylbenzene　　Chlorobenzene

④ 2개의 치환기가 있을 때에는 관용명과 같이 오쏘(*o*−), 메타(*m*−)와 파라(*p*−)라는 접두사를 사용하여 그 위치를 구분한다.

o−치환 벤젠은 2개의 치환기가 고리의 1,2 관계에 있고, *m*−치환 벤젠은 두 치환기가 서로 고리의 1,3 관계에 있으며 *p*−치환 벤젠은 치환기들이 1,4 관계에 있다. 1,6 위치

는 1,2와 위치가 동일하고 1,5 위치는 1,3 위치와 동일하다.

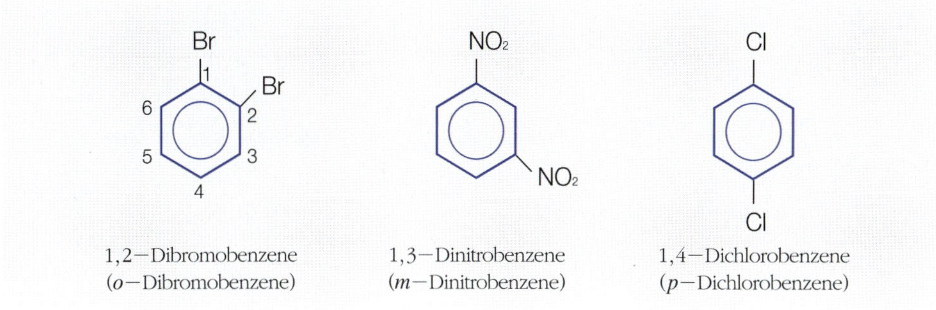

1,2-Dibromobenzene
(*o*-Dibromobenzene)

1,3-Dinitrobenzene
(*m*-Dinitrobenzene)

1,4-Dichlorobenzene
(*p*-Dichlorobenzene)

2개의 치환기가 다를 때에는 관용명으로 부를 수 있는 1치환 벤젠을 우선 명명하고 남은 치환기는 알파벳 순서로 나열하여 번호는 최소가 되도록 한다.

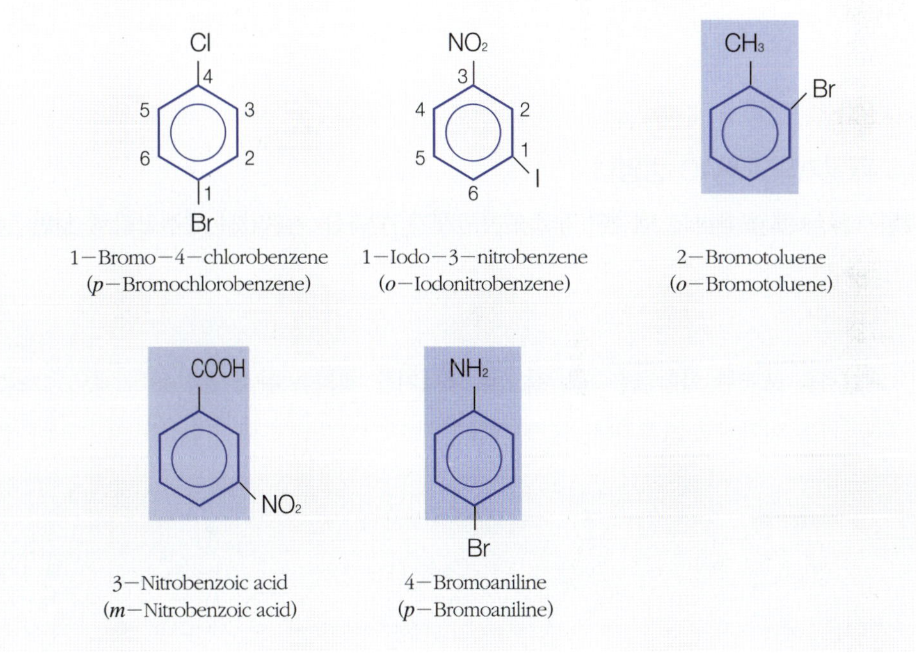

1-Bromo-4-chlorobenzene
(*p*-Bromochlorobenzene)

1-Iodo-3-nitrobenzene
(*o*-Iodonitrobenzene)

2-Bromotoluene
(*o*-Bromotoluene)

3-Nitrobenzoic acid
(*m*-Nitrobenzoic acid)

4-Bromoaniline
(*p*-Bromoaniline)

⑤ 치환기가 3개 이상인 경우는 그 치환위치를 가능하면 작은 숫자가 되도록 번호를 붙인다.

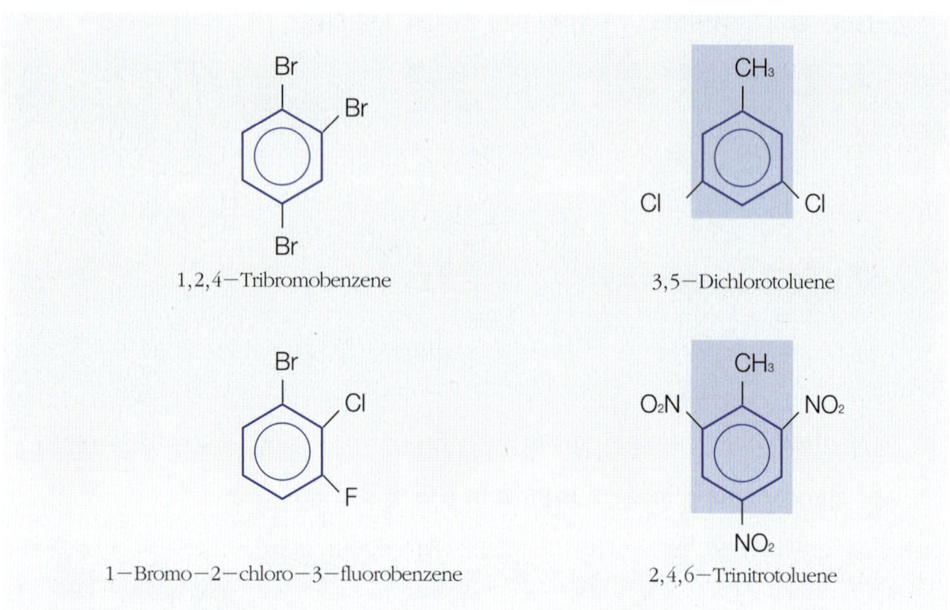

3.3 페닐기의 IUPAC 명명법

페닐기(phenyl group)는 벤젠의 수소원자 1개가 부족한 치환기인 벤젠고리로 일반식은 C_6H_5-이다.

① 페닐기를 포함한 화합물은 일반적으로 페닐기를 제외한 탄소 골격을 모체로, 그리고 페닐기를 치환기로 간주한다.

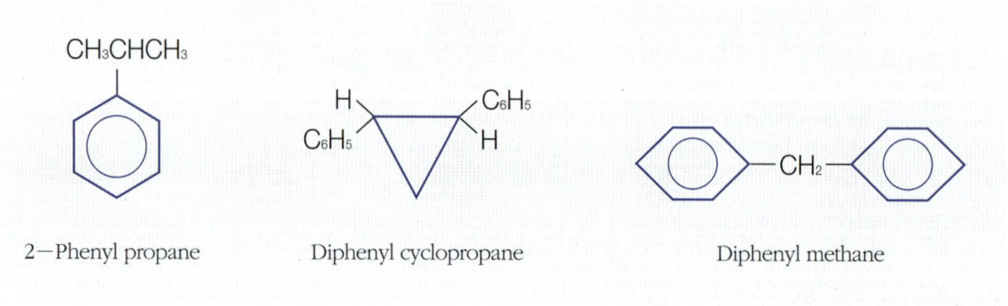

② 그 외 명명법은 알칸과 동일하다.

③ 톨루엔(toluene)의 치환 메틸기로부터 수소원자 1개, 2개, 3개가 부족한 치환기를 각

각 벤질(benzyl)기, 벤잘(benzal)기, 벤조(benzo)기라고 한다.

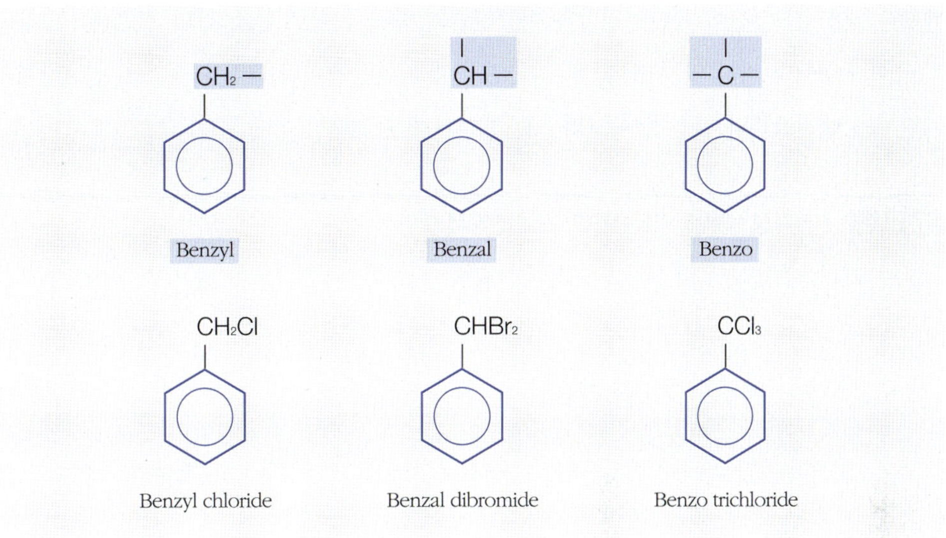

예제 1 다음 화합물을 IUPAC명으로 명명하시오.

(a) $CH_2CH_2CHCH_3$, CH_3 (b) NH_2, Cl, Br (c) Br, CH_3, CH_3 (d) Cl, Cl, Cl

예제 2 다음의 화합물의 구조를 그리시오.

(a) 1–Bromo–2–chlorobenzene (b) *p*–Bromotoluene

(c) *m*–Chloroaniline (d) 1–Chloro–3,5–dimethyl benzene

4. 벤젠의 성질

4.1 벤젠의 물리적 성질

① 끓는점(bp)이 80.1℃이고 휘발성과 방향성이 있는 무색 액체이다.

② 에터, 아세톤 등에 잘 녹는 유기용매이다.

4.2 벤젠의 반응

벤젠은 탄소 간의 길이가 단일결합과 이중결합의 중간 길이로 탄소 간의 결합은 1.5 결합인 공명구조이다. 벤젠의 주요 반응은 친전자성 치환반응이다(그림 4–4). 즉, 친전자체의 치환기는 벤젠고리와 반응하여 고리수소 하나와 치환된다.

그림 4–4 친전자성 방향족 치환반응(E^+는 친전자체)

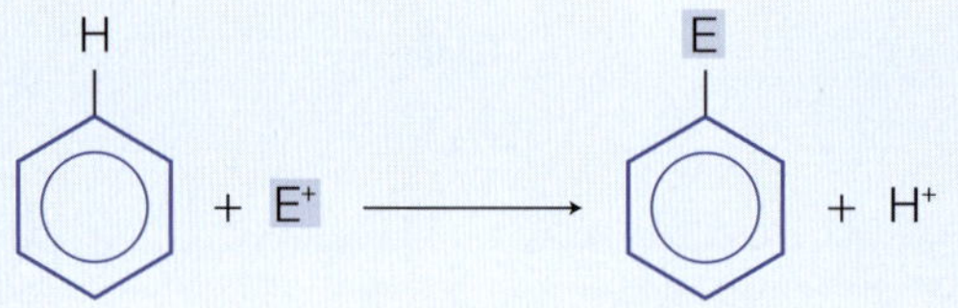

$$C_6H_5\text{–}H + E^+ \longrightarrow C_6H_5\text{–}E + H^+$$

그렇다면 벤젠의 주요 반응인 치환반응에 대해 구체적으로 살펴보자.

1) 할로젠화 반응(halogenation)

벤젠은 $FeCl_3$, $FeBr_3$ 또는 Fe을 촉매하에 할로젠과 반응하여 할로젠화한다. 예를 들면 클로로화, 브롬화는 다음과 같다.

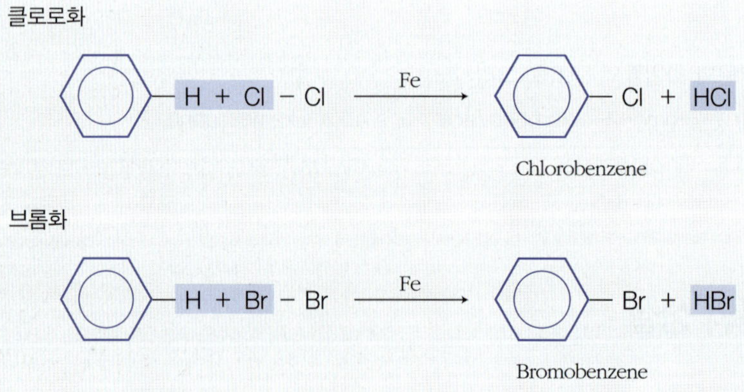

클로로화

$$C_6H_5\text{–}H + Cl\text{–}Cl \xrightarrow{Fe} C_6H_5\text{–}Cl + HCl$$

Chlorobenzene

브롬화

$$C_6H_5\text{–}H + Br\text{–}Br \xrightarrow{Fe} C_6H_5\text{–}Br + HBr$$

Bromobenzene

2) 나이트로화 반응(nitration)

진한 황산 존재하에서 벤젠을 진한 질산과 반응시키면 수소를 나이트로기와 치환시킬 수 있다. 이 반응에서 $-NO_2$를 나이트로기, 수소를 나이트로기로 치환하는 반응을 나이트로화라 한다.

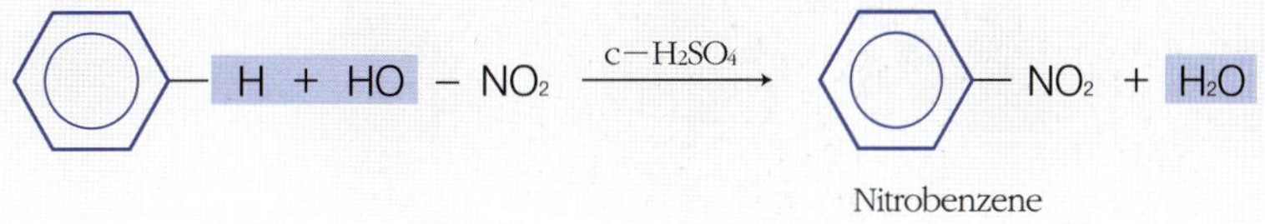

$$C_6H_5-H + HO-NO_2 \xrightarrow{c-H_2SO_4} C_6H_5-NO_2 + H_2O$$

Nitrobenzene

3) 설폰화 반응(sulfonation)

벤젠은 진한 황산과 반응하여 벤젠설폰산이 된다. 이 반응에서 $-SO_3H$를 설폰산기, 수소를 설폰산기로 치환하는 반응을 설폰화라 한다.

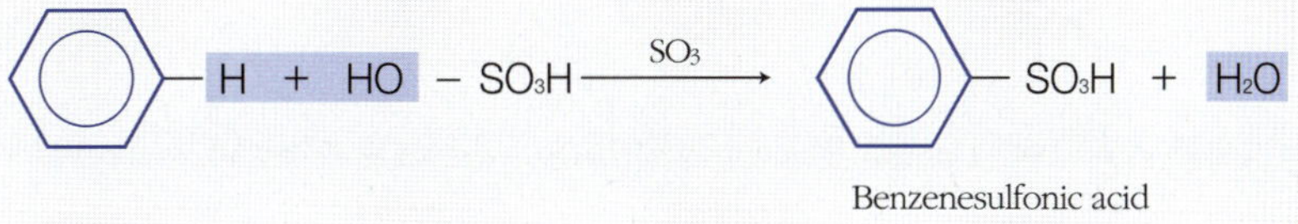

$$C_6H_5-H + HO-SO_3H \xrightarrow{SO_3} C_6H_5-SO_3H + H_2O$$

Benzenesulfonic acid

4) 알킬화 반응(alkylation)

$AlCl_3$ 촉매의 존재하에 벤젠을 할로젠화 알킬과 반응시키면 알킬벤젠이 생성된다.

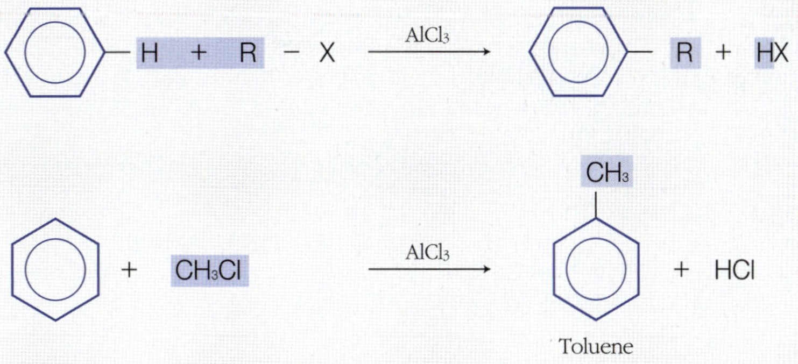

$$C_6H_5-H + R-X \xrightarrow{AlCl_3} C_6H_5-R + HX$$

$$C_6H_6 + CH_3Cl \xrightarrow{AlCl_3} C_6H_5-CH_3 + HCl$$

Toluene

5) 아실화 반응(acylation)

$AlCl_3$ 촉매의 존재하에 벤젠을 염화카복실산과 반응시키면 아실기(−COR)가 고리에 도입된다.

$$C_6H_6 + CH_3-\overset{\overset{\large O}{\|}}{C}-Cl \xrightarrow{AlCl_3} C_6H_5-\overset{\overset{\large O}{\|}}{C}-CH_3 + HCl$$

Acetyl chloride

Acetophenone
(Phenone = phenyl + ketone)

4.3 벤젠의 기타 반응

① 벤젠은 수소화 반응을 거쳐서 사이클로헥산으로 된다.

$$C_6H_6 + 3H_2 \xrightarrow[150℃,\ 가압]{Ni} C_6H_{12}$$

Benzene

Cyclohexane

② 벤젠의 알킬 곁사슬(side chain)은 치환반응을 일으킨다.

$$C_6H_5CH_3 \xrightarrow[h\nu]{Cl_2} C_6H_5CH_2Cl \xrightarrow{Cl_2} C_6H_5CHCl_2 \xrightarrow{Cl_2} C_6H_5CCl_3$$

Toluene

Benzyl chloride

Benzyl dichloride

Benzyl trichloride

③ 벤젠의 알킬 곁사슬은 산화반응 시 산화되지만, 벤젠고리는 산화반응을 하지 않고 그대로 있다.

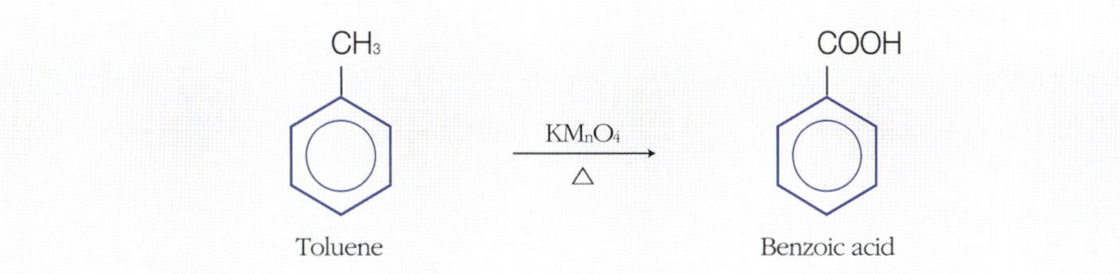

④ 벤젠의 나이트로 결사슬은 환원되어 방향족아민으로 유도된다.

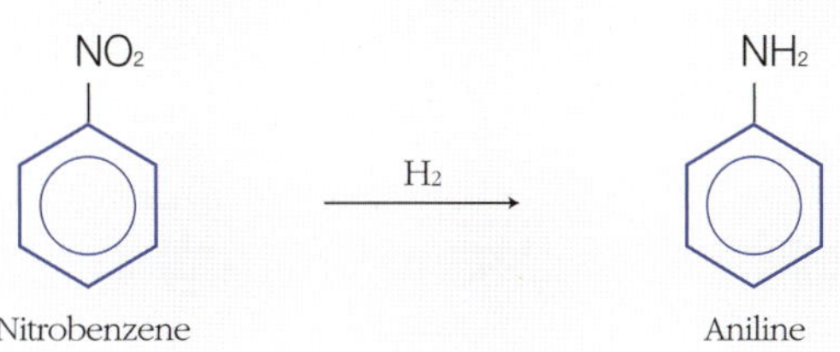

표 4-1 메테인(알케인), 에틸렌(알켄) 그리고 벤젠의 비교

구분	methane(CH_4)	ethylene(C_2H_4)	benzene(C_6H_6)
궤도함수	sp^3	sp^2	sp^2
결합 각도(°)	109.28	120	120
분자 모양	정사면체	동일 평면상	동일 평면상
결합 길이(Å)	1.54	1.34	1.40
주요 반응	치환	첨가	치환

4.4 치환기의 배향성 규칙

제1치환기의 배향성(orientation) 규칙은 벤젠고리에 제1치환기가 있을 때, 제2치환기는 제1치환기에 지배되는 것을 말한다. 즉, 방향족 화합물에서 두 번째 치환기는 이미 들어 있는 첫 번째 치환기에 의해서 위치가 결정된다는 것을 의미한다.

1) 오쏘(*o*–), 파라(*p*–) 배향성

–OH, –R(알킬), –OR, $-NH_2$, $-NR_2$, –NHCOR, –X(할로젠 : F, Cl, Br, I) 등의 치환기는 두 번째 치환기를 메타 위치에 치환시키지 않는다.

2) 메타(m–) 배향성

$-NO_2$, $-COOH$, $-CN$, $-CHO$, $-COR$, $-COOR$, $-SO_3H$ 등의 치환기는 두 번째 치환기를 오쏘, 파라 위치에 치환시키지 않는다.

5. 다중고리형 방향족화합물

다중고리형 방향족화합물(polycyclic aromatic compound) 중 2개의 벤젠고리가 결합된 나프탈렌과 3개의 고리로 결합된 안트라센, 페난트렌 등이 있다. 화학적 성질은 벤젠과 유사하다.

나프탈렌(naphthalene, $C_{10}H_8$)은 알켄보다 반응성이 약하고 치환반응을 하며, 고리의 번호는 고정되어 치환기의 위치를 나타낸다(그림 4–5).

그림 4–5 나프탈렌의 구조식

안트라센($C_{14}H_{10}$)과 페난트렌($C_{14}H_{10}$)은 서로 구조이성질체이며 3개의 고리가 붙어 있다.

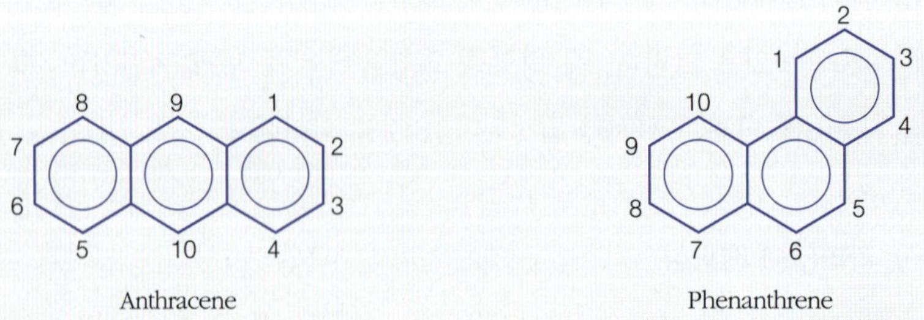

6. 헤테로고리화합물

헤테로(hetero)고리화합물은 탄소고리화합물 중에서 탄소원자 대신 산소원자, 질소원자 및 황원자를 포함하는 화합물이다.

헤테로고리화합물의 종류로는 푸란(furan), 티아졸(thiazole), 피란(pyran) 등이 있으며, 특히 질소 원자만을 포함한 헤테로고리아민의 종류로는 피롤(pyrrole), 이미다졸(imidazole), 피리미딘(pyrimidine), 퓨린(purine), 피리딘(pyridine), 피롤리딘(pyrrolidine), 피페리딘(piperidine), 인돌(indole), 퀴놀린(quinoline) 등이 있다.

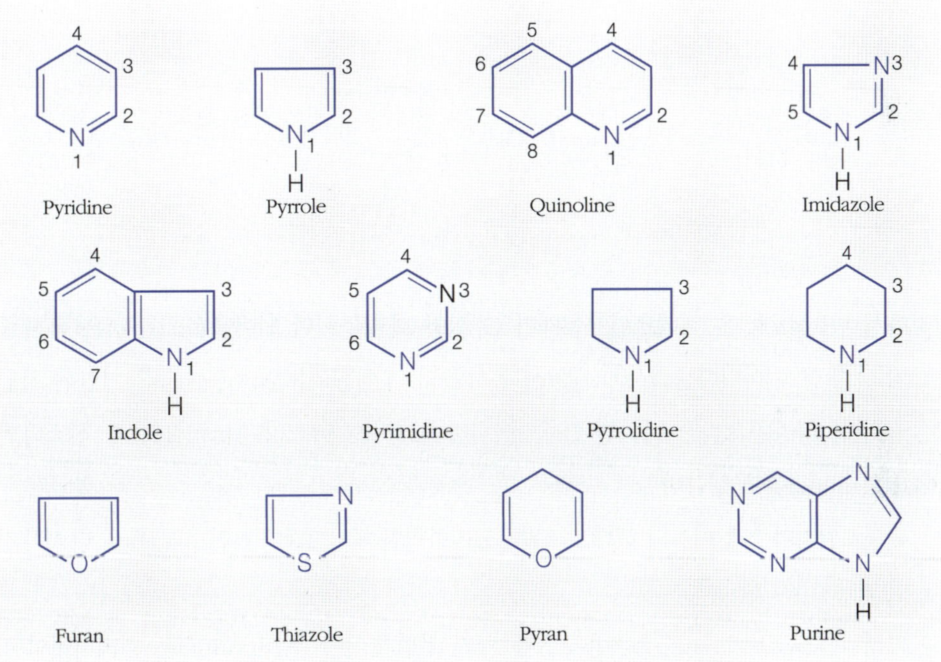

6.1 헤테로고리화합물의 명명법

헤테로고리화합물은 헤테로고리를 구성하는 원자 수가 5개일 때는 헤테로 5원자고리화합물, 6개이면 헤테로 6원자고리화합물이라고 한다. 헤테로 5원자고리화합물로는 푸란, 티아졸 등이 있으며 헤테로 6원자고리화합물로는 피란, 피리미딘 등이 있다.

① 헤테로고리화합물의 번호는 헤테로원자가 1개일 때는 치환기가 1번이며, 2개 이상일 때는 우선순위, 즉 최소번호는 산소(O), 황(S), 질소(N)의 순서로 부여한다.

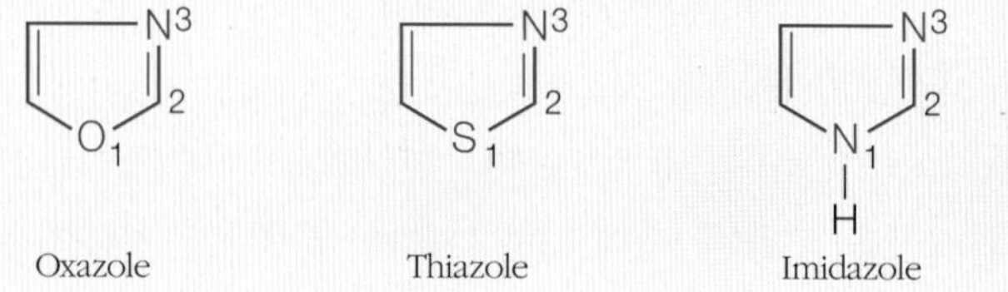

Oxazole Thiazole Imidazole

② 헤테로원자가 2개 이상의 헤테로 5원자고리화합물에서 최소한 1개가 N인 화합물을 아졸(azole)이라고 한다.

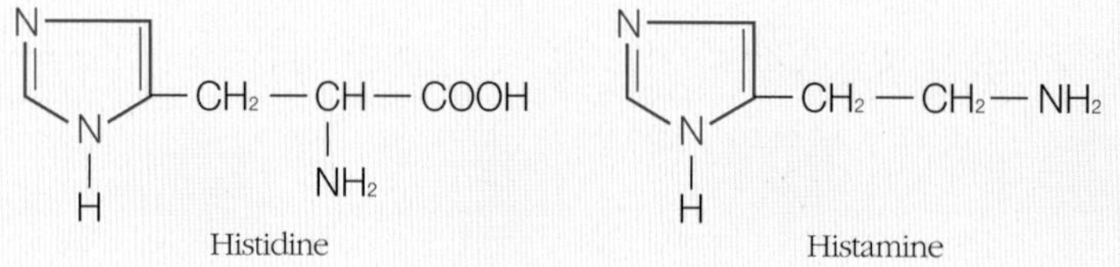

Histidine Histamine

옥사졸(oxazole)은 헤테로원자 2개가 O, N인 화합물이며 티아졸(thiazole)은 옥사졸의 O 대신 S, 이미다졸(imidazole)은 옥사졸의 O 대신 이미노기(−NH)가 치환된 화합물이다. 티아졸고리는 비타민 B_1을, 이미다졸고리는 히스티딘(histidine)과 히스타민(histamine)을 구성한다.

③ 헤테로원자가 2개 이상의 헤테로 6원자고리화합물에서 2개가 N인 화합물을 다이아진(diazine)이라 한다.

피리미딘(pyrimidine)은 1, 3번에 N를 가진 화합물이며 퓨린(purine)은 피리미딘의 4, 5번에 이미다졸고리가 결합한 화합물이다. 피리미딘과 퓨린고리는 핵산인 DNA와 RNA의 염기를 구성한다.

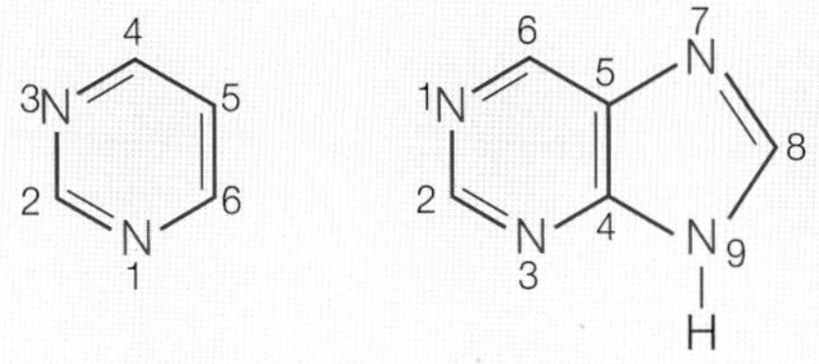

Pyrimidine Purine

피리미딘 염기인 사이토신(cytosine, C)은 2, 4번 탄소에 산소와 아미노기가 치환된 구조(2-oxy-4-amino pyrimidine)이고, 티아민(thymine, T)은 2, 4번 탄소에 산소가, 5번 탄소에 메틸기가 치환된 구조(2,4-dioxy-5-methyl pyrimidine)이다. 퓨린 염기인 아데닌(adenine, A)은 6번 탄소에 아미노기가 치환된 구조(4-amino purine)이고, 구아닌(guanine)은 2, 6번 탄소에 아미노기와 산소가 치환된 구조(2-amino-6-oxy purine)이다.

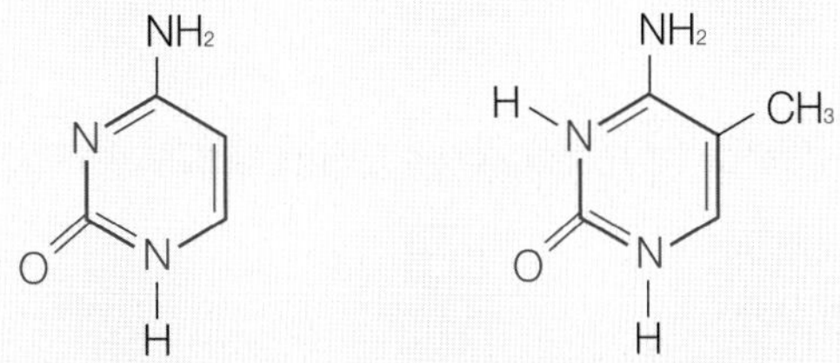

Cytosine(C) Thymine(T)

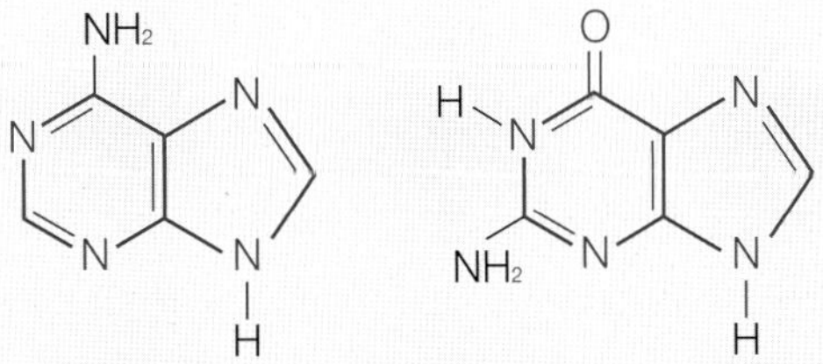

Adenine(A) Guanine(G)

연습문제

1. 다음 화합물을 IUPAC명으로 명명하시오.

① 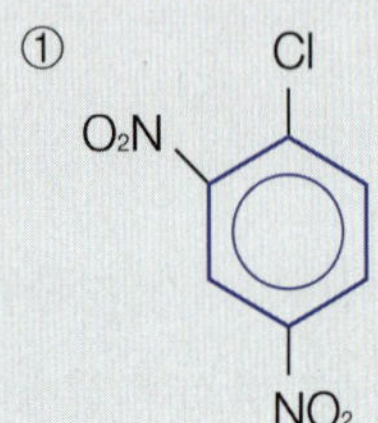

② Br

③ CHBrCH3

④

⑤ F NO2 NO2

2. 다음 화합물의 구조를 그리시오.

① 1,4–Dinitrobenzene

② p–Methyl benzonitrile

③ m–Nitrobenzoic acid

④ p–Chlorobenzenesulfonic acid

3. 벤젠의 공명(resonance)에 대하여 설명하시오.

MEMO

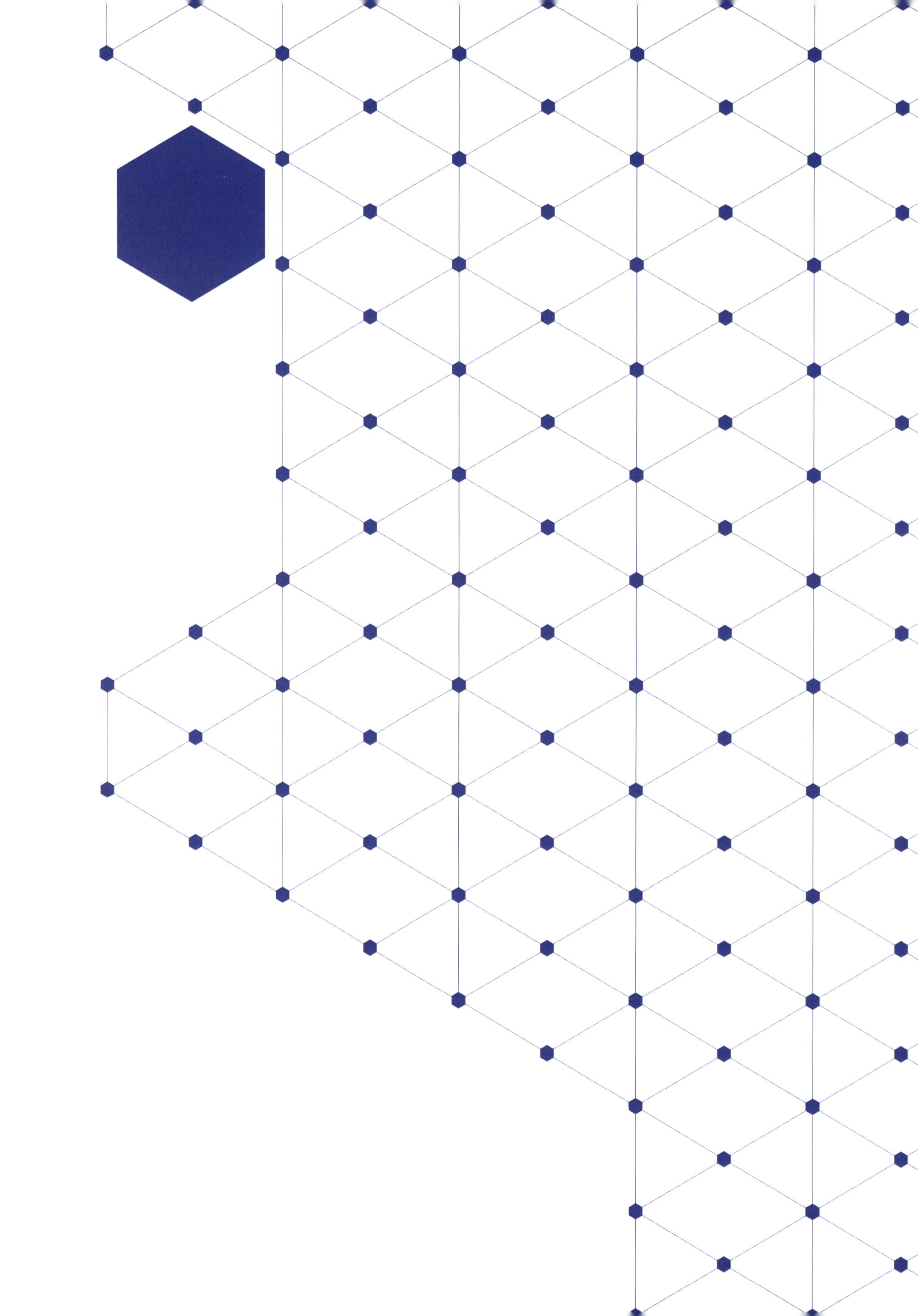

CHAPTER 5

입체화학

STEREOCHEMISTRY

5 입체화학

STEREOCHEMISTRY

1. 개요

입체화학(sterochemistry)은 분자의 3차원적 구조, 즉 분자의 공간 배열을 연구하는 분야이다. 화합물의 구조이성질체(structural isomer)는 분자 내의 구조(원자들의 결합 순서)가 다른 물질이다. 그러나 입체이성질체(stereoisomer)는 분자식은 같으나 입체구조가 다른, 즉 구성원자의 공간적 배열이 다른 물질이다. 이러한 입체이성질체는 거울상이성질체(enantiomer)와 부분입체이성질체(diastereomer)로 나눌 수 있다.

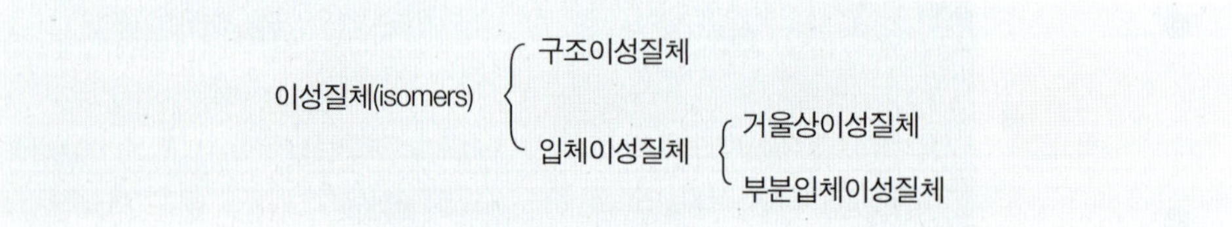

거울상이성질체는 서로 겹치거나 포갤 수 없는 거울상 관계인 물질이다. 예를 들면 다음 그림에서처럼 구조(I)과 구조(II)는 서로 거울상이며 결합된 기의 방향이 서로 반대이어서 겹칠 수 없다.

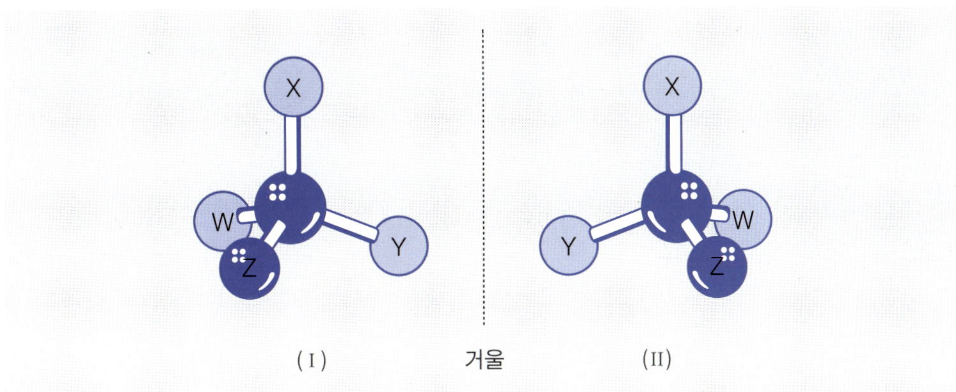

이러한 거울상이성질체의 필요충분조건은 분자의 비대칭성(chirality), 즉 비대칭탄소(부제탄소, asymmetric carbon)이다. 비대칭탄소는 4개의 서로 다른 치환기가 결합되어 있는 탄소이다. 이러한 탄소를 가진 분자의 거울상은 서로 겹쳐질 수 없어 거울상이성질체가 된다.

그림 5-1 2-부탄올의 거울상이성질체

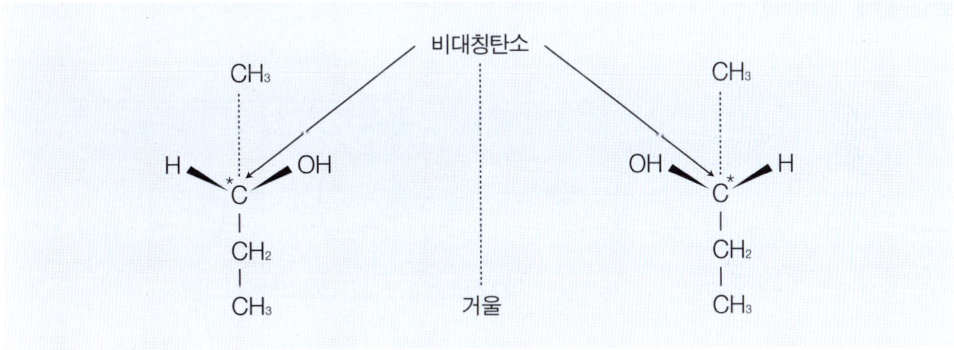

비대칭탄소

CH_3 / H, OH / C^* / CH_2 / CH_3

거울

CH_3 / OH, H / C^* / CH_2 / CH_3

2-부탄올(2-butanol)은 거울상이성질체의 한 예이다.

기하이성질체(geometric isomer)인 시스-트랜스 이성질체는 서로 거울상이 아니므로 부분입체이성질체에 속한다. 예로서 1,2-다이클로로에텐(1,2-dichloro ethene)의 시스형과 트랜스형은 원자의 순서가 같지만 그 공간 배열이 다르다.

```
Cl      Cl              Cl      H
  \    /                  \    /
  C = C                   C = C
  /    \                  /    \
H      H                H      Cl
```

cis−1,2−Dichloroethene   *trans*−1,2−Dichloroethene

2. 광학이성질체

빛은 전자기진동을 가지고 있으며, 그 진동은 빛의 진행 방향에 항상 수직이다. 광원에서 나오는 빛은 모든 수직방향으로 진동할 수 있다. 그러나 프리즘 같은 적당한 장치를 이용하면 어느 한쪽 방향의 진동을 가지는 빛만 통과하게 되는데, 이것을 평면편광(plane polarized light)이라고 하며 그의 진동면을 편광면이라고 한다.

그림 5-2 평면편광

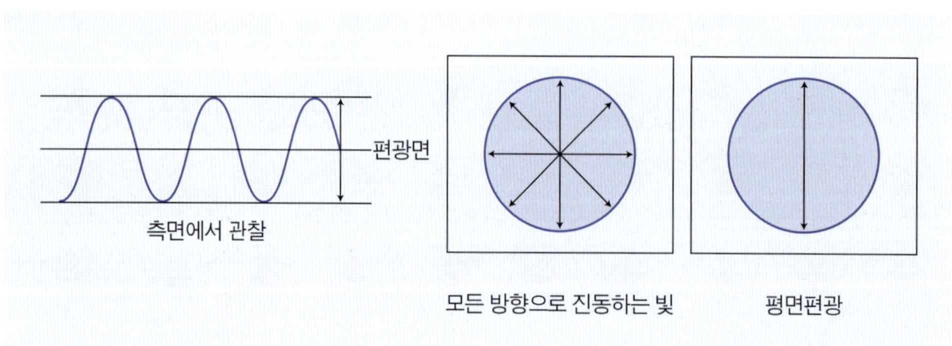

편광의 회전각도(α)는 시료의 양(농도), 시료관의 길이, 온도, 용매의 종류, 그리고 빛의 파장에 따라 달라진다. 선광도(광회전도, $[\alpha]$)는 다음과 같이 나타낸다.

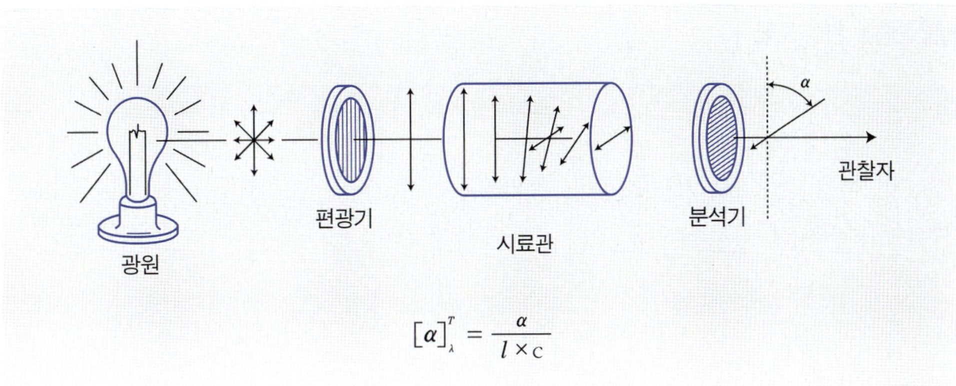

$$[\alpha]_{\lambda}^{T} = \frac{\alpha}{l \times c}$$

T는 측정온도(℃), λ는 광원의 파장이며 l은 시료관의 길이(dm), c는 용액 1mL당 시료의 g 수(g/mL), 그리고 α는 관찰된 선광도(광회전도)이다.

여기서 편광면을 우측으로 회전시키는 것을 우선성(dextrorotatory) 이성질체라고 하며 (+)로 표시하고, 좌측으로 회전시키는 것을 좌선성(levorotatory) 이성질체라 하고 (−)로 표시하며 이들을 광학이성질체라고 한다.

3. 키랄 분자

우리의 손은 거울상과 포갤 수 없어 양손은 서로 포개지지 않는다(그림 5−3). 신발이나 장갑도 마찬가지다. 이와 같이 분자나 물체들이 그들의 거울상과 포갤 수 없는 것을 키랄(chiral)이라고 한다. 손, 장갑, 구두 등은 모두 키랄이다. 반대로 물컵은 아키랄(achiral)이며 이들은 이들의 거울상과 포갤 수 있다(그림 5−4). 거울상과 포개지는 분자는 아키랄 분자이고, 거울상과 포개지지 않는 분자는 키랄 분자이다.

이와 같이 서로 포갤 수 없는 거울상 관계에 있는 거울상이성질체(enantiomer)를 입체이성질체라고 한다.

그림 5-3 키랄 물질

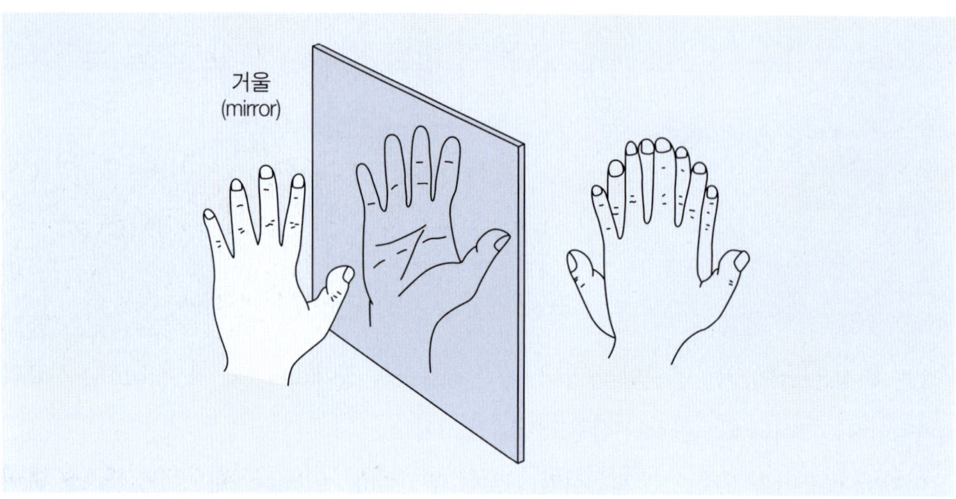

그림 5-4 아키랄 물질

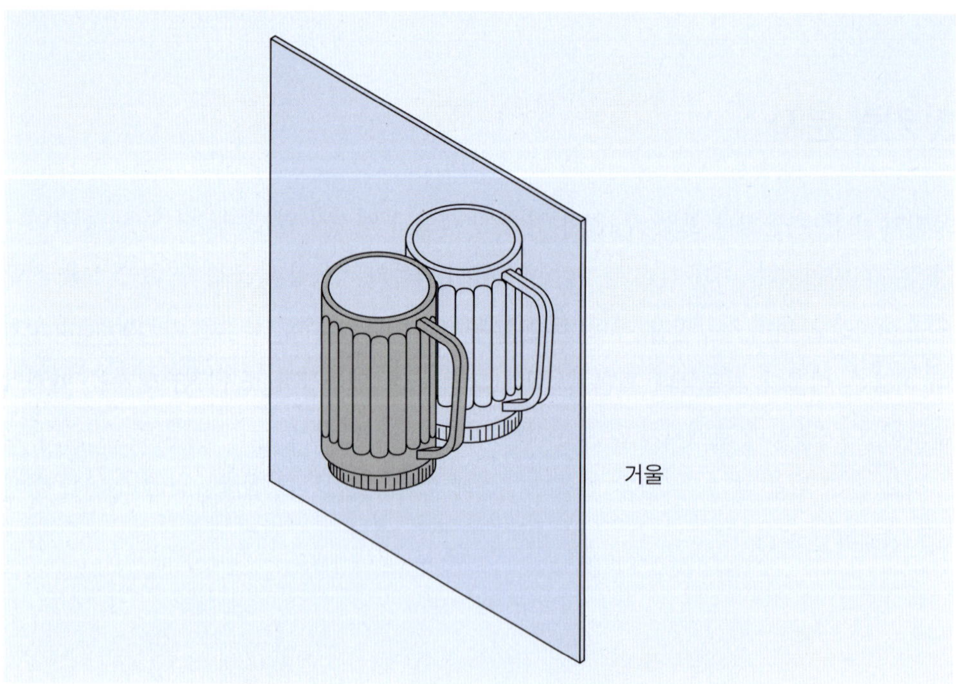

그림 5-5 아키랄 분자

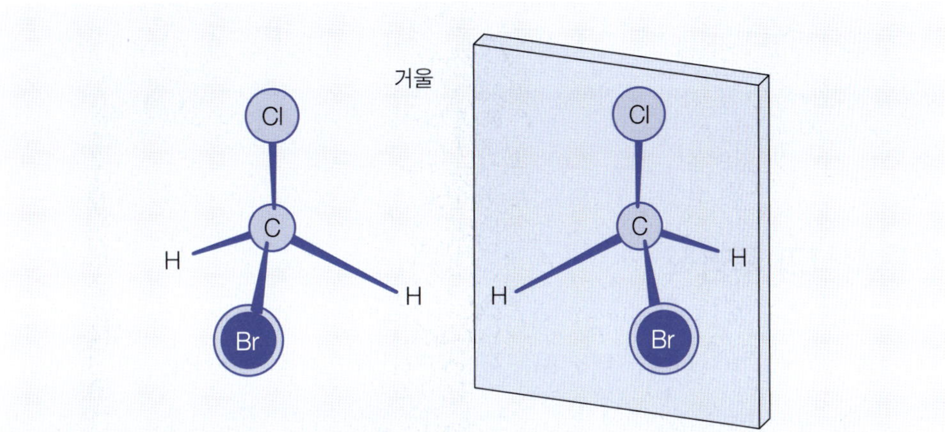

한 탄소원자에 동일한 2개의 치환기가 붙어 있는 탄소원자를 갖는 분자는 아키랄이며, 이들의 거울상은 서로 포개진다.

그림 5-6 키랄 분자

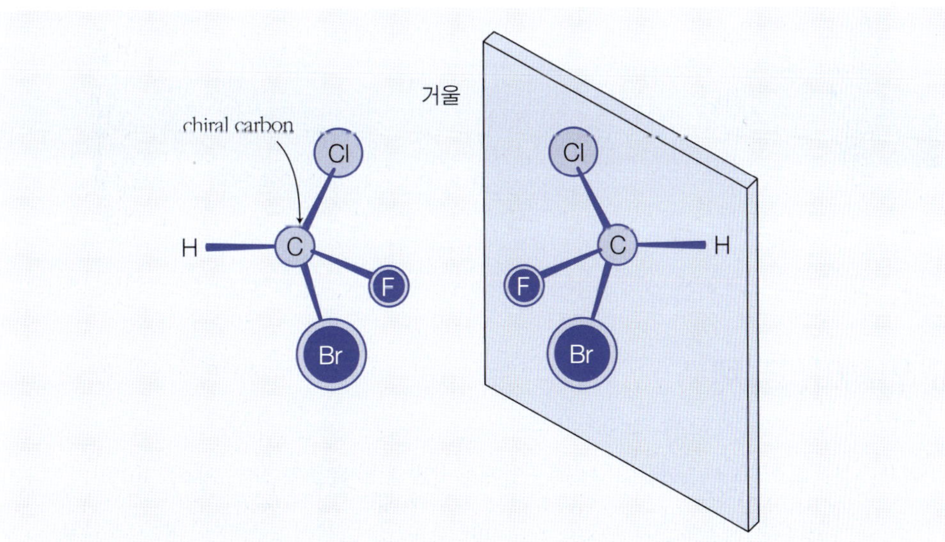

4개의 다른 기들이 붙어 있는 탄소원자를 갖는 분자는 키랄이며, 이들의 거울상은 서로 포개지지 않는다.

분자가 키랄성을 갖는 대부분의 구조 모양은 sp^3 탄소원자를 갖고 있으며(그림 5-6), 이러한 이유로 4개의 서로 다른 기가 붙어 있는 탄소원자를 키랄 탄소원자(chiral carbon actom)라고 한다. 분자 내에 키랄 탄소가 존재하는가를 가장 쉽게 알아보는 방법은 거울상이성질체가 존재하는가를 확인하는 방법이다.

4. 투시식과 투영식

비대칭분자의 구조를 나타내는 데는 보통 단순화시킨 구조식을 사용한다.

투시식(perspective formula)에서 굵은 선은 지면 앞에 놓여 있는 결합을, 점선은 지면 뒤에 있는 결합을 나타낸다. 투영식(projection formula)에서는 선으로만 표시되어 있는데 가로선, 즉 수평선은 지면의 앞에 결합되어 있는 것을 나타내고 세로선, 즉 수직선은 지면의 바로 뒤에 결합되어 있는 것을 나타낸다. 아래에는 글리세르알데하이드의 똑같은 이성질체를 예로서 표시하였다.

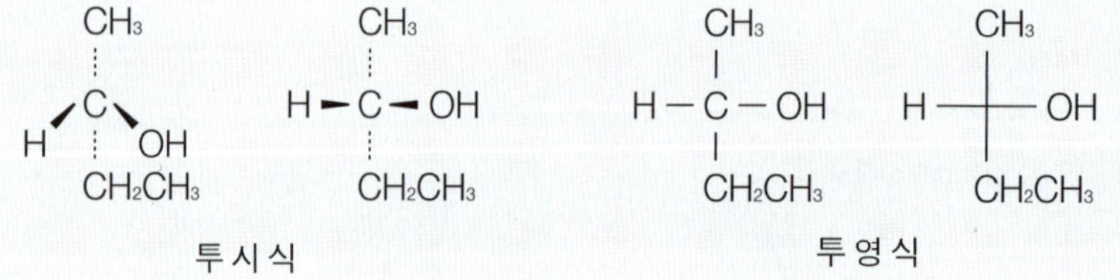

CH_3 / H, C, OH / CH_2CH_3 CH_3 / H — C — OH / CH_2CH_3 CH_3 / H — C — OH / CH_2CH_3 CH_3 / H —+— OH / CH_2CH_3

투시식   투영식

5. 입체이성질체

글리세르알데하이드(glyceraldehyde)는 입체이성질체의 표준물질로 하여 명명한다. 글리세르알데하이드의 절대배열(absolute configuration)은 입체이성질체에 대한 정의로 입체이성질체는 대문자 D형과 L형의 두 가지로 나타낸다.

절대배열에서 D형은 글리세르알데하이드의 비대칭탄소인 두 번째 탄소의 OH기가 오른쪽에 있는 물질, L형은 비대칭탄소인 두 번째 탄소의 OH기가 왼쪽에 있는 물질로 정의한다.

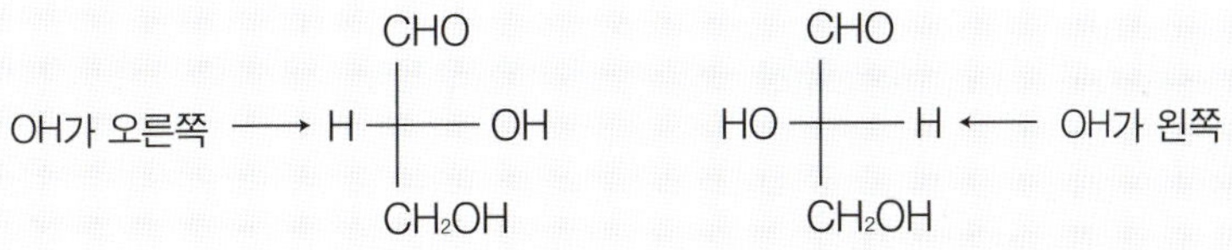

OH가 오른쪽 → H —+— OH (위: CHO, 아래: CH_2OH)
D−Glyceraldehyde

HO —+— H ← OH가 왼쪽 (위: CHO, 아래: CH_2OH)
L−Glyceraldehyde

비대칭탄소가 2개 이상인 화합물도 있을 수 있다. 절대배열은 비대칭탄소가 1개인 글리세르알데하이드에 대한 입체이성질체의 정의인 반면, 상대배열은 비대칭탄소가 2개 이상인 화합물에 대한 입체이성질체의 정의이다.

상대배열에서 D형은 화합물에서 가장 멀리 떨어진 비대칭탄소의 OH기가 오른쪽에 있는 물질, L형은 화합물에서 가장 멀리 떨어진 비대칭탄소의 OH기가 왼쪽에 있는 물질로 정의한다.

그림 5-7 2-브로모-3-클로로부테인(2-bromo-3-chlorobutane)의 입체이성질체

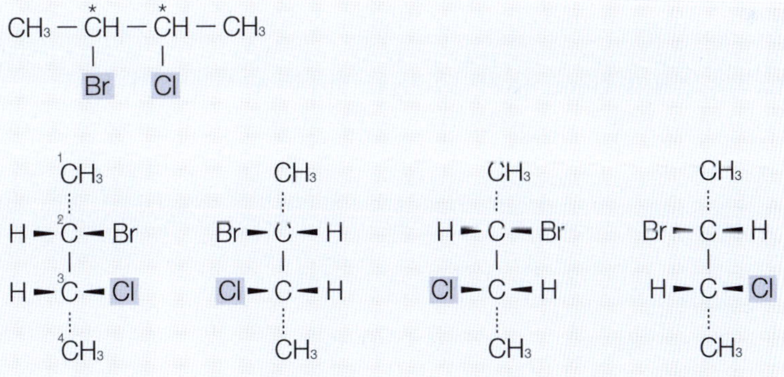

$CH_3-\overset{*}{C}H(Br)-\overset{*}{C}H(Cl)-CH_3$

(Ⅰ) D형: CH_3 / H−C−Br / H−C−Cl / CH_3

(Ⅱ) L형: CH_3 / Br−C−H / Cl−C−H / CH_3

(Ⅲ) L형: CH_3 / H−C−Br / Cl−C−H / CH_3

(Ⅳ) D형: CH_3 / Br−C−H / H−C−Cl / CH_3

n개의 비대칭탄소를 가지고 있는 분자는 2^n개의 입체이성질체를 가진다. 가령, 4개의 비대칭탄소를 가진다면, 그 물질의 입체이성질체 수는 $2^n=2^4=16$개로 각각 D형 8개, L형

8개를 가진다.

절대배열의 D−글리세르알데하이드는 항상 우선성(+)으로 D−(+)−글리세르알데하이드로 표기하며, 마찬가지로 L−글리세르알데하이드는 항상 좌선성(−)으로 L−(−)−글리세르알데하이드로 표기한다. 괄호 속의 부호는 광회전 방향을, 대문자 D와 L은 OH기의 위치를 나타낸다.

한편, D−(+)−글리세르알데하이드로부터 형성된 젖산(lactic acid)의 광회전성은 좌선성(−)을 나타낸다. 따라서 표준물질을 기준으로 할 때, 좌선성(−) 젖산은 D 배치를, 우선성(+) 젖산은 L 배치를 가져 각각 D−(−)−젖산, L−(+)−젖산으로 표기한다.

6. R-S계와 E-Z계

6.1 R−S계

R−S계는 Cahn, Ingold, Prelog에 의한 비대칭(키랄)탄소의 배열 규칙으로 D−L계에서의 D는 R(라틴어 : retus, 오른쪽)에, L은 S(라틴어 : sinister, 왼쪽)에 해당한다.

R−S계의 규칙은 다음과 같다.

① 비대칭탄소에 연결된 원자는 원자번호가 큰 것부터 순서를 정한다.

$$\overset{3}{CH_3}$$

$$H^4 - C - I^1$$

$$Cl^2$$

$$I > Cl > CH_3 > H$$

② 같은 원자번호이면 다음 번 원소의 원자번호가 큰 것부터 순서를 정한다. 이중결합과 삼중결합은 같은 원소가 두 번, 세 번 연결된 것으로 간주한다.

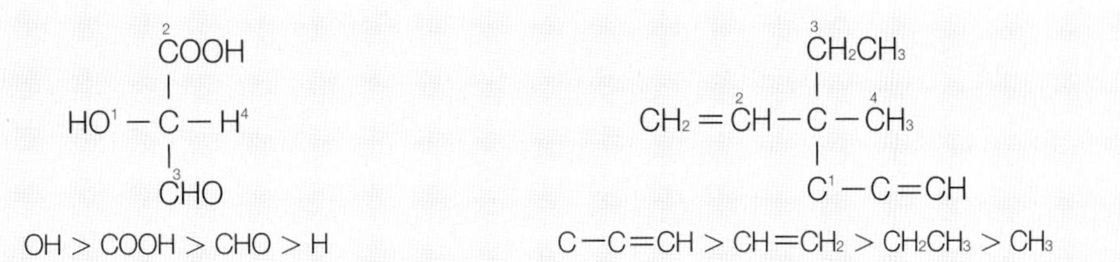

③ 가장 작은 번호는 관찰하는 사람으로부터 가장 멀리 떨어지게 배치하고 나머지 세 개의 치환기 번호는 관측자를 중심으로 하여 큰 것에서 작은 것의 순서로 오른쪽의 시계 방향 배열이면 R, 왼쪽의 시계 반대방향 배열이면 S로 나타낸다.

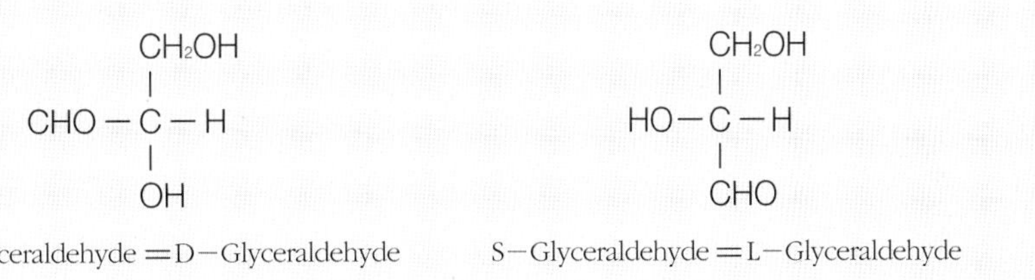

R−Glyceraldehyde = D−Glyceraldehyde　　S−Glyceraldehyde = L−Glyceraldehyde

6.2 E−Z계

E−Z계는 시스−트랜스 기하 이성질체의 명명규칙으로, 이중결합의 탄소에 결합된 원자 또는 치환기의 우선 순위를 정하는 규칙이다. E는 독일어 entgegon에서 유래된 것으로 영어 across에 해당하는 반대 쪽을, Z는 독일어 zusammen에서 유래된 것으로 영어 together에 해당하는 같은 쪽을 나타낸다.

이중결합 탄소에 결합된 원자의 우선순위는 R−S계처럼 원자번호로 결정하며 원자번호가 클수록 우선순위가 높아진다. E−Z계에서 E는 최우선순위의 원자가 파이(π) 결합 반대쪽에, Z는 최우선 순위의 원자가 π 결합 같은 쪽에 위치한다.

Br　　F
C = C
I　　Cl

I > Br > Cl > F

Z−1−Bromo−2−chloro−2−fluoro−1−iodcethane

Br F
C = C
I F

E−1−Bromo−2−chloro−2−fluoro−1−iodcethane

이성질체의 종류

- 구조이성질체(structural isomer) : 분자식은 같고 구조가 서로 다른 물질
- 기하이성질체(geometric isomer) : 치환기의 배열이 서로 다른 물질
  시스(*cis*), 트랜스(*trans*)
- 광학이성질체(optical isomer) : 편광면을 회전하는 성질이 서로 다른 물질
  우선성(+), 좌선성(−)
- 입체이성질체(stereoisomer) : 비대칭(부제) 탄소 원자에 결합된 치환기의 배열이 서로 다른 물질
  D형, L형

1. 다음 용어를 설명하시오.

① 비대칭탄소(asymmetric carbon)

② 키랄(chiral)

③ 아키랄(achiral)

④ 우선성(dextrorotatory)

⑤ 좌선성(levorotatory)

2. 다음 화합물의 투영식을 그리시오.

① 2–Butanol

② D–Glyceraldehyde

3. 2,3–Dichlorobutane의 입체이성질체의 구조를 그리고, 명명하시오.

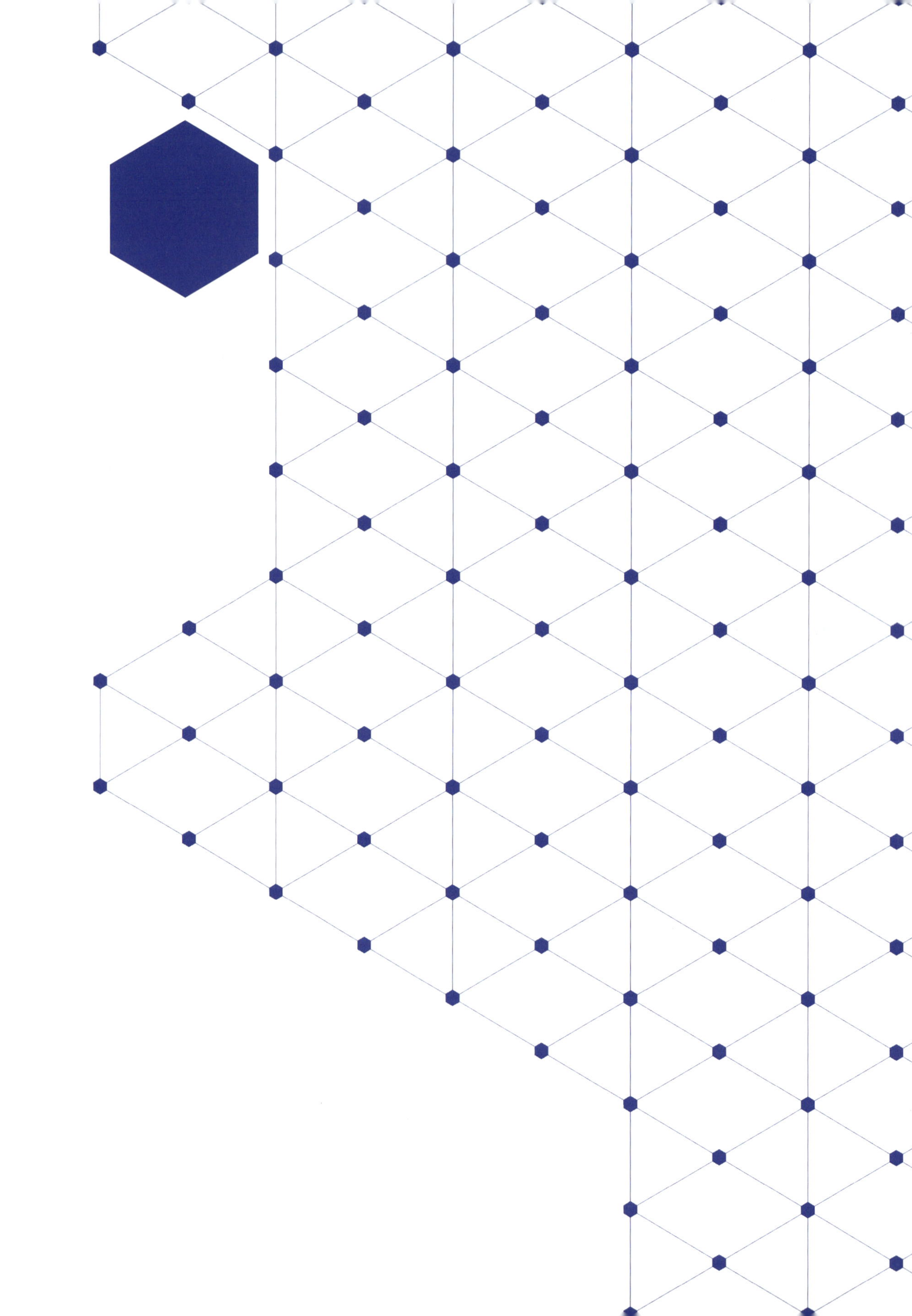

CHAPTER 6

알코올

ALCOHOLS

6 알코올

ALCOHOLS

1. 개요

알코올(alcohol)은 탄화수소의 수소원자를 하이드록시기(알코올기, −OH)로 치환한 화합물이며, 일반식은 $C_nH_{2n+1}OH$로 나타낸다.

알코올은 분자 내에 존재하는 하이드록시기 수가 1개, 2개, 3개인 것을 각각 1가 알코올, 2가 알코올, 3가 알코올이라 하고, 하이드록시기 수가 2개 이상인 것을 다가 알코올이라고 한다. 또한 하이드록시기가 결합하고 있는 탄소원자가 알킬기 1개, 2개, 3개와 연결된 것을 각각 1차 알코올, 2차 알코올, 3차 알코올이라 한다.

• 1차(primary) 알코올

$$R-CH_2-OH \longrightarrow CH_3CH_2CH_2CH_2OH \quad \text{1-Butanol}$$

• 2차(secondary) 알코올

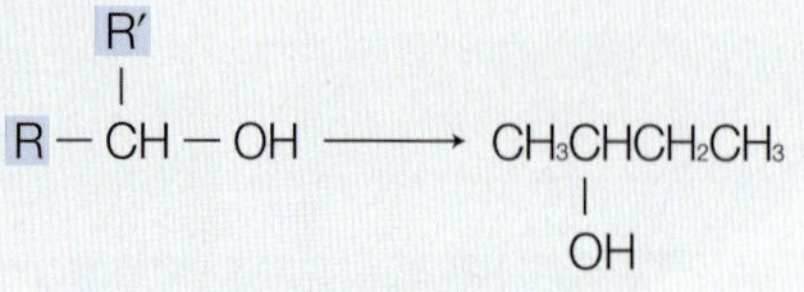

$$\begin{array}{c} R' \\ | \\ R-CH-OH \end{array} \longrightarrow \begin{array}{c} CH_3CHCH_2CH_3 \\ | \\ OH \end{array} \quad \text{2-Butanol}$$

• 3차(tertiary) 알코올

$$R-\overset{\overset{R'}{|}}{\underset{\underset{R''}{|}}{C}}-OH \longrightarrow CH_3-\overset{\overset{CH_3}{|}}{\underset{\underset{CH_3}{|}}{C}}-OH$$ 2−Methyl−2−propanol

2. 알코올의 명명법

2.1 관용명

① 1가 알코올은 알킬기의 명칭 다음에 알코올을 붙인다(alkyl + alcohol).

CH_3OH	Methyl alcohol
C_2H_5OH	Ethyl alcohol
$CH_3CH_2CH_2OH$	*n*−Propyl alcohol
$(CH_3)_2CHOH$	*iso*−Propyl alcohol
$CH_3CH_2CH_2CH_2OH$	*n*−Butyl alcohol
$(CH_3)_2CHCH_2OH$	*iso*−Butyl alcohol
$CH_3CH_2\overset{\overset{CH_3}{\vert}}{C}HOH$	*sec*−Butyl alcohol
$(CH_3)_3COH$	*tert*−Butyl alcohol
$CH_3(CH_2)_4OH$	*n*−Pentyl alcohol(Amyl alcohol)

② 2가 알코올은 알켄의 관용명 다음에 글리콜(glycol)을 붙인다(alkene + glycol).

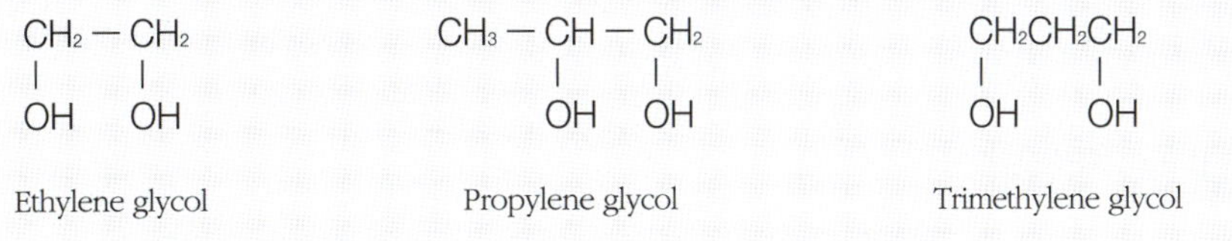

Ethylene glycol　　Propylene glycol　　Trimethylene glycol

③ 3가 알코올 이상은 각각의 이름을 사용하고 규칙성이 없다.

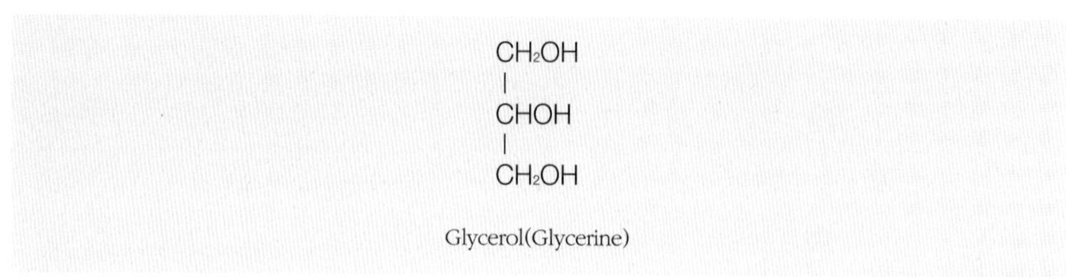

Glycerol(Glycerine)

특히 5, 6가 알코올의 명칭은 해당하는 당의 접미사 −ose 대신 −tiol을 붙여서 부른다. 자일리톨은 자일로오스(xylose)를, 소비톨(글루시톨)은 글루코오스(glucose)를 환원시켜 만든다.

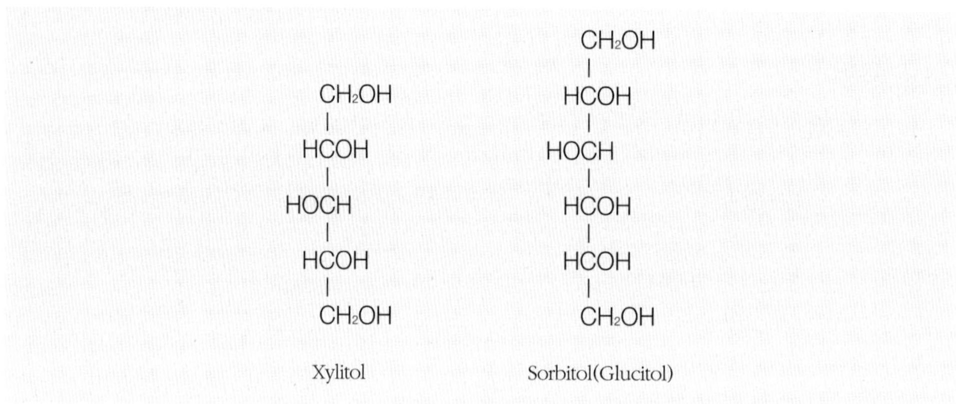

Xylitol Sorbitol(Glucitol)

④ 벤질알코올, 알릴알코올은 각각 치환 벤젠고리와 불포화탄화수소가 −OH기를 갖고 있다.

$-CH_2-OH$ Benzyl alcohol

$CH_2=CHCH_2-OH$ Allyl alcohol

2.2 IUPAC 명명법

① 모체는 −OH기를 포함하고 있는 가장 긴 연속 탄소사슬이다. 알코올의 접미사는 알칸의 접미사 −ane와 ol을 합친 −anol이다(−ane + ol = −anol).

② 탄소번호는 −OH기가 있는 탄소부터 낮은 번호를 부여한다.

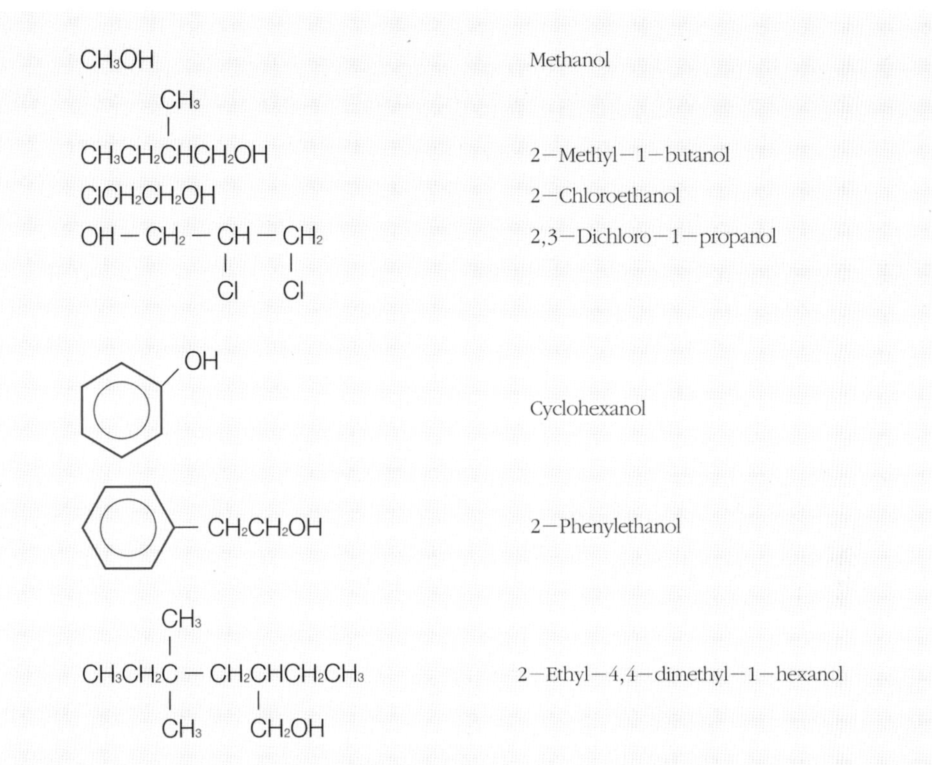

③ 모체의 우선순위는 알코올>알켄>알케인의 순이다. 화합물에 C=C가 있으면, 비록 C−C보다 긴 사슬이 아니더라도 이 불포화탄소를 포함하는 사슬을 모체로 택한다.

$CH_3CH=CHCH_2OH$	2−Buten−1−ol
$CH_3CHCH_2-C=CH_2$ (CH에 OH, C에 CH_2CH_3)	4−Ethyl−4−penten−2−ol

④ 이중결합과 치환기의 위치와 명명은 알켄과 알케인의 명명법과 동일하다.

⑤ −OH기가 2개 이상인 화합물의 경우에는 −OH 수를 ol 앞에 di, tri, tetra 등을 붙여서 각각 −diol, −triol, −tetraol로 나타낸다.

$CH_3-CH-CH-CH_2$ (각 CH, CH, CH_2에 OH)	1,2,3−Butanetriol

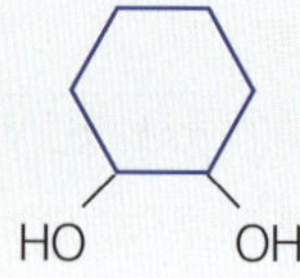

1,2−Cyclohexanediol

예제 1 다음 화합물을 IUPAC명으로 명명하시오.

(a) CH_3CH_2CH-OH (with CH_3 on the CH)

(b) $CH_3-CHCH_2CHCH_3$ (with OH on each CH)

(c) $HC=CCHCH_3$ (with OH on the CH)

(d) CH_2OH on a benzene ring

(e) 

예제 2 다음 화합물의 구조를 그리시오.

(a) Isopropyl alcohol

(b) Glycerol

(c) Allyl alcohol

(d) Benzyl alcohol

(e) Isobutyl alcohol

3. 알코올의 성질

3.1 물리적 성질

탄소 수가 증가하면 끓는점(bp)이 높아지고 물에 대한 용해도도 급속히 감소한다. 알코올(R−OH)에서 −OH는 친수성(극성)이지만 R은 소수성(비극성)이므로 이것이 커지면 물에 불용성이 된다.

알코올의 bp는 대체로 같은 분자량을 갖는 탄화수소보다 훨씬 높은데 그 이유는 분자 내 수소결합 때문이다.

표 6-1 물에 대한 알코올의 용해도

알코올	물에 대한 용해도
CH_3OH	∞
CH_3CH_2OH	∞
$CH_3CH_2CH_2OH$	∞
$CH_3CH_2CH_2CH_2OH$	8
$CH_3CH_2CH_2CH_2CH_2OH$	2.7
$CH_3CH_2CH_2CH_2CH_2CH_2OH$	0.6

표 6-2 수소결합의 유무에 따른 끓는점 비교

구조	명칭	분자량	bp(℃)
CH_4	Methane	16	−162
H−O−H*	Water	18	100
CH_3-CH_3	Ethane	30	−89
$CH_2=CH_2$	Ethylene	28	−102
CH_3-OH*	Methanol	32	65
$CH_3CH_2CH_3$	Propane	44	−42
$CH_2=CHCH_3$	Propylene	42	−48
CH_3CH_2OH*	Ethanol	46	78

*수소결합 형성

3.2 수소결합

수소결합(hydrogen bond)은 분자 간 인력의 하나로 분자 중에 산소, 질소, 플루오르처럼 전기음성도가 큰 원자와 공유결합한 수소를 가진 화합물에서 나타나는 현상이다. 즉, 수소와 산소로 이루어진 공유결합에서 수소에 비해 산소의 전기음성도는 매우 크기 때문에 극성이 큰 결합이다. 이러한 결합에서 수소원자는 부분적으로 양전하를 띠며 산소원자는 음전하를 갖게 된다. 이 화합물은 인접한 분자의 반대전하와 상호작용을 일으켜 인력이 발생된다. 이처럼 수소와 전기음성도가 큰 원자인 산소, 질소, 플루오르 간의 인력을 수소결합이라 하며 이는 극성 공유결합이다.

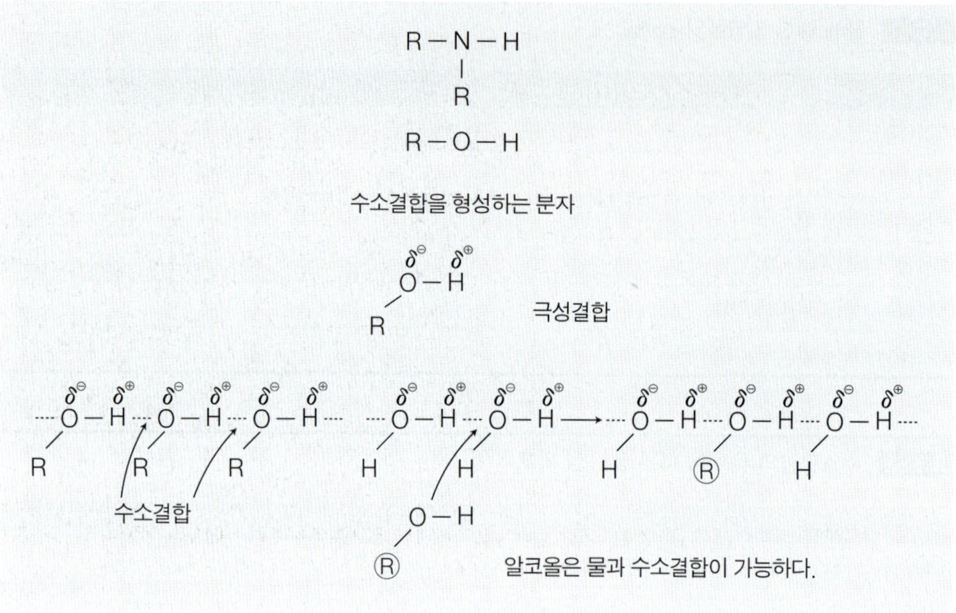

$$R-\underset{\underset{R}{|}}{N}-H$$

$$R-O-H$$

수소결합을 형성하는 분자

$$\underset{R}{\diagup}\overset{\delta^{\ominus}}{O}-\overset{\delta^{\oplus}}{H}$$

극성결합

수소결합

알코올은 물과 수소결합이 가능하다.

3.3 알코올의 반응

1) 할로젠화수소 반응

알코올은 할로젠화수소(HI, HBr, HCl)와 반응하여 할로젠화 알킬을 생성한다.

$$R-OH + HX \longrightarrow R-X + H_2O$$

$$C_2H_5-OH + HBr \longrightarrow C_2H_5Br + H_2O$$

2) 에스터화 반응

에스터 생성반응(esterification)은 알코올과 카복실산, 산염화물 및 산무수물 등과 반응하여 일어난다.

$$ROH + R'-COOH \rightleftharpoons RO-COR' + H_2O$$

$$ROH + R'-COCl \longrightarrow RO-CO-R' + HCl$$

$$ROH + (R'-CO)_2O \longrightarrow RO-CO-R' + R'-COOH$$

3) 에터화 반응

알코올은 산촉매하에서 가열하면 두 분자로부터 물 한 분자가 탈수반응하면서 에터(ether)가 생성된다.

$$2R-OH \xrightarrow{H_2SO_4} R-O-R + H_2O$$

4) 산화반응

알코올의 산화는 카보닐화합물의 생성에 매우 중요한 반응이다. 산화제로는 KM_nO_4, $K_2Cr_2O_7$, Na_2CrO_4, CrO_3, H_2Cr_4 등이 있다. 알코올은 산화되면 알데하이드를 생성하고 알데하이드는 산화되면 카복실산을 생성한다.

$$R-CH_2OH \xrightarrow[\text{산화}]{[O]} R-\underset{\underset{O}{\|}}{C}-H \xrightarrow[\text{산화}]{[O]} R-\underset{\underset{O}{\|}}{C}-OH$$

5) 탈수반응

알코올의 분자 내 탈수반응(dehydration)은 알켄을 만들고 분자 간의 탈수반응은 에터를 생성한다.

$$C_2H_5OH \longrightarrow CH_2 = CH_2 + H_2O$$

$$2C_2H_5OH \xrightarrow{H_2SO_4} C_2H_5 - O - C_2H_5 + H_2O$$

4. 방향족알코올의 명명법

페놀은 방향족알코올의 모체로서 방향족알코올의 명명은 주로 알코올의 명명법과 동일하다.

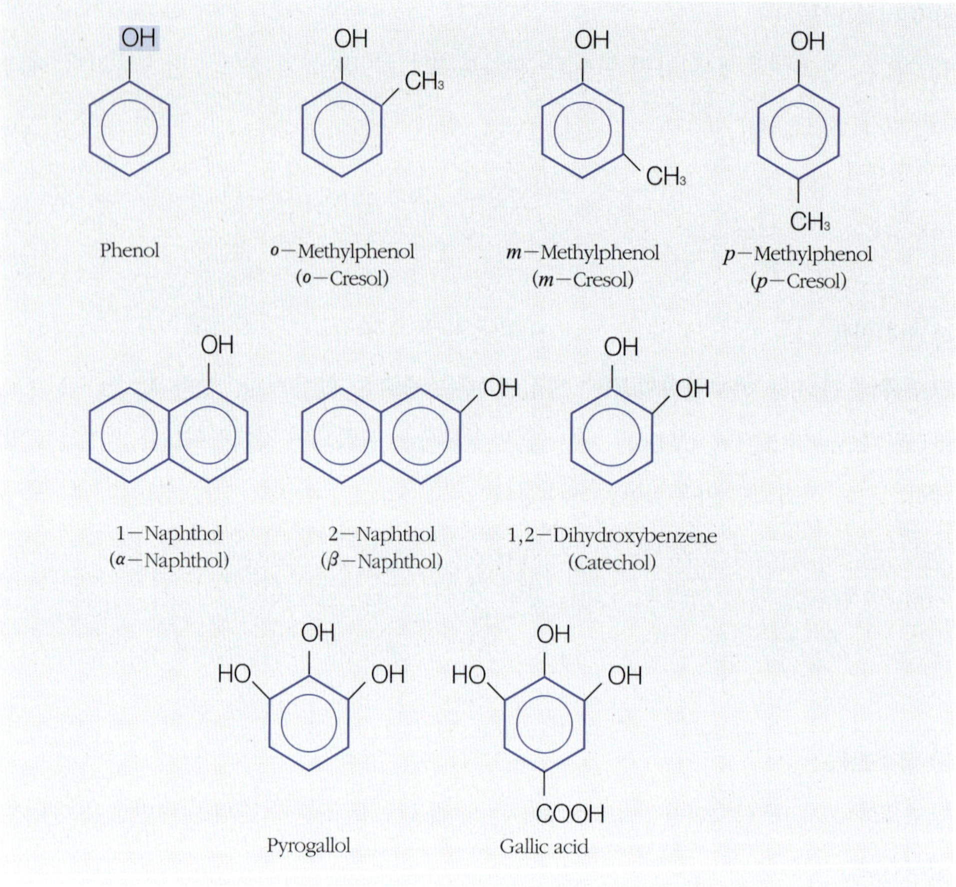

Phenol

o−Methylphenol
(*o*−Cresol)

m−Methylphenol
(*m*−Cresol)

p−Methylphenol
(*p*−Cresol)

1−Naphthol
(α−Naphthol)

2−Naphthol
(β−Naphthol)

1,2−Dihydroxybenzene
(Catechol)

Pyrogallol

Gallic acid

5. 페놀의 성질

페놀(phenol, 석탄산)은 벤젠고리에 알코올기(−OH)를 가진 화합물로 분자 내 OH기 수가 1, 2, 3개인 페놀을 각각 1가, 2가, 3가 페놀이라 하며 2가 페놀 이상을 다가 페놀 또는 폴리페놀(polyphenol)이라 한다.

페놀의 OH기는 일반적인 알코올의 OH기와 다르게 수용액에서 부분적으로 해리되어 수소이온(H^+)을 생성하는 산성의 성질을 갖고 있다.

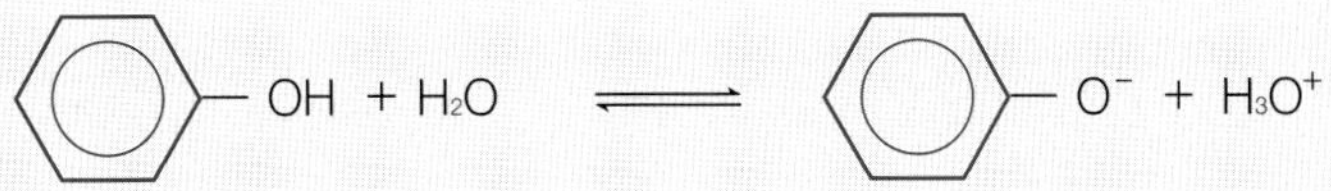

$$C_6H_5OH + H_2O \rightleftharpoons C_6H_5O^- + H_3O^+$$

Phenol　　　　Phenolate ion

페놀은 알코올보다 강한 산이고 카복실산보다는 약한 산이다. 페놀 이온인 페녹사이드 음이온(phenoxide anion)에서 산소의 음전하는 공명에 의하여 벤젠고리 내로 고르게 분산되어 공명구조를 형성한다. 이러한 전하의 분산을 통하여 형성된 공명구조는 페녹사이드 이온을 안정화시켜 산성이 증가한다. 이처럼, 페놀은 쉽게 수소이온을 방출하여 알코올보다 강산이다.

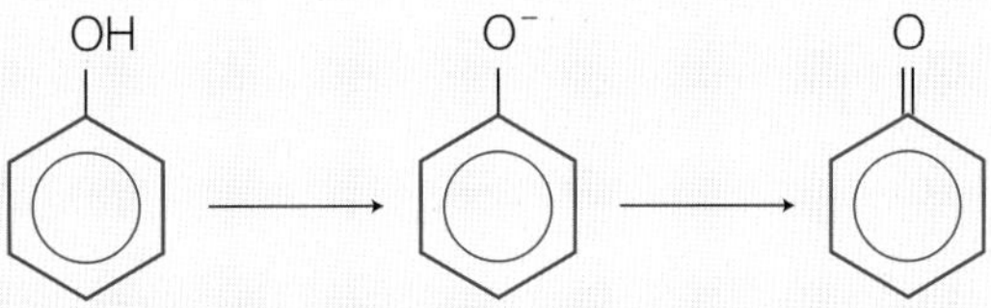

OH　　O^-　　O

Phenoxide ion

나이트로페놀(nitrophenol)은 페놀보다 더 고르게 전하가 분산되는 공명구조의 형성으로 강산이며, 2,4,6−트라이나이트로페놀(2,4,6−trinirtophenol)인 피크르산(picric acid)은 염산 정도의 강산이다.

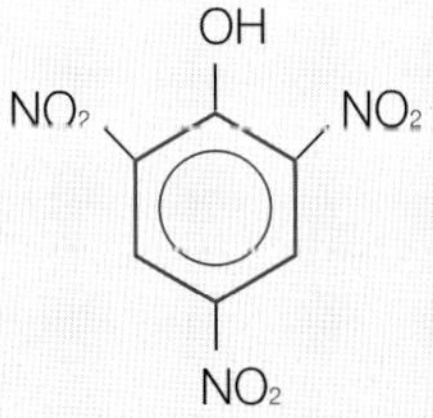

OH

NO_2　　NO_2

NO_2

Picric acid(2,4,6−trinirtophenol)

연습문제

1. 다음 알코올을 관용명과 IUPAC명으로 명명하고, 1차 알코올, 2차 알코올, 3차 알코올로 분류하시오.

① $(CH_3)_2CH-OH$

② $CH_3-CH_2-CH_2-CH_2-OH$

③ $CH_3-CH_2-CH(OH)-CH_3$

④ $(CH_3)_2CH-CH_2-OH$

⑤ $(CH_3)_3C-OH$

⑥ $(CH_3)_2CH-CH_2-CH_2-OH$

2. 다음 화합물의 구조를 그리시오.

① 2-Methyl-2-hexanol

② 1,5-Hexanediol

③ 2-Ethyl-2-buten-1-ol

④ 3–Cyclohexen–1–ol

⑤ *o*–Bromophenol

⑥ 2,4,6–Trinitrophenol

3. 다음 항목의 구조를 그리시오.

① 글리세린(glycerine)

② 아밀알코올(amyl alcohol)

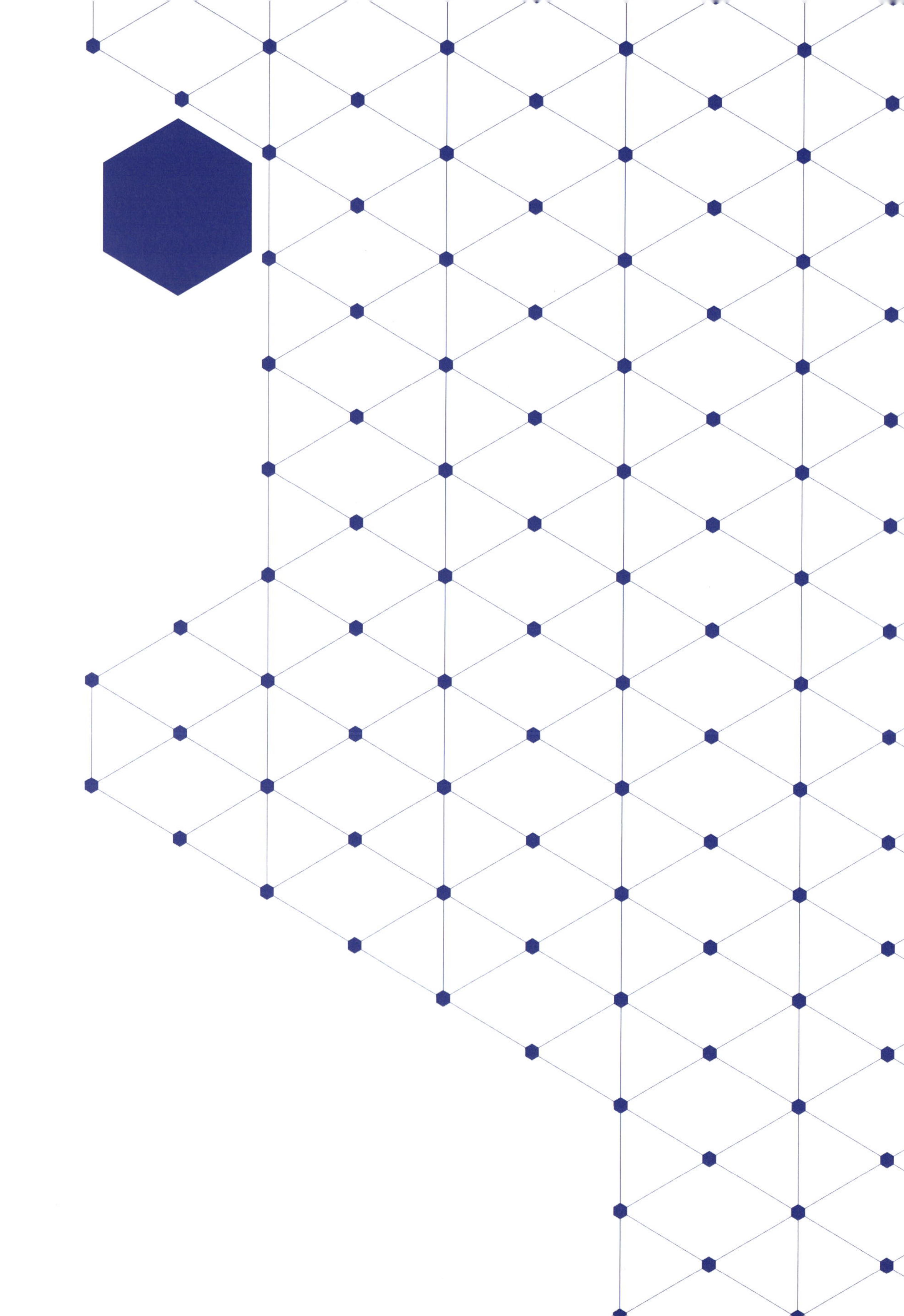

CHAPTER 7

알데하이드와 케톤

ALDEHYDES & KETONES

7 알데하이드와 케톤

ALDEHYDES & KETONES

1. 개요

카보닐기(−C=O)의 작용기를 가지고 있는 화합물을 카보닐화합물이라 하며 이들 중에는 알데하이드(aldehyde)와 케톤(ketone)이 있다. 카보닐기 탄소에 결합된 두 치환기 중에서 1개가 수소원자이고 다른 1개가 알킬기이면 알데하이드이고, 카보닐기 탄소에 결합된 2개의 치환기가 알킬기이면 케톤이다.

$H-\overset{O}{\overset{\|}{C}}-H$	$R-\overset{O}{\overset{\|}{C}}-H$	$Ar-\overset{O}{\overset{\|}{C}}-H$
Formaldehyde	Aliphatic aldehyde	Aromatic aldehyde
$R-\overset{O}{\overset{\|}{C}}-R$	$R-\overset{O}{\overset{\|}{C}}-Ar$	$Ar-\overset{O}{\overset{\|}{C}}-Ar$
Aliphatic ketone	Mixed ketone	Aromatic ketone

2. 알데하이드와 케톤의 명명법

2.1 관용명

1) 알데하이드

알데하이드의 관용명은 해당하는 카복실산(−CHO 대신 −COOH가 있는 화합물)의 관용명에서 접미사의 산인 −ic acid를 떼고, aldehyde를 붙여서 부른다. 대부분의 알데하이드에서는 관용명이 일반적으로 사용되고 있다.

알데하이드		카복실산
HCHO (Formaldehyde)	←	HCOOH (Formic acid)
CH_3CHO (Acetaldehyde)	←	CH_3COOH (Acetic acid)
C_2H_5CHO (Propionaldehyde)	←	C_2H_5COOH (Propionic acid)
C_3H_7CHO (Butyraldehyde)	←	C_3H_7COOH (Butyric acid)
C_6H_5— CHO (Benzaldehyde)	←	C_6H_5— COOH (Benzoic acid)

2) 케톤

케톤의 관용명은 카보닐기에 결합되어 있는 2개의 알킬기의 이름을 우선 명명하고 접미사에 ketone을 붙여서 명명한다.

$CH_3\,\underset{\displaystyle O}{\underset{\|}{C}}\,CH_3$	$CH_3\,\underset{\displaystyle O}{\underset{\|}{C}}\,CH_2CH_3$	$CH_3CH_2\,\underset{\displaystyle O}{\underset{\|}{C}}\,CH_2CH_3$
Acetone(Dimethyl ketone)	Ethyl methyl ketone	Diethyl ketone
$(CH_3)_2CH-\underset{\displaystyle O}{\underset{\|}{C}}-CH(CH_3)_2$	$C_6H_5-\underset{\displaystyle O}{\underset{\|}{C}}-CH_2CH_2CH_3$	$C_6H_5-\underset{\displaystyle O}{\underset{\|}{C}}-C_6H_5$
Diisopropyl ketone	Phenyl *n*−propyl ketone	Diphenyl ketone

2.2 알데하이드의 IUPAC 명명법

① 모체는 알데하이드기(−CHO)를 포함하고 가장 긴 연속 탄소사슬이다. 알데하이드는 알칸의 접미사 '−ane'와 '−al'을 합쳐서 '−anal'로 나타낸다(−ane + al = −anal).

② 모체의 탄소번호는 알데하이드기 탄소가 1번이 되고 명명에는 포함시키지 않는다.

③ 치환기의 위치는 모체화합물의 탄소에 아라비아 숫자로 표시하며 치환기의 명명은 알칸과 동일하다.

CH_3CCH_3 (C=O)

Ethanal

CH_3CH_2C-H (C=O)

Propanal

CH_3CHCH_2CHC (CH_3 on C4; CH_2CH_3 on C2; C=O; CH_3, O)

2−Ethyl−4−methyl pentanal

$CH_2=CHCH_2CHO$

3−Butenal

H_3C, H, $C=C$, CH_2CHO, CH_3

trans−3−Methyl−3−pentenal

2.3 케톤의 IUPAC 명명법

① 모체는 케톤기(−CO)를 포함하고 가장 긴 연속 탄소사슬이다. 케톤은 알칸의 접미사 '−ane'와 '−one'을 합쳐서 '−anone'로 나타낸다(−ane + one = −anone).

$H_3C-C-CH_3$ (C=O)

Propanone

$CH_3CH_2CCH_2CH_2CH_3$ (C=O)

3−Hexanone

$CH_3CHCH_2CCHCH_2-C_6H_5$ (Br; CH_3; C=O)

2−Bromo−5−methyl−1−phenyl−3−hexanone

② 모체의 탄소번호는 카보닐탄소의 번호가 작은 숫자가 되도록 번호를 붙인다.

③ 치환기의 위치는 모체화합물의 탄소에 아라비아 숫자로 표시하며 치환기의 명명은 알칸과 동일하다.

다음 화합물을 IUPAC 명명법으로 명명하시오.

(a) $CH_3CH_2\underset{\underset{\displaystyle O}{\|}}{C}-H$

(b) CH_3CHO

(c) $CH_3-\underset{\underset{\displaystyle O}{\|}}{C}-CH_2CH_3$

(d) $CH_3CH=CHCH_2\underset{\underset{\displaystyle O}{\|}}{C}-CH_3$

다음 화합물의 구조를 그리시오.

(a) 3–Methyl butanal
(b) 3–Methyl–3–butenal
(c) 4–Chloro–2–pentanone
(d) Phenyl acetaldehyde

3. 알데하이드와 케톤의 성질

3.1 물리적 성질

① 알데하이드와 케톤은 극성인 카보닐기를 가지고 있으므로 극성 화합물이다. 극성 화합물은 수소결합을 형성할 수 있어 비극성 화합물보다 안정하다. 그러므로 이들은 비슷한 분자량을 가지고 있는 비극성 화합물에 비해 끓는점이 높다.

② 저급의 알데하이드와 케톤은 물과 수소결합을 이루므로 물에 용해되지만, 탄소 수가 5개 이상이 되면 거의 물에 녹지 않으나 유기용매에는 잘 녹는다.

3.2 알데하이드의 산화반응

알데하이드는 $K_2Cr_2O_7$, KM_nO_4와 같은 강산화제에 의해 쉽게 산화되어 카복실산이 된다.

표 7-1 카보닐화합물과 다른 화합물의 끓는점 비교

명칭	구조	분자량	bp(℃)
n–Butane	$CH_3CH_2CH_2CH_3$	58	−0.5
iso–Butane	$CH_3CH(CH_3)CH_3$	58	−10
Ethylmethyl ether	$CH_3CH_2OCH_3$	60	8
Propionaldehyde	$CH_3CH_2CHO_3$	58	49
Acetone	$CH_3C(=O)CH_3$	58	56
n–Propyl alcohol	$CH_3CH_2CH_2OH$	60	97
iso–Propyl alcohol	$CH_3CH(OH)CH_3$	60	82

$$\underset{\text{Aldehyde}}{R-CHO} \xrightarrow[\text{산화}]{[O]} \underset{\text{Carboxylic acid}}{R-COOH}$$

베네딕트(Benedict) 및 펠링(Fehling) 반응은 환원당 검출반응으로 황산구리의 알카리 용액 내 시트르산(구연산, citrate)의 베네딕트 시약 또는 타르타르산(주석산, tartarate)의 펠링 시약을 가한 착염의 푸른 용액은 알데하이드를 산화하고, 구리(II)이온이 구리(I)이온으로 환원된다. 이 반응은 염기성 용액에서 일어나며 붉은색 산화구리(I)의 침전 생성으로 알데하이드가 존재함을 알 수 있다.

$$R-CHO + \underset{\substack{\text{Benedict 시약} \\ \text{(푸른 용액)}}}{Cu^{2+}(\text{citrate})} \longrightarrow \underset{\text{붉은 침전}}{Cu_2O\downarrow} + R-COO^-$$

$$R-CHO + Cu^{2+}(tartarate) \longrightarrow Cu_2O\downarrow + R-COO^-$$

Fehling 시약 (푸른 용액) 붉은 침전

3.3 알데하이드의 환원반응

알데하이드는 높은 온도 및 압력하에서 촉매 수소화 반응 또는 $LiAlH_4$, $NaBH_4$ 등의 환원제에 의하여 환원되어 알코올로 될 수 있다.

$$R-CHO \xrightarrow[\text{환원}]{H_2} R-CH_2OH$$

Aldehyde Alcohol

3.4 카보닐화합물의 첨가반응

카보닐기는 극성이 있는 결합이고 탄소에 양전하가 있다. 따라서 카보닐기의 탄소는 친핵체의 공격을 받는다. 친핵체가 카보닐기 평면의 수직방향에서 접근하면 탄소-산소의 π 결합이 끊어지는데, 친핵체와 카보닐기의 반응은 첨가반응(addition)이다. 생성물의 산소는 음전하를 가지며, 산소원자는 하이드록시기를 갖는 물질로부터 양성자를 얻는다.

친핵체와 카보닐기와의 첨가반응은 다음과 같이 표현된다.

$$>C=O + H-\ddot{B} \rightleftharpoons >C(B)-O^{\ominus} \; H^{\oplus} \rightleftharpoons >C(B)-OH$$

친핵체 공격 산소에 양성자 첨가

1) 알코올의 첨가반응

산 촉매 존재하에서 알데하이드나 케톤에 알코올이 첨가되면 헤미아세탈(hemiacetal)과 헤미케탈(hemiketal)이 생성된다.

또한 산 존재하에서 과량의 알코올과 반응이 더 진행되면 물과 안정한 아세탈(acetal)

과 케탈(ketal)이 된다. 아세탈과 케탈은 묽은 산으로 처리하면 반응이 역방향으로 진행되어 알데하이드와 케톤을 재생할 수 있다.

$$R-\underset{\underset{O}{\|}}{C}-H + R'\ddot{O}H \underset{}{\overset{H^+}{\rightleftharpoons}} R-\underset{\underset{OR'}{|}}{\overset{\overset{H}{|}}{C}}-OH + R''OH \overset{H^+}{\rightleftharpoons} R-\underset{\underset{OR'}{|}}{\overset{\overset{H}{|}}{C}}-OR'' + H_2O$$

Aldehyde　　Hemiacetal　　Acetal

$$R-\underset{\underset{O}{\|}}{C}-R + R'\ddot{O}H \overset{H^+}{\rightleftharpoons} R-\underset{\underset{OR'}{|}}{\overset{\overset{H}{|}}{C}}-OH + R''OH \overset{H^+}{\rightleftharpoons} R-\underset{\underset{OR'}{|}}{\overset{\overset{H}{|}}{C}}-OR'' + H_2O$$

Ketone　　Hemiketal　　Ketal

4-hydroxybutanal 또는 5-hydroxypentanal는 분자 내에서 헤미아세탈을 형성하고 고리 형태를 가지며 안정하다.

4-Hydroxybutanal　　고리형 4-Hydroxybutanal

5-Hydroxypentanal　　고리형 5-Hydroxypentanal

2) 암모니아의 첨가반응

암모니아 및 그 유도체들은 카보닐기에 첨가되어 결정성 화합물들을 형성하는데 이들은 주로 알데하이드와 케톤을 구별하는 데 이용된다. 알데하이드와 케톤의 암모니아 유도체는 결정성 고체이고 특유한 녹는점을 갖는데, 이 녹는점으로 특정한 카보닐화합물을 확인할 수 있다.

① 이민(imine) : 알데하이드와 케톤은 암모니아 존재하에 알드이민(aldimine)과 케트이민(ketimine)이 된다.

$$>C=O + NH_3 \rightleftharpoons >C=NH + H_2O$$

Imine

② 옥심(oxime) : 알데하이드와 케톤을 하이드록시아민과 반응시키면 각각 알도옥심(aldoxime)과 케토옥심(ketoxime)이 된다.

$$>C=O + NH_2-OH \rightleftharpoons >C=N-OH + H_2O$$

Oxime

③ 하이드라존(hydrazone) : 페닐하이드라진(phenylhydrazine)은 카르보닐화합물과 반응하여 특유한 녹는점이 있고, 결정성 고체인 페닐하이드라존(phenylhydrazone)을 생성한다. 그리고 페닐하이드라존은 다시 페닐하이드라진과 반응하여 오사존(osazone)을 생성한다. 이러한 오사존 반응은 당의 구조 확인에 이용할 수 있다.

$$>C=O + C_6H_5-NH-NH_2 \rightleftharpoons >C=N-NH-C_6H_5 + H_2O$$

Phenylhydrazine　　Phenylhydrazone

특히, 페닐하이드라진 반응은 페닐하이드라존의 생성속도가 매우 빠르기 때문에 카보닐기의 존재를 확인하는 가장 좋은 방법이며, 생성물은 붉은색을 내는 고체이다.

$$>C=O + NO_2-C_6H_3(NO_2)-NH-NH_2$$

2,4−Dinitro phenylhydrazine

$$\rightleftharpoons$$

$$>C=N-NH-C_6H_3(NO_2)-NO_2 + H_2O$$

2,4−Dinitro phenylhydrazone

3.5 알돌 축합반응

알데하이드에 묽은 알칼리를 작용시키면 알돌(aldol)이 생성되며 β−하이드록시알데하이드를 생성하는 반응을 알돌 축합반응(aldol condensation)이라고 한다.

$$2R-CH_2-\underset{\underset{O}{\|}}{C}-H \xrightarrow{\text{염기}} R-\overset{\gamma}{CH_2}-\underset{\underset{OH}{|}}{\overset{\beta}{CH}}-\underset{\alpha}{\overset{\overset{R}{|}}{CH}}-\underset{\underset{O}{\|}}{C}-H$$

Aldol

여기서 생성된 알돌을 가열하거나 묽은 산을 가하면 탈수되어 α, β−불포화알데하이드가 된다.

$$R-CH_2-\underset{\underset{OH}{|}}{CH}-\overset{\overset{R}{|}}{CH}-\underset{\underset{O}{\|}}{C}-H \xrightarrow{\text{묽은 산}} R-CH_2CH=\overset{\overset{R}{|}}{C}-CHO + H_2O$$

α, β−불포화알데하이드

3.6 케토−엔올 토토머리즘

카보닐탄소 다음 탄소를 α−탄소라고 하며 α−탄소에 결합된 수소를 α−수소라고 한다. 카보닐화합물의 α−수소는 다른 수소에 비하여 산성을 나타내는데, 이는 카보닐화합물에서

α–수소가 떨어져 나가서 생성된 남은 음이온은 공명구조에 의하여 안정화될 수 있기 때문이다.

$$CH_3CH_2CH_2-\underset{\underset{O}{\|}}{C}-H \rightleftharpoons CH_3CH_2CH^--\underset{\underset{O}{\|}}{C}-H + H^+$$

$$CH_3CH_2CH^--\underset{\underset{O}{\|}}{C}-H \rightleftharpoons CH_3CH_2CH=\underset{\underset{O^-}{|}}{C}-H \rightleftharpoons [CH_3CH_2CH\cdots\underset{\underset{O}{\vdots\|}}{C}-H]^-$$

α–수소가 떨어져 나간 음이온의 α–탄소와 카보닐산소는 모두 음전하를 가지고 있어 양성자(H^+)가 α–탄소와 카보닐산소에 첨가되면 각각 케토(keto)형과 엔올(enol)형의 카보닐화합물을 생성한다.

$$\underset{\text{Enolate anion}}{[CH_3CH_2CH\cdots\underset{\underset{O}{\vdots\|}}{C}-H]^-} + H^+ \rightleftharpoons \underset{\text{Keto form}}{CH_3CH_2CH_2-\underset{\underset{O}{\|}}{C}-H}$$

$$[CH_3CH_2CH\cdots\underset{\underset{O}{\vdots\|}}{C}-H]^- + H^+ \rightleftharpoons \underset{\text{Enol form}}{CH_3CH_2CH=\underset{\underset{OH}{|}}{C}-H}$$

이 반응들은 가역반응으로 케토형과 엔올형이 중간체인 엔올레이트 음이온(enolate anion) 사이에서 평형상태에 놓이게 되는데, 이러한 현상을 케토–엔올 토토머리즘(keto–enol tautomerism)이라고 한다.

$$\text{Keto form} \rightleftharpoons \text{Enolate anion} + H^+ \rightleftharpoons \text{Enol form}$$

대부분의 카보닐화합물은 케토–엔올 평형에서 압도적으로 케토형으로 치우져 있는데, 이는 구조적인 면에서 케토형이 엔올형보다 훨씬 안정하기 때문이다.

$$\underset{\text{Keto form(99\% 이상)}}{CH_3-\underset{\underset{O}{\|}}{C}-H} \rightleftharpoons \underset{\text{Enol form(1\% 이하)}}{CH_2=\underset{\underset{OH}{|}}{C}-H}$$

연습문제

1. 다음 화합물을 관용명과 IUPAC명으로 명명하시오.

① $CH_3CH_2CH_2-CO-C_2H_5$

② $CH_2=CH-CHO$

③ $CH_2=CH-CO-CH_3$

④ $ClCH_2-CO-CH_3$

⑤ $CH_3-CO-CO-CH_3$

⑥ $CH_3-CO-CH_2-CO-CH_3$

2. 다음 화합물의 구조를 그리시오.

① 3-Methyl-2-hexanone

② *trans*-4-Methyl hexenal

③ 2,6-Dimethyl-2,4,6-octatriene-1,8-dial

④ Aldol

⑤ 3,7-Dimethyl-2-octenal

3. 다음 용어를 설명하시오.

① Hemiacetal

② Hemiketal

③ Phenylhydrazine

④ Enol

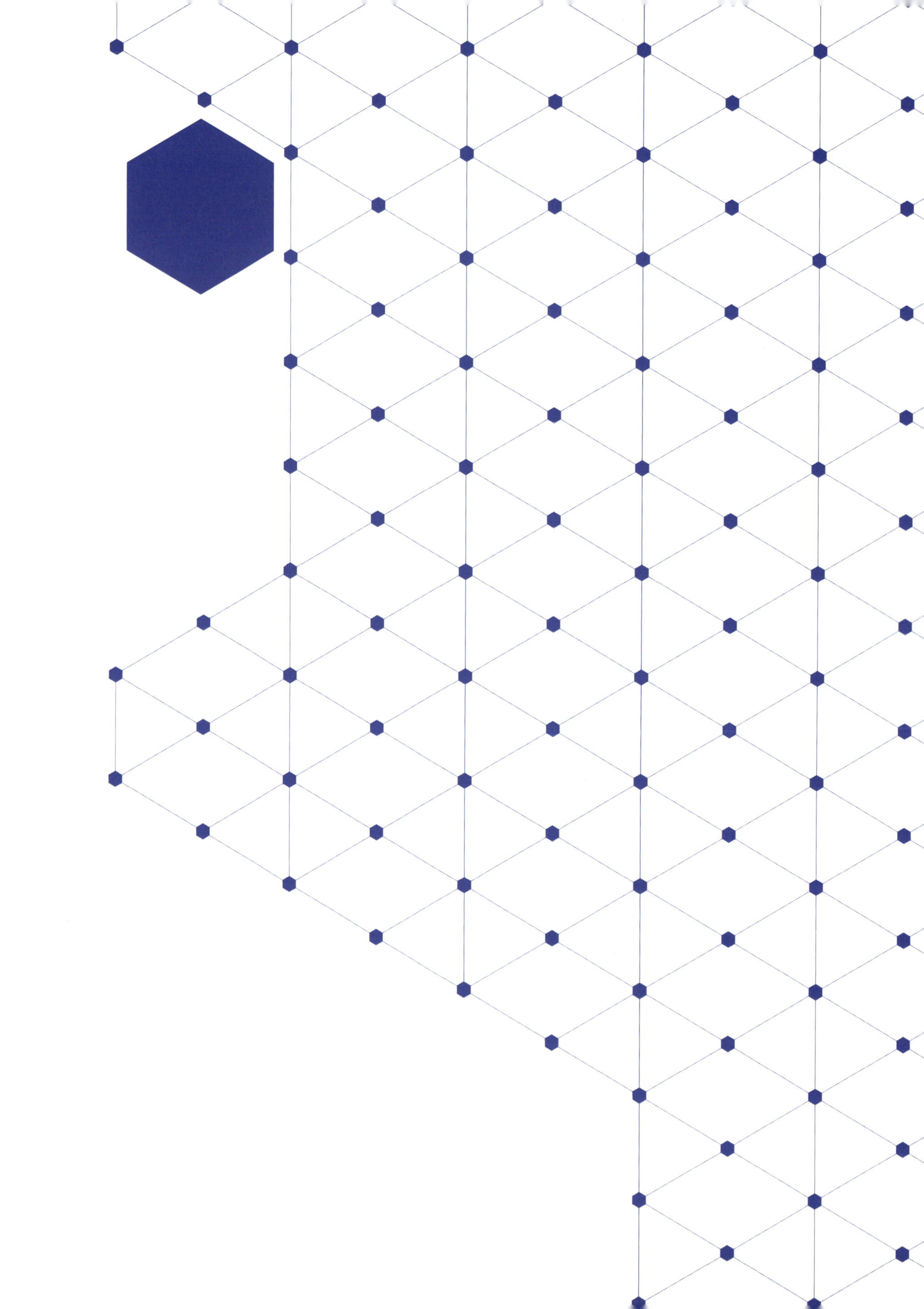

CHAPTER 8

카복실산

KARBOXYLIC ACIDS

8 카복실산

KARBOXYLIC ACIDS

1. 개요

카복실기(−COOH)를 가지는 화합물을 카복실산(carboxylic acid)이라고 하며, 일반적으로 R−COOH로 표시한다. 카복실산의 종류로는 지방산(fatty acid)과 유기산이 있으며 지방산에는 탄소 간의 결합이 모두 단일결합으로 구성된 포화지방산과 이중결합이 1개 이상 존재하는 불포화지방산이 있다. 포화지방산의 일반식은 $C_nH_{2n+1}-COOH$이다.

카복실산 분자에 포함된 카복실기의 수가 1개, 2개, 3개일 때 이들을 각각 모노카복실산(monocarboxylic acid), 다이카복실산(dicarboxylic acid), 트라이카복실산(tricarboxylic acid)이라고 한다.

−C(=O)OH　　R−C(=O)OH　　Ar−C(=O)OH

Carboxyl group　　Aliphatic carboxylic acid　　Aromatic carboxylic acid

2. 카복실산의 명명법

2.1 관용명

카복실산은 천연에 널리 존재한다. 접미사는 −ic acid이며 주로 관용명으로 명명한다.

1) 모노카복실산(monocarboxylic acid)

$HCOOH$
Formic acid
(개미산)

CH_3COOH
Acetic acid
(초산)

C_2H_5COOH
Propionic acid

$CH_3(CH_2)_2COOH$
Butyric acid
(낙산)

$CH_3(CH_2)_3COOH$
Valeric acid

$CH_3(CH_2)_4COOH$
Caproic acid

$CH_3(CH_2)_{14}COOH$
Palmitic acid

$CH_3(CH_2)_{16}COOH$
Stearic acid

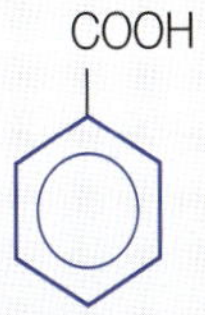

Benzoic acid

H H
$CH_3(CH_2)_7C{=}C(CH_2)_7COOH$
Oleic acid(*cis*)

H
$CH_3(CH_2)_7C{=}C(CH_2)_7COOH$
H
Elaidic acid(*trans*)

2) 다이카복실산(dicarboxylic acid)

$COOH$
|
$COOH$
Oxalic acid
(수산)

CH_2 ⟨ $COOH$, $COOH$
Malonic acid

CH_2COOH
|
CH_2COOH
Succinic acid
(호박산)

$HO-CHCOOH$
|
CH_2COOH
Malic acid
(사과산)

$CHCOOH$
||
$CHCOOH$
Fumaric acid(*cis*)

$HCCOOH$
||
$HOOCCH$
Maleic acid(*trans*)

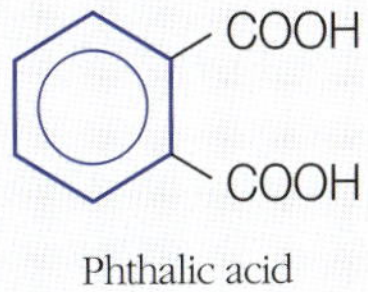

Phthalic acid

3) 트라이카복실산(tricarboxylic acid)

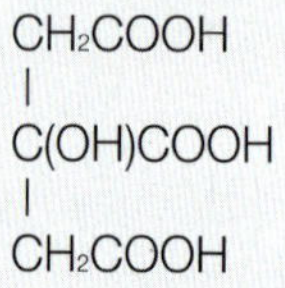

$$
\begin{array}{l}
CH_2COOH \\
| \\
C(OH)COOH \\
| \\
CH_2COOH
\end{array}
$$

Citric acid
(구연산)

4) 치환기의 위치 표시

카복실기 다음의 탄소원자를 α, 그 다음부터 β, γ, δ의 순으로 붙인다.

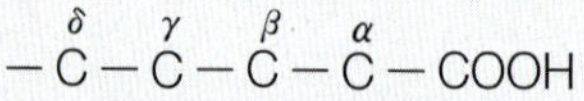

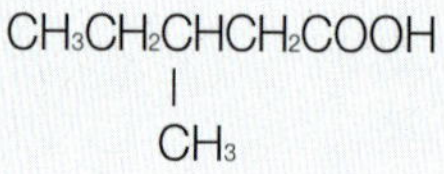

$$
-\overset{\delta}{C}-\overset{\gamma}{C}-\overset{\beta}{C}-\overset{\alpha}{C}-COOH
$$

$$
\begin{array}{l}
CH_3CH_2CHCH_2COOH \\
\qquad\quad | \\
\qquad\quad CH_3
\end{array}
\qquad\qquad
\begin{array}{l}
CH_3CHCOOH \\
\qquad | \\
\qquad Cl
\end{array}
$$

β−Methyl valeric acid 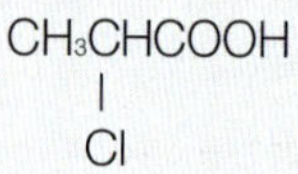　　　　α−Chloro propionic acid

2.2 IUPAC 명명법

① 모체는 −COOH기를 포함하고 있는 가장 긴 연속 탄소사슬이다.
카복실산은 알칸의 접미사 '−ane' 대신에 '−anoic acid'를 붙인다(−ane + oic acid = −anoic acid).

② 탄소번호는 카복실기의 탄소원자를 1로 하며, 명명에는 사용하지 않는다.

③ 치환기의 위치와 명명은 알칸의 명명법과 동일하다.

④ −COOH기가 2개 이상인 화합물의 경우에는 −COOH 수를 oic acid 앞에 di, tri, tetra 등을 붙여서 각각 −dioic acid, −trioic acid, −tetraoic acid 등으로 나타낸다.

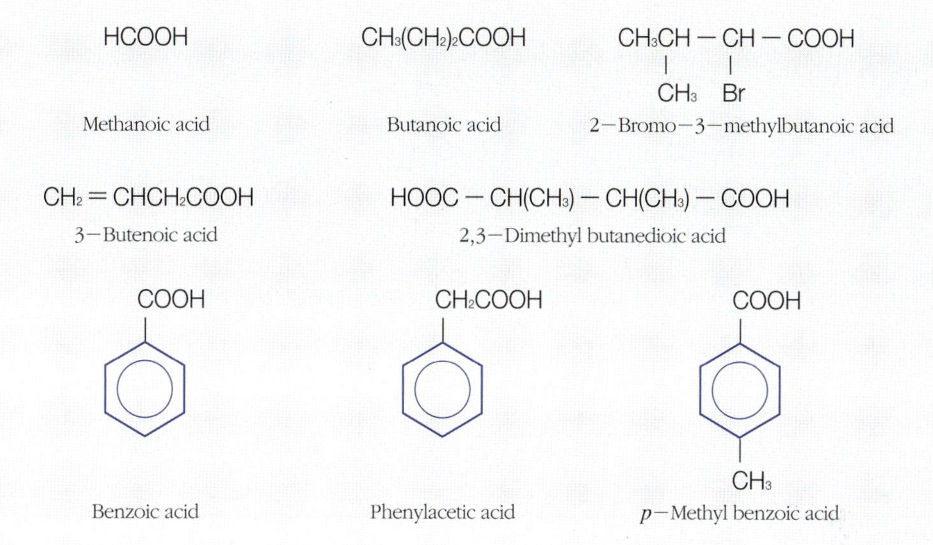

예제 1 다음 화합물을 IUPAC 명명법으로 명명하시오.

(a) $CH_3CH_2CH_2CH_2CHCOOH$ (CH에 Br 결합)

(b) $CH_3CHCOOH$ (CH에 Br 결합)

(c) Br — (벤젠 고리) — COOH

(d) CH_3(H)C = C(H)COOH

예제 2 다음 화합물의 구조를 그리시오.

(a) Butanedioic acid

(b) Ethanedioic acid

(c) 2−Bromo−4−pentenoic acid

(d) 2,4−Dinitrobenzoic acid

3. 카복실산의 성질

3.1 물리적 성질

① 카복실산은 다음 구조에서처럼 극성이며, 알코올과 마찬가지로 수소결합을 이룰 수 있다. 그러나 카복실산은 2개의 산소가 모두 수소결합에 참여할 수 있으므로 알코올

보다도 더 강한 수소결합을 하게 된다.

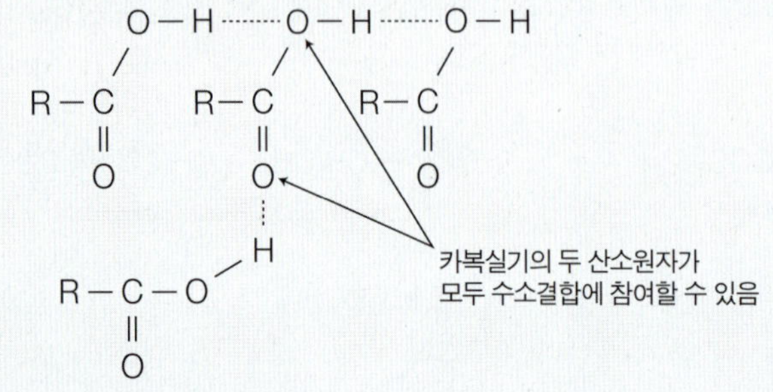

그러므로 카복실산의 끓는점은 분자량이 비슷한 알코올의 끓는점보다 높다(표 8–1).

표 8–1 알코올과 카복실산의 끓는점 비교

구조	명칭	분자량	bp(℃)
H–COOH	Formic acid	46	100
CH_3CH_2OH	Ethanol	46	78
CH_3CH_2COOH	Propionic acid	74	141
$CH_3CH_2CH_2CH_2OH$	1–Butanol	74	110
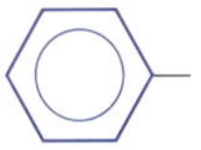 — COOH	Benzoic acid	122	250
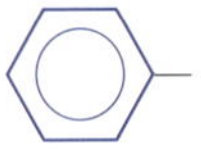 — CH_2CH_2OH	2–Phenyl ethanol	122	220

② 탄소 수가 2~5개 정도인 카복실산은 자극성 냄새를 가진 액체이고 물에 대한 용해도는 탄소 수가 비슷한 알코올과 거의 같다. 탄소 수가 6개 이상이면 물에 거의 녹지 않는다. 카복실산에 대한 몇 가지 물리적 성질을 나타내면 〈표 8–2〉와 같다.

표 8-2 주요 카복실산의 물리적 성질

명칭	구조	bp(℃)	mp(℃)	용해도(g/100g H_2O, 25℃)
Formic acid	$HCOOH$	101	8	가용성
Acetic acid	CH_3COOH	118	17	
Propionic acid	CH_3CH_2COOH	141	−22	
n−Butyric acid	$CH_3CH_2CH_2COOH$	164	−8	
Caproic acid	$CH_3(CH_2)_4COOH$	202	−1.5	0.4
Capric acid	$CH_3(CH_2)_8COOH$	268	31	불용성
Palmitic acid	$CH_3(CH_2)_{14}COOH$	356	64	
Stearic acid	$CH_3(CH_2)_{16}COOH$	383	69	

3.2 카복실산의 반응

1) 에스터화 반응

카복실기는 카보닐기와 동일하게 탄소−산소의 이중결합을 가지고 있어 친핵체의 공격을 받는다. 카복실기가 친핵체의 공격을 받으면 언제나 제거 과정이 일어나며 치환된 생성물이 얻어진다.

카복실산의 친핵성 치환반응의 예는 에스터화 반응(esterification)으로, 카복실산과 알코올이 반응해서 에스터가 생성된다. 에스터화 반응은 언제나 촉매로서 강산을 필요로 한다.

$$R-\underset{\underset{O}{\|}}{C}-OH + R'-OH \xrightleftharpoons{H^+} R-\underset{\underset{O}{\|}}{C}-O-R' + H_2O$$

2) 염 생성반응

카복실산과 강염기를 반응시키면 카복실산염과 물이 생성된다. 카복실산염 중 벤조산나트륨(sodium benzoate)은 식품보존제로 사용한다.

$$R-COOH + NaOH \longrightarrow R-CO\overset{\ominus}{O}\overset{\oplus}{Na} + H_2O$$

Sodium carboxylate

3) 환원반응

카복실산을 환원하면 알데하이드가 되며, 다시 알데하이드를 환원하면 알코올이 된다.

$$R-COOH + H_2 \xrightarrow{LiAlH_4} R-CH_2OH$$

4) 할로젠 치환반응

소량의 인 존재하에서 카복실산과 할로젠을 반응시키면 α-할로젠 카복실산이 얻어진다. 이 반응으로 만들어진 α-할로젠산에 과량의 암모니아를 가하면 α-아미노산이 생성된다.

$$R-\overset{\alpha}{C}H_2-COOH + X_2 \xrightarrow{P} R-\underset{\underset{X}{|}}{CH}-COOH + HX$$

$$R-\underset{\underset{X}{|}}{CH}-COOH + 2NH_3 \longrightarrow R-\underset{\underset{NH_2}{|}}{CH}-COOH + NH_4X$$

α-Amino acid

5) 산할로젠화물 생성반응

카복실산은 염화티오닐($SOCl_2$), 오염화인(PCl_5), 삼염화인과 반응하여 산할로젠화물을 생성한다.

$$R-\underset{\underset{O}{\|}}{C}-OH \xrightarrow[\text{또는 } PCl_5]{SOCl_2} R-\underset{\underset{O}{\|}}{C}-Cl$$

4. 카복실산의 이온화

카복실산은 강한 무기산보다는 훨씬 약하지만 수용액 중에서 이온화하여 카복실산음이온(carboxylate anion)과 수소이온이 평형을 유지하면서 존재한다.

$$\underset{\text{Carboxylic acid}}{R-\overset{\overset{\displaystyle O}{\|}}{C}-O-H} \rightleftharpoons \underset{\text{Carboxylate}}{R-\overset{\overset{\displaystyle O}{\|}}{C}-O^{\ominus}} + H^{\oplus}$$

이 반응식의 이온화상수(K_a)는 산의 강도를 나타내는 척도이며 다음과 같이 표현된다.

$$K_a = \frac{[RCOO^{\ominus}]\,[H_3O^{\oplus}]}{[RCOOH]}$$

$H^{\oplus}$ 이온의 농도가 증가할수록 K_a 값이 증가하고 산성도는 증가한다. 아세트산의 K_a 값은 1.8×10^{-5}이고 몇 가지 카복실산의 이온화상수는 〈표 8-3〉과 같다.

표 8-3 카복실산의 이온화상수

명칭	구조	K_a
Acetic acid	CH_3COOH	1.8×10^{-5}
Propionic acid	CH_3CH_2COOH	1.4×10^{-5}
n-Butyric acid	$CH_3CH_2CH_2COOH$	1.6×10^{-5}
Formic acid	$HCOOH$	2.1×10^{-4}
Chloroacetic acid	$ClCH_2COOH$	1.5×10^{-3}
Dichloroacetic acid	$Cl_2CHCOOH$	5.0×10^{-2}
Trichloroacetic acid	Cl_3CCOOH	2.0×10^{-1}
2-Chlorobutyric acid	$CH_3CH_2CHClCOOH$	1.4×10^{-3}
3-Chlorobutyric acid	$CH_3CHClCH_2COOH$	8.9×10^{-5}
Benzoic acid	C_6H_5COOH	6.6×10^{-5}
o-Chlorobenzoic acid	*o*-ClC_6H_4COOH	12.5×10^{-4}
m-Chlorobenzoic acid	*m*-ClC_6H_4COOH	1.6×10^{-4}

(계속)

명칭	구조	Ka
p−Chlorobenzoic acid	*p*−ClC_6H_4COOH	1.0×10^{-4}
p−Nitrobenzoic acid	*p*−$NO_2C_6H_4COOH$	4.0×10^{-4}
Phenol	C_6H_5OH	1.0×10^{-10}
Ethanol	CH_3CH_2OH	약 10^{-20}

4.1 유발효과

카복실산에 결합한 치환기는 카복실산 음이온의 안정도에 영향을 준다. 할로젠이나 나이트로기와 같은 치환기는 음이온을 안정화하여 산성도를 증가시킨다.

$$Cl-CH_2-COOH \rightleftharpoons Cl-CH_2-COO^- + H^+$$

이처럼, 카복실산의 산성도에 대한 치환기 효과를 유발효과(inductive effect)라고 한다. 유발효과는 치환기의 전기음성도 세기, 치환기와 카복실기의 거리, 알킬기의 크기 등에 따라 달라진다.

표 8-4 카복실산의 산성도에 대한 유발효과

유발효과	카복실산	$K_a(\times 10^5)$
알킬기	$H-COOH$	17.0
	CH_3-COOH	1.75
	CH_3-CH_2-COOH	1.3
치환기	CH_3-COOH	1.75
	$Cl-CH_2-COOH$	136.0
전기음성도	$I-CH_2-COOH$	67.0
	$Cl-CH_2-COOH$	136.0
	$F-CH_2-COOH$	260.0
카복실기와 치환기 거리	$CH_3-CH_2-CH(Cl)-COOH$	139.0
	$CH_3-CH(Cl)-CH_2-COOH$	8.9
	$Cl-CH_2-CH_2-CH_2-COOH$	2.96

5. 카복실산의 유도체

카복실산의 유도체는 카복실산(R−COOH)의 하이드록시기(−OH) 대신 다른 작용기로 치환된 유도체 화합물로 모두 아실기(R−CO−) 화합물이다.

5.1 할로젠화 아실

할로젠화 아실(acyl halide)은 카복실산의 하이드록시기를 할로젠으로 치환한 화합물로 산할로젠화물이다.

할로젠화 아실의 명명은 카복실산의 접미사 −ic acid를 −yl halide라고 한다.

$CH_3-CO-Cl$ Acetyl chloride

$C_6H_5-CH_2-Cl$ Benzyl chloride

5.2 산 무수물

산 무수물(acid anhydride)은 카복실산 2분자가 탈수되어 생성된 화합물이다.

$$R-COOH + R'-COOH \rightarrow R-CO-O-CO-R' + H_2O$$

산 무수물은 카복실산의 acid 대신 −anhydride라고 명명하며 아실기가 서로 다를 때는 간단한 구조를 우선한다.

$CH_3-CO-O-CO-CH_3$ Acetic anhydride(무수 초산)

$CH_3-CH_2-CO-O-CO-CH_3$ Acetic propionic anhydride

5.3 에스터

에스터(ester)는 카복실산과 알코올의 축합반응으로 물 1분자가 탈수되어 생성된 화합물이다.

$$R-COOH + R'-OH \longrightarrow R-CO-O-R' + H_2O$$

에스터의 명명은 알코올의 알킬기 먼저 −yl로 하고 다음 카복실산의 접미사 −ic acid를 −ate라고 한다.

$CH_3-CO-O-CH_2CH_3$ 　 Ethyl acetate

$C_6H_5-CO-O-CH_2CH_3$ 　 Ethyl benzoate

5.4 산 아마이드

산 아마이드(acid amide)는 카복실산의 하이드록시기를 아미노기(−NH_2)로 치환한 화합물이다. 아미노기의 질소에 결합된 치환기 수가 1, 2, 3개인 아마이드를 각각 1차, 2차, 3차 아마이드라고 한다. 이마이드(imide)는 고리 모양의 2차 아민(amine)이다.

1차 아마이드의 명명은 카복실산의 접미사 −ic acid 대신 −amide라고 한다.

$$CH_3-COOH \longrightarrow CH_3-CO-NH_2$$

Acetic acid → Acetic amide

$$CH_3-CH_2-CH_2-COOH \longrightarrow CH_3-CH_2-CH_2-CO-NH_2$$

n−Butyric acid → *n*−Butyric amide

C_6H_5-COOH 　 Benzoic acid

$C_6H_5-CO-NH_2$ 　 Benzamide

연습문제

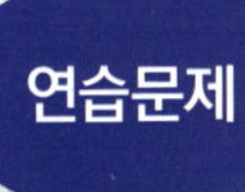

1. 다음 화합물을 관용명과 IUPAC명으로 명명하시오.

① $(CH_3)_2CH - CH_2 - CH_2 - COOH$

② $CH_3 - CH - CH - COOH$

③ $HOOC - CH_2 - CH_2 - COOH$

④ $CH_2Cl - CH_2 - CH_2 - COOH$

⑤ $COOH - C = C - COOH$

⑥ $CH_3 - CH - COOH$
$\quad\quad\quad\ \ |$
$\quad\quad\quad CH_3 - COOH$

2. 다음 화합물의 구조를 그리시오.

① Propionyl chloride

② Butyric anhydride

③ *iso*–Butyryl chloride

④ *n*–Octyl isovalerate

⑤ 3–Ethyl–4–methyl pentanoic acid

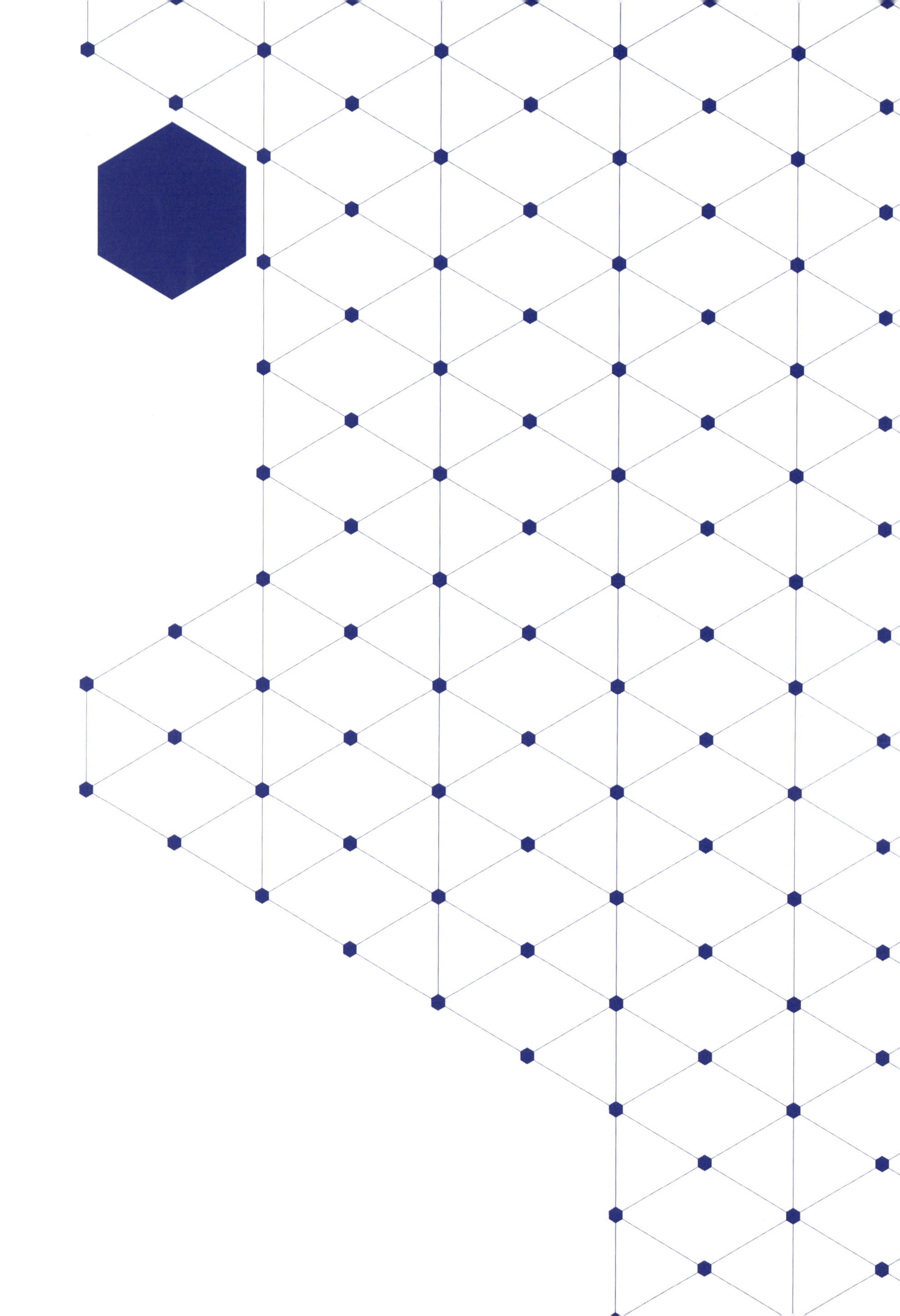

CHAPTER 9

에터와 에스터

ETHERS & ESTERS

9 에터와 에스터

ETHERS & ESTERS

1. 에터

2개의 알킬기에 1개의 산소원자가 결합한 것을 에터(ether)라고 한다. 에터는 에터결합을 가지며 일반식은 R−O−R인 화합물을 말한다. 에폭사이드(epoxide)는 세 원자 고리를 갖는 고리에터이다.

2. 에터의 명명법

2.1 관용명

두 알킬기가 같은 것을 단순에터(simple ether)라 하며 알킬기 다음에 에터를 붙여서 명명한다(결합하고 있는 2개의 기가 동일하면 다이(di−)를 흔히 생략하고 치환기 다음에 에터라는 말을 붙인다). 서로 다른 알킬기를 갖는 혼성에터(mixed ether)는 두 알킬기의 이름을 알파벳 순서로 명명하고 끝부분에 에터라는 말을 붙인다.

$CH_3-O-CH_2-CH_3$	Ethyl methyl ether
$CH_3CH_2-O-CH_2CH_2CH_3$	Ethyl *n*−propyl ether

$(CH_3)_3C-O-CH(CH_3)_2$	*t*−Butyl isopropyl ether
$C_6H_5-O-CH_2CH_2CH_2CH_3$	*n*−Butyl phenyl ether
CH_3-O-CH_3	Methyl ether
$(CH_3)_3C-O-C(CH_3)_3$	*t*−Butyl ether
$C_6H_5-O-C_6H_5$	Phenyl ether

2.2 IUPAC 명명법

① 모체는 두 알킬기 중에서 탄소원자 수가 많은 알킬기에 해당하는 알케인의 수소를 알콕시(alkoxy, RO−)기로 치환한 것으로 보고 명명한다. 알콕시기는 동일 탄소 수의 알케인의 접미사 −ane 대신 −oxy를 붙여 명명한다. 치환기인 RO−에 대한 예는 다음과 같다.

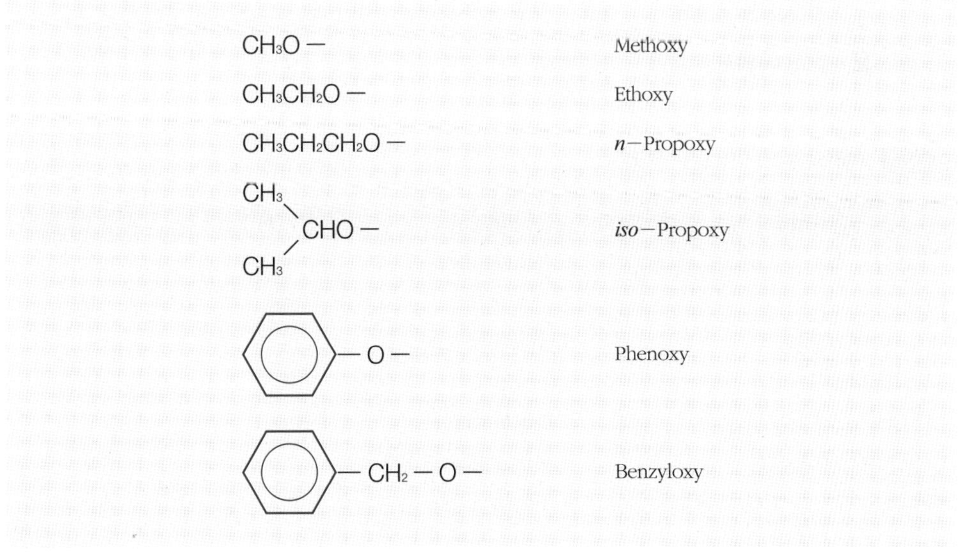

② 탄소번호는 알콕시기의 위치를 낮은 번호(우선순위)로 표시한다.

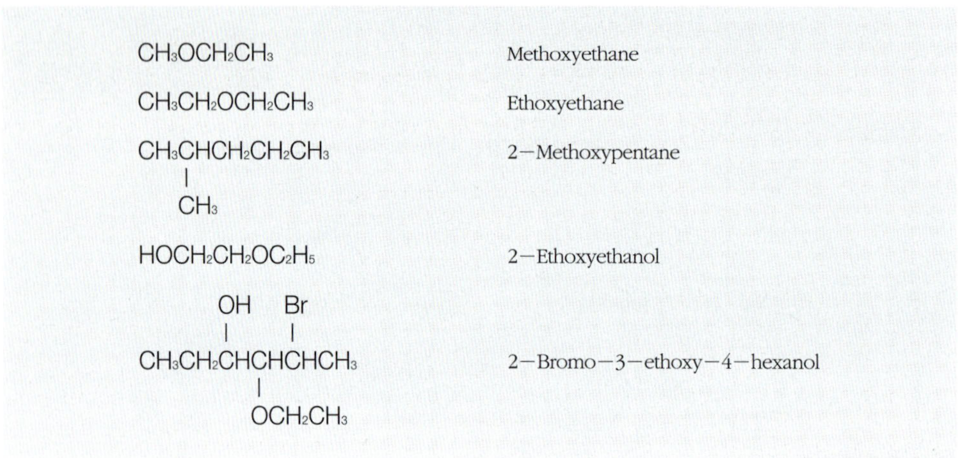

3. 에터의 물리적 성질

① 에터의 탄소-산소결합은 극성결합이지만, 에터 분자가 서로 가깝게 접근할 때 알킬기의 존재로 인해 인접되는 분자의 전하의 영향이 줄어든다. 그래서 알코올과 같이 강한 수소결합을 하지 못하고, 단지 약한 분자 간 인력만 미치므로 알케인과 거의 비슷한 끓는점을 나타낸다.

표 9-1 에터와 알케인의 끓는점 비교

구조	명칭	분자량	bp(℃)
CH_3-O-CH_3	Methyl ether	46	-24
$CH_3CH_2CH_3$	Propane	44	-42
$CH_3-O-CH_2CH_3$	Ethylmethyl ether	60	8
$CH_3CH_2CH_2CH_3$	*n*-Butane	58	-0.5
$CH_3CH_2-O-CH_2CH_3$	Ethyl ether	74	35
$CH_3CH_2CH_2CH_2CH_3$	*n*-Pentane	72	36
$CH_3CH_2CH_2-O-CH_2CH_2CH_3$	*n*-Propyl ether	102	91
$CH_3CH_2CH_2CH_2CH_2CH_2CH_3$	*n*-Heptane	100	98

다이메틸에터와 메틸에틸에터는 기체이고 에틸에터 및 지방족에터들은 액체이다. 방향족에터는 액체 또는 고체 상태를 이루고 있다.

② 에터는 동일 분자 간에 수소결합이 없고 물에는 거의 녹지 않아 모든 유기용매에 잘 녹는다. 특히 반응성이 매우 작기 때문에 유기용매로서 많이 사용된다.

4. 티올과 황화물

알코올(R−OH)의 O 대신에 S가 들어가 있는 화합물을 티올(thioalcohol, thiol) 또는 머캅탄(mercaptan)이라고 하며 일반식은 R−SH로 표시한다.

티올의 관용명에서는 알코올 관용명의 'alcohol'을 'mercaptane'으로 바꾸어 명명하며 IUPAC 명명법에서는 알코올의 접미사 '−ol'을 'thiol'로 바꾸어 부른다.

CH_3SH

관용명 : Methyl mercaptane
IUPAC : Methanethiol

C_2H_5SH

관용명 : Ethyl mercaptane
IUPAC : Ethanethiol

$$\begin{array}{ccc} H & & CH_2-SH \\ & \diagdown \quad \diagup & \\ & C=C & \\ & \diagup \quad \diagdown & \\ CH_2 & & H \end{array}$$

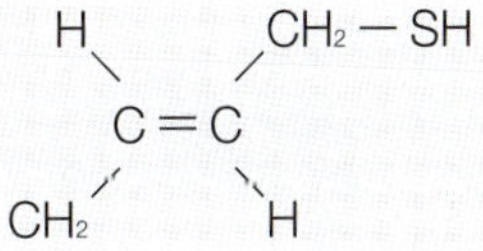

trans−2−Butene−1−thiol

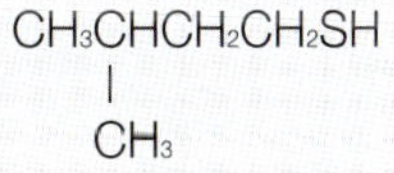

$$\begin{array}{l} CH_3CHCH_2CH_2SH \\ \quad\;\; | \\ \quad\; CH_3 \end{array}$$

3−Methyl−1−butanethiol

이황화물은 O_2, 묽은 H_2O_2 또는 I_2에 의한 티올의 산화로 생성되며 환원되면 다시 티올이 된다. 가역적인 산화−환원반응은 단백질화학에서 매우 중요한 역할을 한다.

$$2\ R-SH \underset{\text{환원}}{\overset{\text{산화}}{\rightleftharpoons}} R-S-S-R$$

Thiol　　Disulfide

다이메틸 황화물은 산화되면 다이메틸 설폭사이드(dimethyl Sulfoxide)와 다이메틸 설폰(dimethyl Sulfone)이 생성된다.

$$CH_3-S-CH_3 \xrightarrow[\text{산화}]{[O]} CH_3-\overset{\overset{\displaystyle O}{\|}}{S}-CH_3 \xrightarrow[\text{산화}]{[O]} CH_3-\underset{\underset{\displaystyle O}{\|}}{\overset{\overset{\displaystyle O}{\|}}{S}}-CH_3$$

Dimethyl sulfide　　Dimethyl sulfoxide　　Dimethyl sulfone

다이메틸 설폭사이드는 DMSO라고도 하며 중요한 용매이다.

5. 티오에터

에터(R−C−R′)의 O 대신에 S가 들어 있는 화합물을 티오에터(thioether) 또는 황화알킬(alkyl sulfide)이라고 하며, 일반식은 R−S−R′로 표시한다.

티오에터의 관용명은 알킬기 뒤에 sulfide를 붙여서 명명하며 IUPAC에서는 RS−를 치환기로 하여 명명한다.

CH_3-S-CH_3

관용명 : Dimethyl sulfide
IUPAC : Methyl thiomethane

$CH_3-S-CH_2CH_2CH_3$

관용명 : Methyl propyl sulfide
IUPAC : 1−Methyl thio propane

R−S−S−R′로 표시되는 화합물은 disulfide라고 하며, sulfide 대신 disulfide, 또는 thio 대신 dithio를 붙여 sulfide와 같이 명명한다.

$C_2H_5-S-S-C_2H_5$

관용명 : Diethyl disulfide
IUPAC : Ethyl dithioethane

6. 에스터

에스터는 카복실산과 알코올로부터 물 한 분자가 탈수되어 생성된다.

$$RCOOH + R'OH \xrightleftharpoons{H^+} RCOOR' + H_2O$$

$$C_6H_5-COCl + C_2H_5OH \longrightarrow C_6H_5-COOC_2H_5 + HCl$$

Ethyl benzoate

에스터의 명명법은 알코올에서 온 알킬기를 먼저 부르고 산의 '–ic acid'를 '–ate'로 바꾸어 뒤에 부른다.

$$CH_3-C(=O)-OC_2H_5$$

Ethyl acetate(Ethyl ethanoate)

$$CH_3CH_2-C(=O)-O-C(CH_3)_2-CH_3$$

t–Butyl propionate

$$C_6H_5-C(=O)-O-CH_2CH_2CH_3$$

n–Propyl benzoate

$$CH_3-C(=O)-O-CH_2-C_6H_5$$

Benzyl acetate

산 존재하에서 에스터가 가수분해되면 카복실산을 생성하는데, 이 반응은 에스터화 반응(esterification)의 역반응이다.

$$R-C(=O)-O-R' + H_2O \xrightleftharpoons{H^+} R-C(=O)-OH + R'-OH$$

염기 존재하에서 에스터가 가수분해되는 것을 비누화 반응(saponification)이라고 하며, 예로 에스터와 NaOH을 함께 반응시키면 카복실산의 나트륨염과 알코올이 생성된다.

$$R-C(=O)-OR' + NaOH \xrightleftharpoons{H_2O} R-C(=O)-O^{\ominus}Na^{\oplus} + R'-OH$$

Ester　　Sodium carboxylate　　Alcohol

$$\underset{\text{유지}}{(RCOO)_3C_3H_5} + 3NaOH \xrightarrow{\text{비누화}} \underset{\substack{\text{지방산나트륨염}\\(\text{비누})}}{3\,RCOONa} + \underset{\text{Glycerine}}{C_3H_5(OH)_3}$$

에스터를 산 촉매하에서 과량의 알코올과 반응시키면 다른 에스터가 생성된다. 이 반응을 에스터 교환반응(transesterification)이라 한다.

$$R-\underset{\underset{O}{\|}}{C}-O-R' + R''-OH \xrightleftharpoons{H^+} R-\underset{\underset{O}{\|}}{C}-O-R'' + R'-OH$$

또한, 에스터를 암모니아와 반응시키면 아마이드가 생성된다.

$$R-\underset{\underset{O}{\|}}{C}-OR' + NH_3 \longrightarrow R-\underset{\underset{O}{\|}}{C}-NH_2 + R'-OH$$

$$CH_3COOCH_3 + NH_3 \longrightarrow CH_3CONH_2 + CH_3OH$$

분자 내에 하이드록시기와 카복실기가 들어 있는 화합물을 하이드록시산이라 한다. γ-, δ-하이드록시산은 스스로 고리화 반응이 일어나 락톤(lactone)이라고 부르는 5원자 고리 또는 6원자 고리인 고리형 에스터를 만든다.

$$\underset{\substack{\text{4-Hydroxy butanoic acid}\\(\gamma\text{-Hydroxy butyric acid})}}{HOCH_2-CH_2-CH_2-COOH} \longrightarrow \underset{\gamma\text{-Butyrolactone}}{\text{(CH}_2\text{-CH}_2\text{-CH}_2\text{-C(=O)-O 고리)}} + H_2O$$

$$\underset{\text{5-Hydroxy pentanoic acid}}{HOCH_2-CH_2-CH_2-CH_2-COOH} \longrightarrow \underset{\delta\text{-Valerolactone}}{\text{(CH}_2\text{-CH}_2\text{-CH}_2\text{-CH}_2\text{-C(=O)-O 고리)}} + H_2O$$

락톤은 유기합성의 중간체로서 작용하며, 천연에서 생성되는 락톤으로는 L-아스코브산(비타민 C)과 터펜의 전구체인 메발론산이 있다.

L−Ascorbic acid(vitamin C)

Mevalonic acid

분자량이 작은 에스터는 천연과일의 특유한 냄새를 내는 성분이다. 과일의 향긋한 냄새는 여러 가지 화합물의 복잡한 혼합물이지만, 단일 에스터가 향기 성분으로 존재하는 경우가 많다.

표 9-2 저급 유기산의 에스터

구조	명칭	향기
$HC(=O)-OCH_2CH_3$	Ethyl formate	럼주
$CH_3C(=O)-O-C_2H_5$	Ethyl acetate	사과
$CH_3C(=O)-O-CH_2CH_2CH_2CH_2CH_3$	*n*-Pentyl acetate	바나나
$CH_3C(=O)-O-CH_2CH_2CH_2CH_2CH_2CH_2CH_2CH_3$	*n*-Octyl acetate	오렌지
$CH_3CH_2CH_2C(=O)-O-CH_2CH_3$	Ethyl valerate	파인애플

연습문제

1. 다음 화합물을 IUPAC명으로 명명하시오.

① $CH_3-O-CH_2-CH(CH_3)_2$

② $(CH_3CH_2CH_2)_2O$

③ $(CH_3)_2CH-O-CH_2CH_2CH_2CH_3$

④ $CH_3CH_2CH_2-COO-CH_3$

⑤ $CH_2=CH-COO-CH_2CH_3$

2. 다음 화합물의 구조를 그리시오.

① Ethyl isopropyl ether

② Cyclohexyl methyl ether

③ *t*–Butyl ether

④ Methyl benzoate

⑤ Isopentyl acetate

MEMO

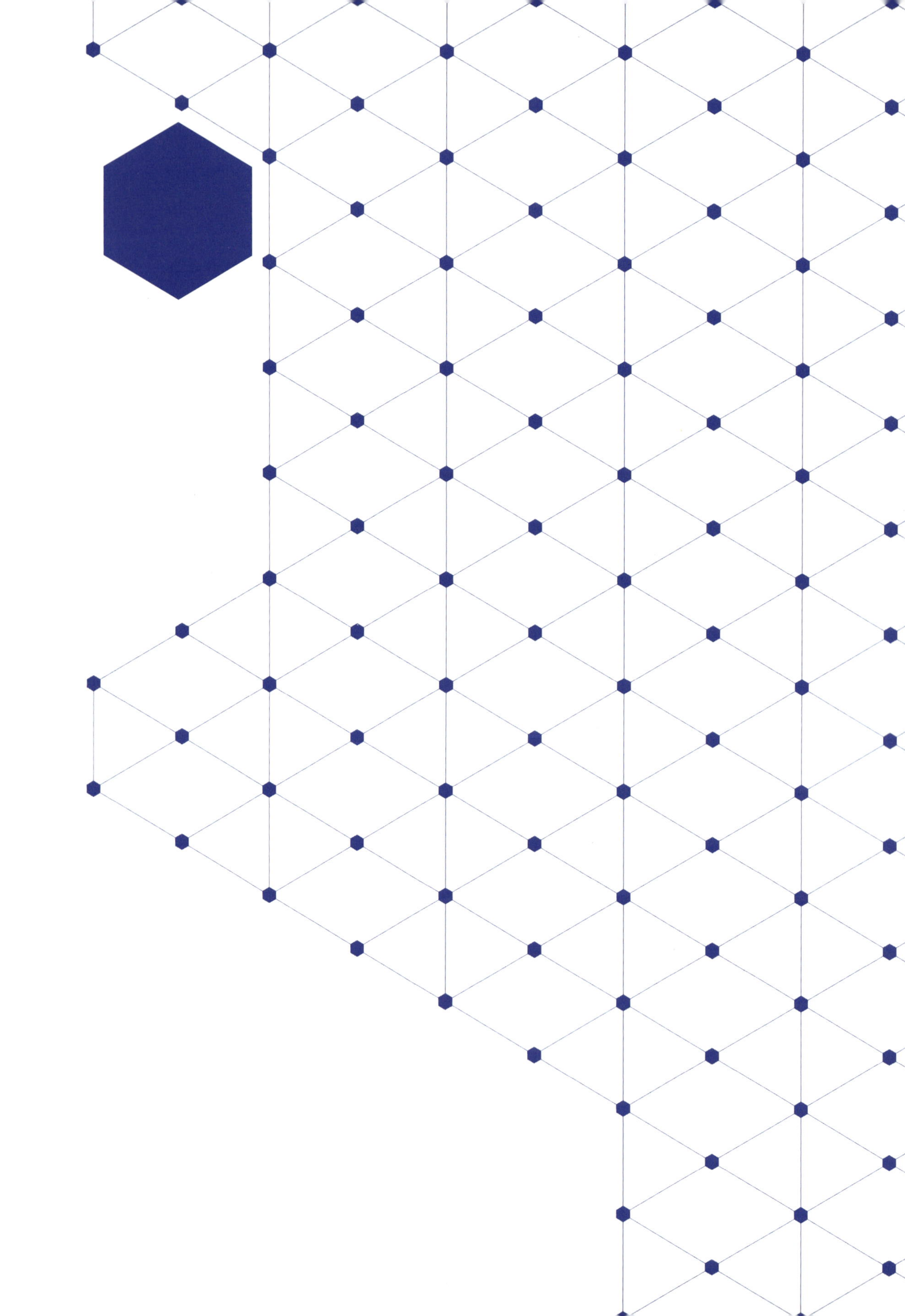

CHAPTER 10

아민과 아마이드

AMINES & AMIDES

10 아민과 아마이드

AMINES & AMIDES

1. 아민

암모니아의 수소원자를 알킬기(R)로 치환한 화합물을 아민(amine)이라 하며, 아민은 질소에 결합된 치환기의 수에 따라 1차(primary), 2차(secondary) 및 3차(tertiary)로 나눈다.

암모늄염(NH_4X)의 질소원자에 결합하고 있는 수소원자 4개를 모두 R로 치환한 화합물을 4차 암모늄염(quarternary ammonium salt)이라고 하며, 이때 질소는 1개의 양전하를 가지게 된다.

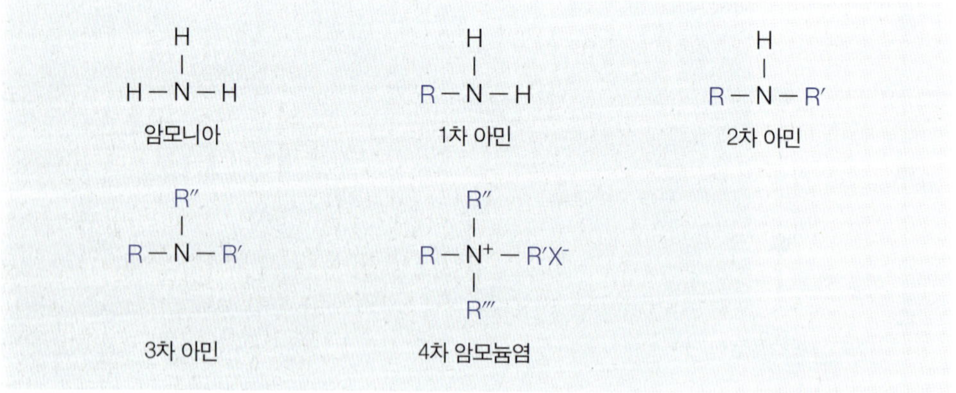

 다음 화합물을 1차, 2차, 3차 아민 또는 4차 암모늄염으로 분류하고 관용명으로 명명하시오.

(a) $(CH_3)_2CHNH_2$

(b) $(CH_3CH_2)_2NH$

(c) (cyclohexyl)–N(CH_3)–CH_2

(d) (benzene)–$CH_2N^+(CH_3)_3I^-$

2. 아민의 명명법

2.1 관용명

① 관용명은 질소원자에 치환된 알킬기의 명칭을 알파벳순으로 배열하고 뒤에 '–amine'을 붙인다.

CH_3NH_2	$CH_3CH_2NHCH_3$	CH_3NHCH_3	$CH_3-N(CH_2CH_3)-CH_3$
Methyl amine	Ethyl methyl amine	Dimethyl amine	Dimethyl ethyl amine

② 알킬기를 가진 아미노기는 치환기가 질소에 붙어 있으므로 N을 사용한다.

$(CH_3)_2N-CH_2CH_2CH_3$

N,N–Dimethyl propyl amine

(cyclohexyl)–N(H_3C)(CH_2CH_3)

N–Ethyl–N–methyl cyclohexyl amine

2.2 IUPAC 명명법

① 아미노기가 복잡한 분자나 다른 작용기를 갖는 화합물에 붙어 있을 경우에는 아미노기를 치환기로서 번호와 함께 명명한다.

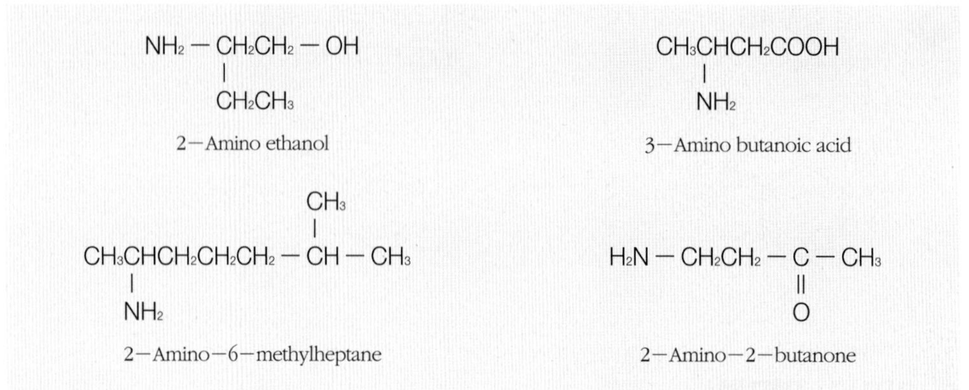

② 알킬기를 가진 아미노치환기는 대문자 N을 사용하여 질소에 결합된 알킬기를 나타낸다.

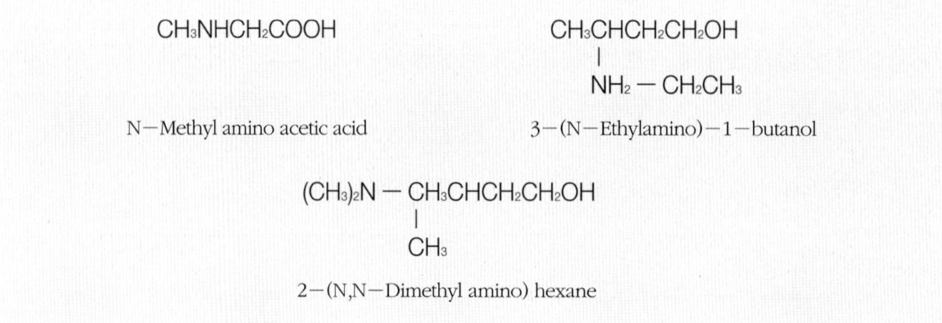

③ 페닐아민(phenyl amine)과 메틸페닐아민(methylphenyl amine) 등은 각각 아닐린(aniline)과 톨루이딘(toluidine)이라고 허용한다.

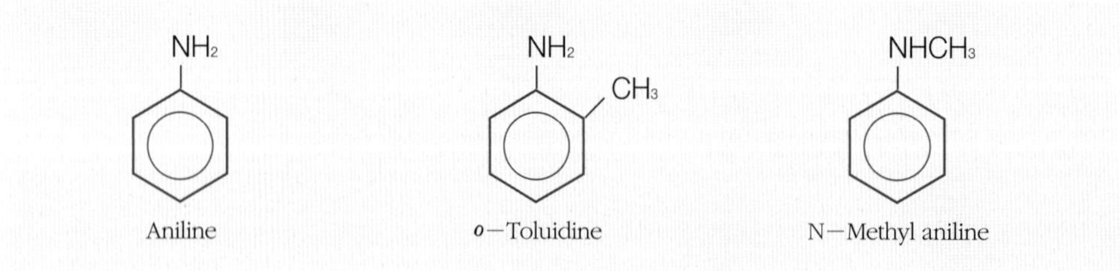

④ 방향족아민은 보통 모체가 되는 아닐린의 유도체로 명명한다.

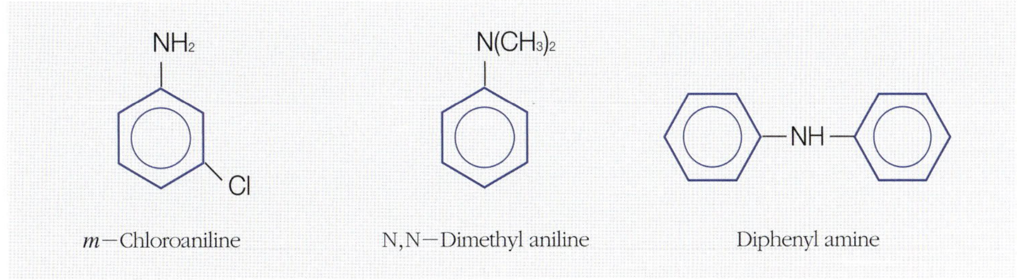

m−Chloroaniline N,N−Dimethyl aniline Diphenyl amine

예제 2 다음 화합물을 IUPAC명으로 명명하시오.

(a) $H_2N - CH_2CH_2CH_2CH_2 - NH_2$

(b) $CH_3CH_3CHCOOH$ (CH에 NH_2 결합)

3. 아민의 성질

3.1 물리적 성질

① 아민은 전기음성도가 큰 질소원자를 가지고 있으므로 극성을 나타내며 3차 아민을 제외하고는 분자 내에 수소결합을 이룰 수 있다.

따라서 1차, 2차 아민의 끓는점은 분자량이 비슷한 알칸보다 높으나 알코올에 비하면 낮고, 3차 아민은 분자 간에 수소결합이 불가능하기 때문에 1차, 2차 아민보다 끓는점이 낮다(표 10−1). 저급아민은 상온에서 기체이나 탄소 수가 4개 이상일 때는 액체이며 고급아민이나 방향족아민은 고체 상태인 것이 많다.

② 1차, 2차 및 3차 아민은 물과 수소결합을 형성할 수 있기 때문에 저급아민은 물에 잘 용해하지만 탄소 수가 6개 이상인 아민이나 방향족아민은 물에 용해되지 않는다. 저급아민은 암모니아나 생선 비린내 같은 냄새가 나고, 고급아민은 생선 썩는 냄새가 난다.

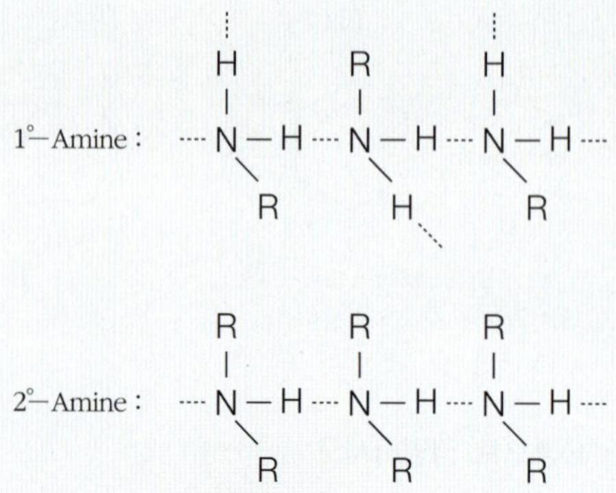

1°-Amine : ···· N-H ···· N-H ···· N-H ····

2°-Amine : ···· N-H ···· N-H ···· N-H ····

표 10-1 아민과 알케인의 끓는점 비교

구조	명칭	분자량	bp(℃)
CH_3-NH_2	Methyl amine	31	−7.5
CH_3-CH_3	Ethane	30	−89
$CH_3CH_2-NH_2$	Ethyl amine	45	17
$CH_3-NH-CH_3$	Dimethyl amine	45	7.5
$CH_3-CH_2-CH_3$	Propane	44	−42
$CH_3CH_2CH_2-NH_2$	Propyl amine	59	49
$CH_3CH_2-NH-CH_3$	Ethylmethyl amine	59	35
$(CH_3)_3N$	Trimethyl amine	59	3
$CH_3CH_2CH_2CH_3$	Butane	58	−0.5

4. 나이트로 및 나이트로소 화합물

나이트로기($-NO_2$), 나이트로소기($-NO$)를 가지고 있는 화합물을 각각 나이트로화합물(nitro compound), 나이트로소화합물(nitroso compound)이라고 하며, 다음과 같은 접두사를 붙여서 명명한다.

CH_3-NO_2 Nitromethane
$C_2H_5-CH_2-OH$ 1−Nitropropane
$(CH_3)C-NO$ *tert*−Nitrosobutane

5. 아마이드

카복실기(−COOH)의 하이드록시기(−OH)를 아미노기(−NH_2)로 치환한 화합물을 아마이드(amide)라고 한다. 아미노기의 질소에 붙어 있는 치환기 수에 따라 1차, 2차 및 3차 아마이드로 나눌 수 있다.

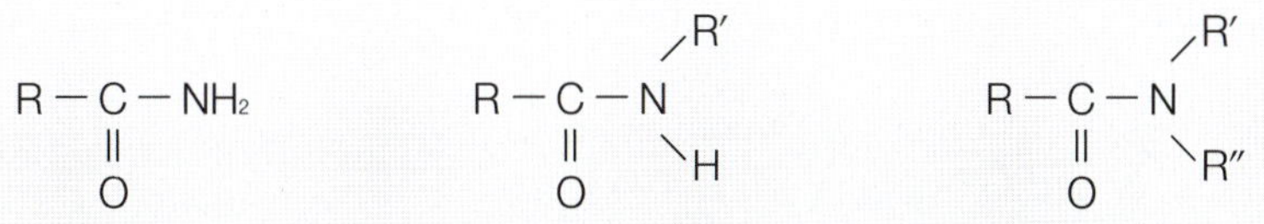

$$R-\underset{\underset{O}{\|}}{C}-NH_2 \qquad R-\underset{\underset{O}{\|}}{C}-N\begin{matrix}\diagup R'\\ \diagdown H\end{matrix} \qquad R-\underset{\underset{O}{\|}}{C}-N\begin{matrix}\diagup R'\\ \diagdown R''\end{matrix}$$

1°−Amide 2°−Amide 3°−Amide

아마이드화합물의 명명은 해당하는 산의 이름이 기본이 된다.

1차 아마이드는 산의 접미사 '−oic acid' 또는 '−ic acid' 대신에 '−amide'라는 접미사를 붙인다.

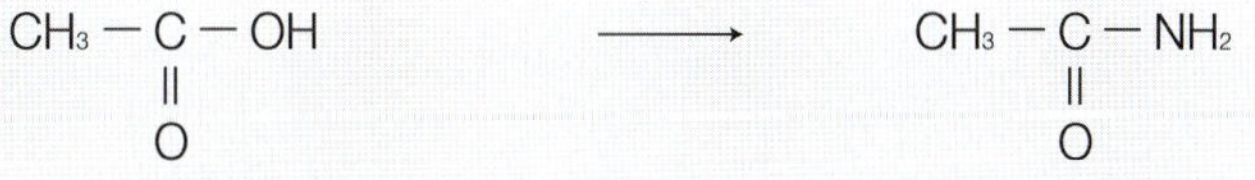

$$CH_3-\underset{\underset{O}{\|}}{C}-OH \longrightarrow CH_3-\underset{\underset{O}{\|}}{C}-NH_2$$

Acetic acid (Ethanoic acid) → Acetamide (Ethanamide)

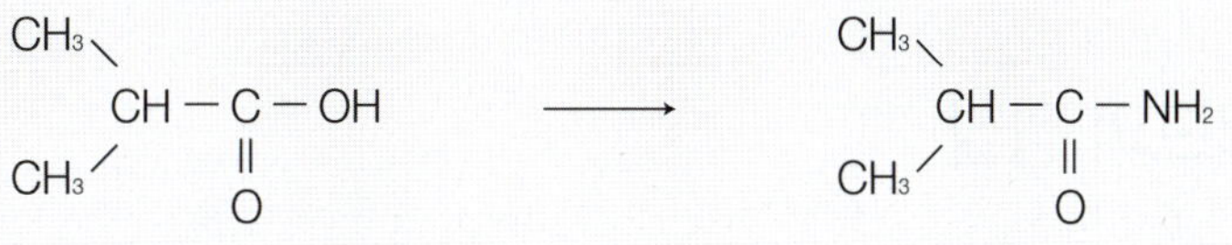

$$\begin{matrix}CH_3\diagdown\\ CH_3\diagup\end{matrix}CH-\underset{\underset{O}{\|}}{C}-OH \longrightarrow \begin{matrix}CH_3\diagdown\\ CH_3\diagup\end{matrix}CH-\underset{\underset{O}{\|}}{C}-NH_2$$

iso−Butyric acid (2−Methyl propanoic acid) → *iso*−Butyramide (2−Methyl propanamide)

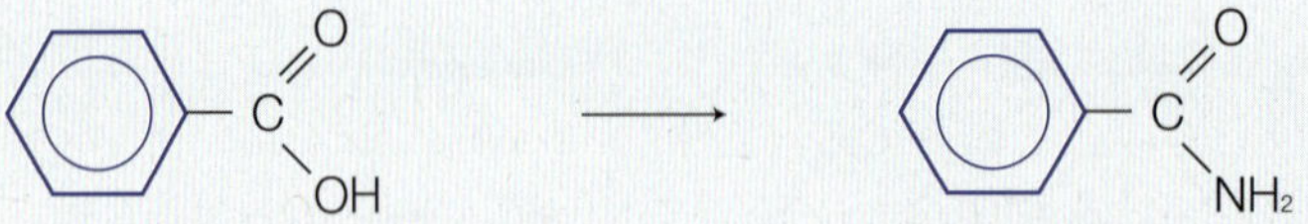

Benzoic acid → Benzamide

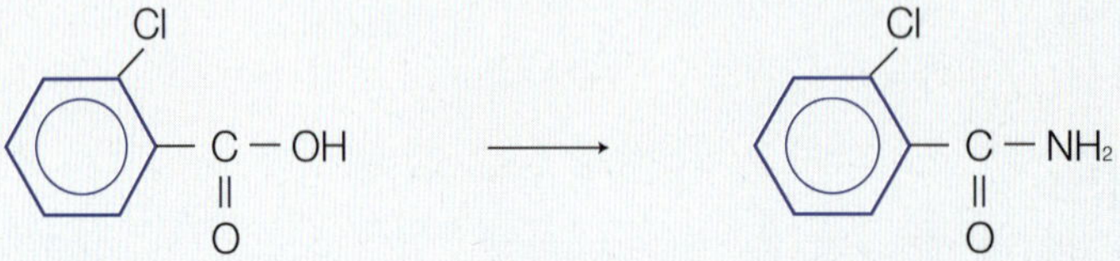

o−Chlorobenzoic acid → o−Chlorobenzamide

질소에 붙은 치환기는 치환기 이름 앞에 대문자 N을 써서 나타낸다.

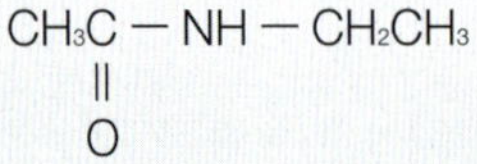

$CH_3C(=O)-NH-CH_2CH_3$ N−Ethyl acetamide

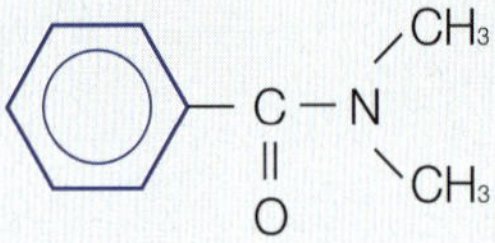

$C_6H_5-C(=O)-N(CH_3)_2$ N,N−Dimethyl benzamide

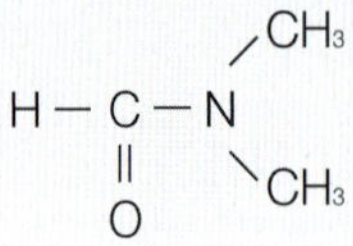

$H-C(=O)-N(CH_3)_2$ N,N−Dimethyl formamide

고리 모양의 2차 아민을 이마이드(imide)라고 한다.

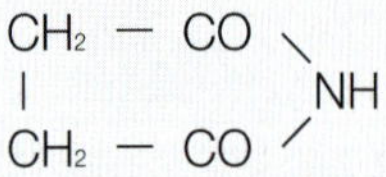

$$\begin{array}{l} CH_2-CO \\ | \qquad\qquad\quad NH \\ CH_2-CO \end{array}$$

Succinimide

6. 아마이드의 성질

6.1 물리적 성질

① 펩타이드나 단백질이 폴리아마이드이며 아마이드는 분자 사이의 광범위한 수소결합

으로 인하여 끓는점이 비교적 높다. 포름아마이드는 실온에서 유일하게 액체로 존재하는 간단한 아마이드이다. 아세트아마이드의 끓는점(222℃)은 거의 같은 분자량을 가진 초산(118℃)보다 훨씬 높다. N,N-다이메틸아세트아마이드와 같은 이 치환 아마이드는 수소결합을 할 수 없기 때문에 끓는점이 낮다.

② 아마이드는 생물학적으로 매우 중요하며, 니코틴아마이드(nicotinamide)는 자연계 동식물 중에 존재하며 니코틴산(nicotinic acid)의 공급원이다. 살리실산아마이드(salicylamide)는 진통 해열제로 사용되고 있다.

Nicotinamide

Salicylamide

③ 단백질이나 펩타이드는 아미노산의 중합체이고 아미노산단위는 아마이드결합으로 이루어져 있으며, 이러한 아마이드결합을 펩타이드 결합(peptide bond)이라 한다.

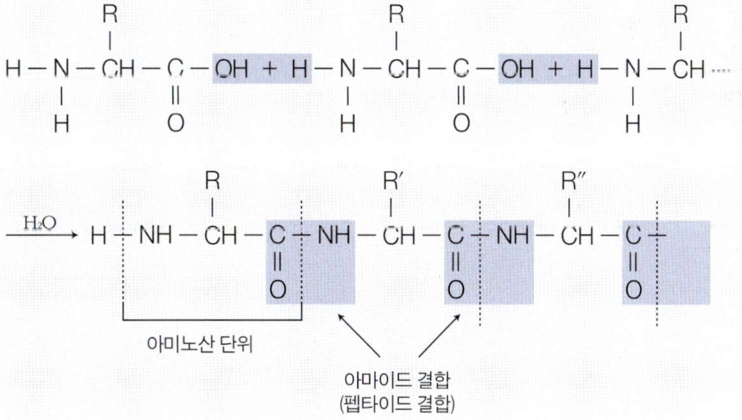

아미노산 단위

아마이드 결합
(펩타이드 결합)

6.2 아마이드의 가수분해 반응

아마이드는 산 수용액이나 염기 수용액과 가열하면 가수분해가 일어난다.

① 산성 가수분해

$$R-\underset{\underset{O}{\|}}{C}-\ddot{N}H_2 + H_3O^+ \xrightarrow[\triangle]{H_2O} R-\underset{\underset{O}{\|}}{C}-OH + NH_4^+$$

② 염기성 가수분해

$$R-\underset{\underset{O}{\|}}{C}-\ddot{N}H_2 + Na^+OH^- \xrightarrow[\triangle]{H_2O} R-\underset{\underset{O}{\|}}{C}-O^-Na^+ + \ddot{N}H_3$$

연습문제

1. 다음 화합물을 IUPAC명으로 명명하시오.

① $H_2N-CH_2CH(NH_2)CH_2-NH_2$

② $CH_3NHCH_2CH_2OH$

③ $H_2NCH_2CH_2CH_2COOH$

④ CH_3CO-NH_2

⑤ $CH_3CO-NHCH_3$

⑥ $(CH_3)_2CHCO-NH_2$

2. 다음 화합물의 구조를 그리시오.

① Cyclohexyl amine

② Methylethylpropyl amine

③ N-Methyl-N-ethyl aniline

④ Ethylisopropylmethyl amine

⑤ Butamide

⑥ Benzamide

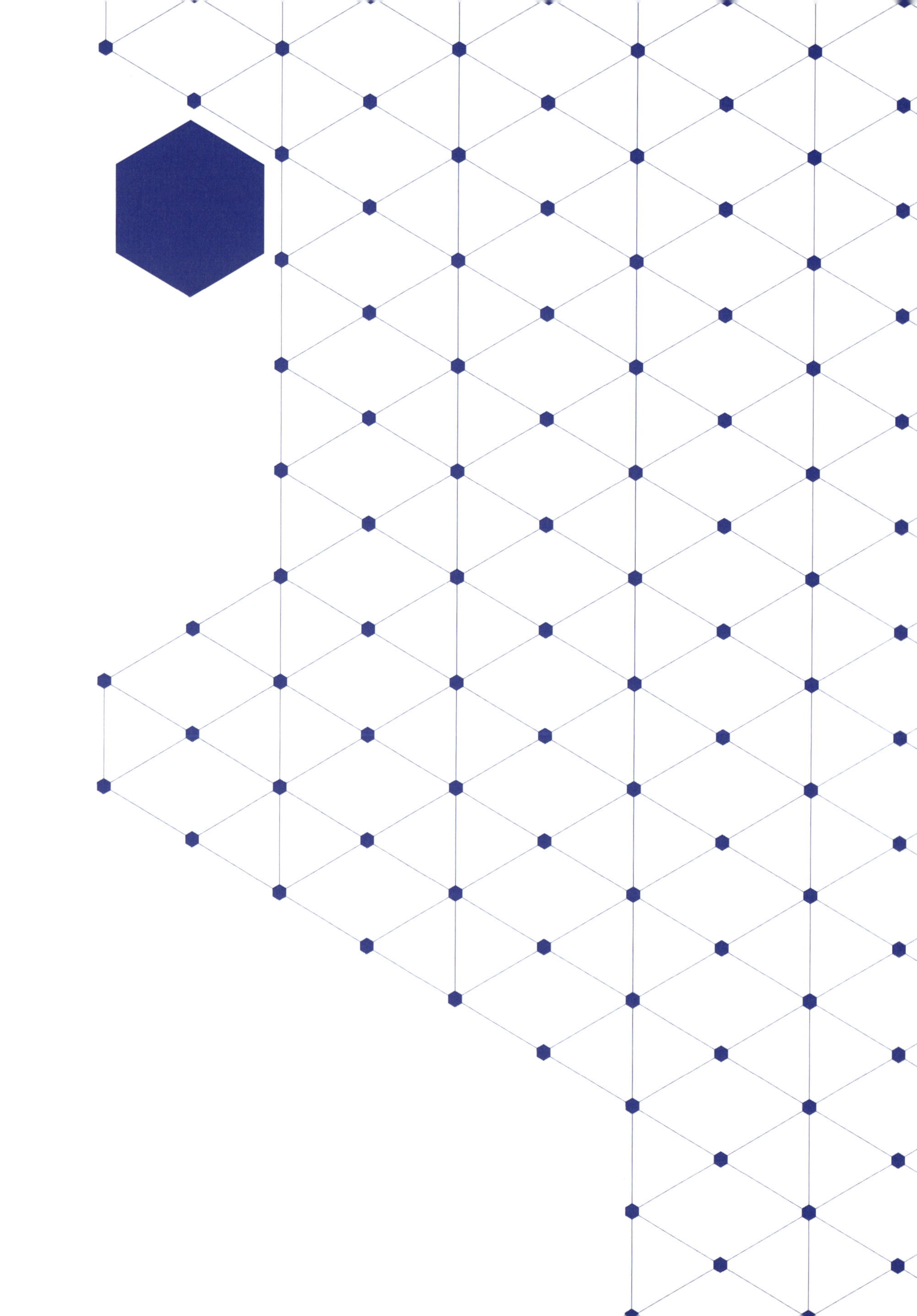

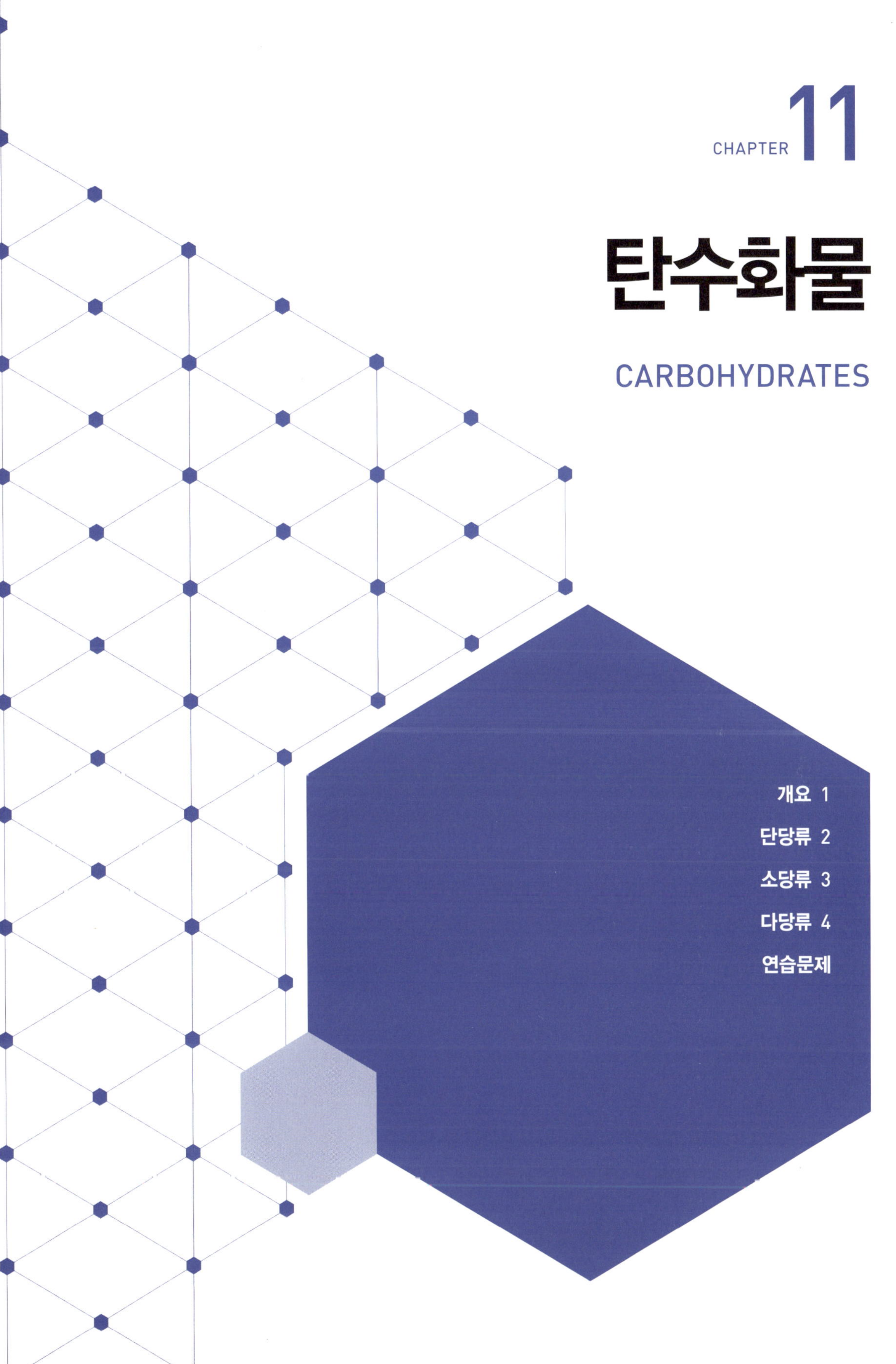

CHAPTER 11

탄수화물

CARBOHYDRATES

11 탄수화물

CARBOHYDRATES

1. 개요

탄수화물(carbohydrate)은 녹말, 설탕 및 고무 등 자연에 널리 분포되어 있으며 탄수화물의 구성성분은 탄소(C), 수소(H), 산소(O)이다. 탄수화물은 함수탄소, 탄소의 수화물로 당질이라고도 하며 일반식은 $C_m(H_2O)_n(m>3)$이다. 탄수화물은 폴리하이드록시 알데하이드(polyhydroxy aldehyde) 또는 폴리하이드록시 케톤(polyhydroxy ketone)이라고도 하는데 탄수화물은 화학적으로 유리 상태의 알데하이드기(−CHO)나 케톤기(−CO)와 2개 이상의 하이드록시기(−OH)를 가진 화합물이다. 탄수화물은 당 단위 수로 분류할 수 있는데 단당류는 1개, 소당류는 2~8개, 다당류는 10개 이상의 당 단위를 가진다.

2. 단당류

2.1 단당류의 분류

단당류는 골격의 탄소원자 수로 분류한다. 삼탄당은 3, 사탄당은 4, 오탄당은 5, 육탄당은 6개의 탄소원자를 가진 당이다(표 11−1). 알도오스(aldose)는 알데하이드기(−CHO)를 가진 당이며, 케토오스(ketose)는 케톤기(−CO)를 가진 당이다.

표 11-1 탄소원자 수에 따른 단당류의 분류

탄소원자의 수	3	4	5	6
당의 명칭	삼탄당	사탄당	오탄당	육탄당

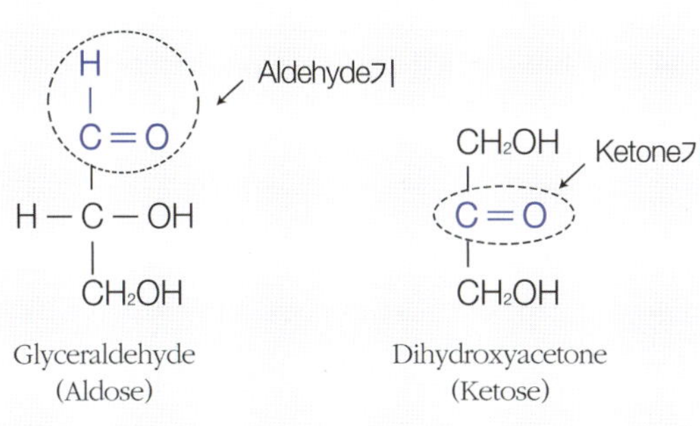

2.2 단당류의 구조

1) 비대칭탄소

단당류는 비대칭탄소(asymmetric carbon) 화합물이며 입체이성질체이다. 비대칭탄소(키랄 중심, chiral center)는 4개의 서로 다른 치환기가 결합된 탄소이다. 입체이성질체는 비대칭탄소에 결합된 원자나 원자 배열이 서로 다른 물질이며 실상과 거울상이 서로 겹쳐지지 않은 거울상이성질체(enantiomer)이다.

2) 광학이성질체

광학이성질체(optical isomer)는 화학적 성질은 동일하나 물리적 성질 일부와 생리학적 성질이 서로 다른 물질로, 편광면을 회전하는 성질이 서로 다른 물질이다. 광학이성질체는 우선성(dextrorotatory, +)과 좌선성(leverotatory, −)의 두 종류가 있다. 우선성은 편광면을 오른쪽으로, 좌선성은 왼쪽으로 회전하는 물질이다. 비대칭탄소를 가지면 광학이성질체가 존재하는데 단당류는 몇 개의 비대칭탄소를 갖는다. 다이하이드록시아세톤(dihydroxyacetone) 이외의 단당류는 1개 이상의 비대칭탄소원자를 가지므로 광학 활성을 가진 이성질체가 존재하며 광학적 활성은 고유의 광회전도([α])로 표시한다.

3) 입체이성질체

단당류의 입체이성질체는 D형과 L형이 있다. D형은 글리세르알데하이드(glyceraldehyde)의 두 번째 탄소(C-2)의 OH기가 비대칭탄소의 오른쪽에 있는 형태이고, L형은 글리세르알데하이드의 C-2의 OH기가 비대칭탄소의 왼쪽에 있는 형태이다(그림 11-1).

그림 11-1 D와 L-글리세르알데하이드에 대한 피셔(Fischer)의 투영식

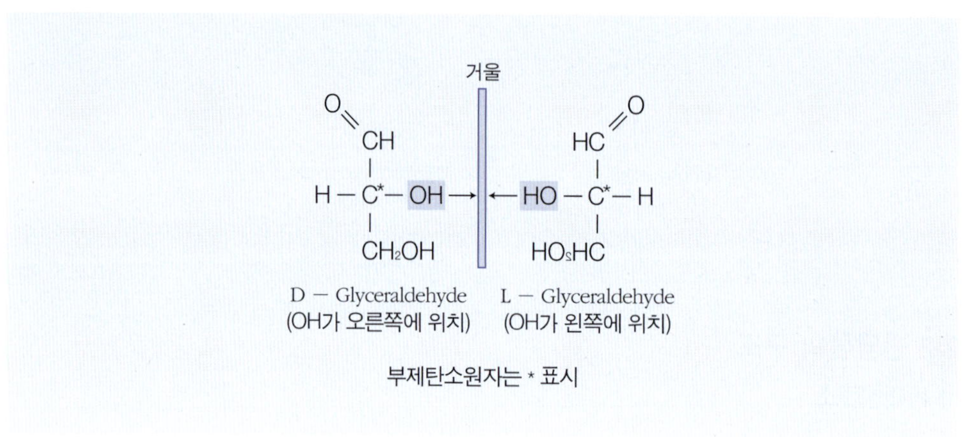

〈그림 11-2〉, 〈그림 11-3〉는 각각 D-알도오스 계열과 D-케토오스 계열의 당 구조이다. 만일 비대칭탄소원자 수가 n개라면 입체이성질체 수는 2^n개다. 알도헥소오스(aldohexose)의 이성질체 수는 비대칭탄소원자 수가 4개(n=4)이므로 이성질체 수는 16개($2^n=2^4=16$)로 D형 8개, L형 8개다.

4) 고리 구조

단당류는 수용액 중에서 고리형 구조를 가진다. 피란(pyran)은 6개 원자의 고리형, 푸란(furan)은 5개 원자의 고리형 구조이다. 글루코오스는 글루코피라노오스(glucopyranose)로 프럭토오스(fructose)는 프럭토푸라노오스(fructofranose)로 표기한다.

헤미아세탈(hemiacetal)은 알데하이드와 알코올이 반응하여 생성된다. 글루코오스는 첫 번째 탄소(C-1)의 알데하이드기(-CHO)와 다섯 번째 탄소(C-5)의 하이드록시기(-OH)가 분자 내에서 헤미아세탈을 형성한 구조이다(그림 11-4).

그림 11-2 D-알도오스 계열의 당

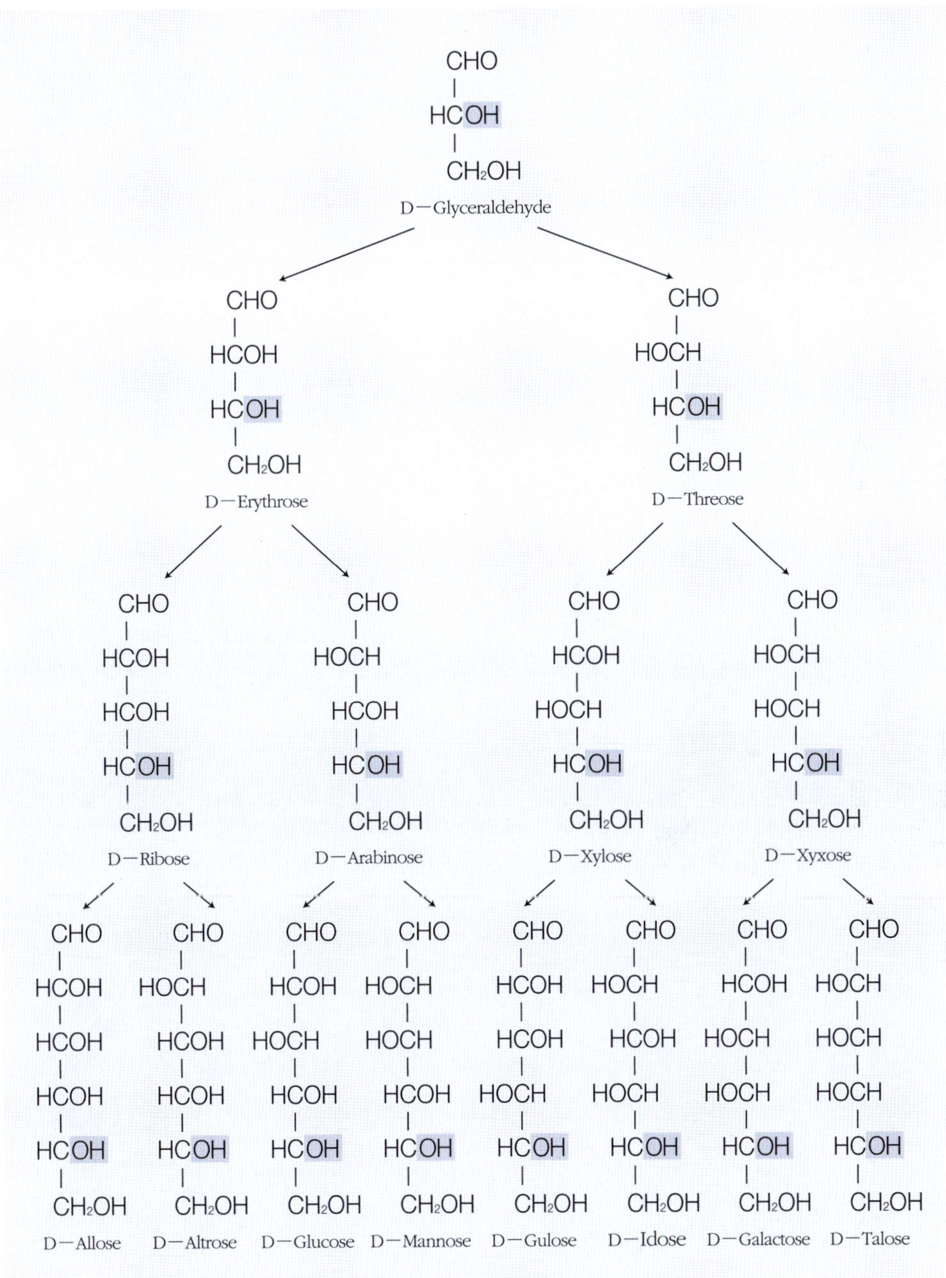

그림 11-3 D-케토오스 계열의 당

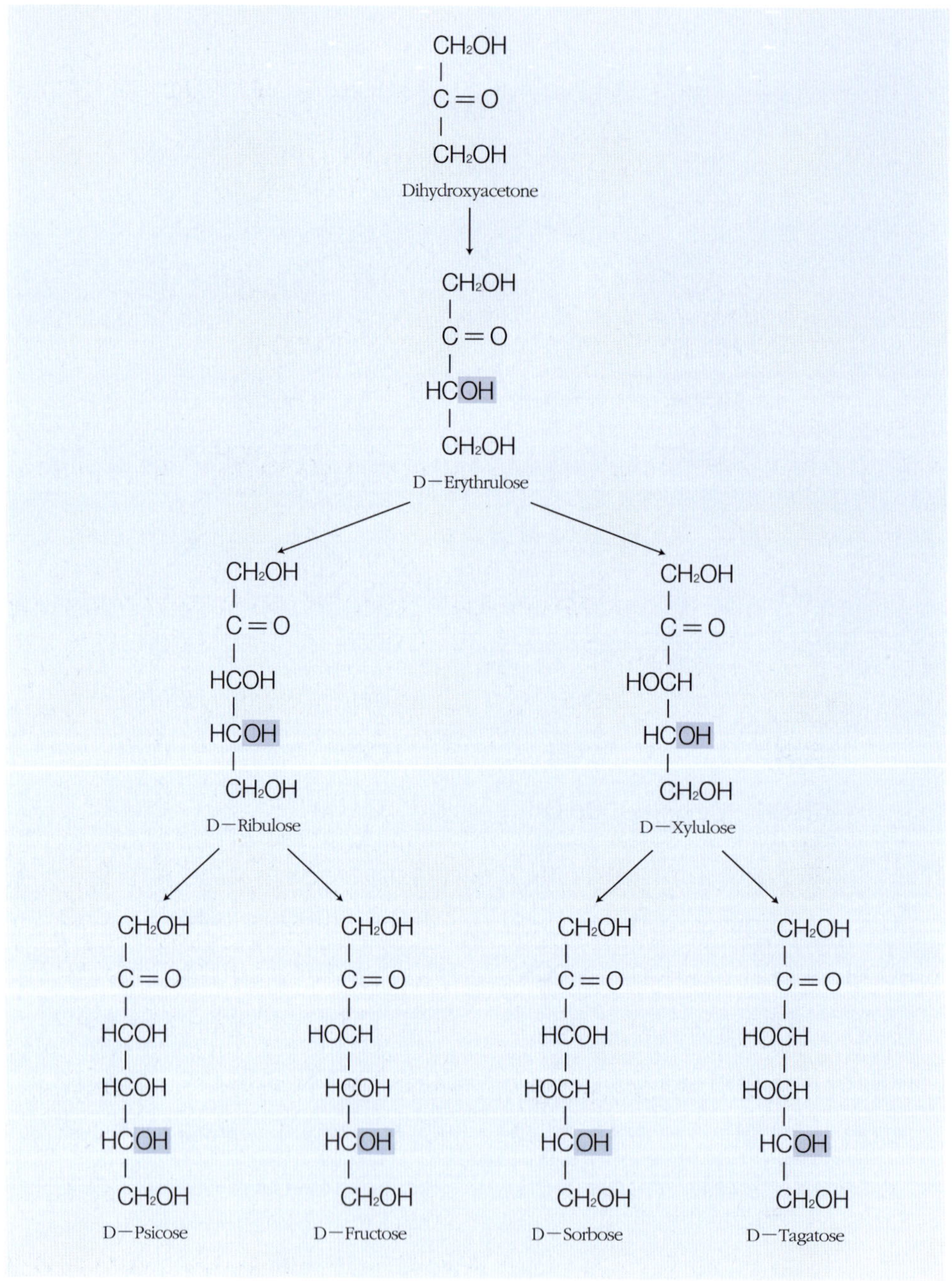

그림 11-4 헤미아세탈 반응(Ⅰ)과 D-글루코오스의 분자 내 고리 형성(Ⅱ)

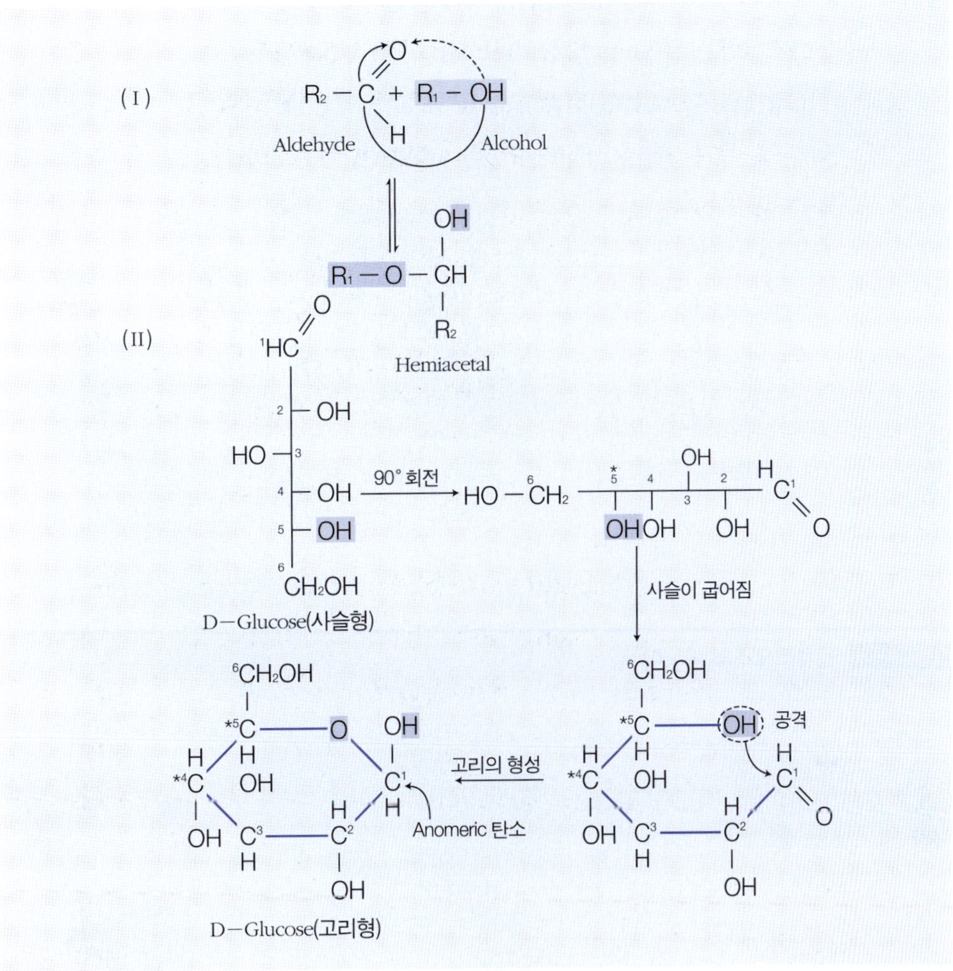

헤미케탈(hemiketal)은 케톤과 알코올이 반응하여 생성된다. 프럭토오스는 두 번째 탄소(C−2)의 케톤기(−CO)와 다섯 번째 탄소(C−5)의 하이드록시기(−OH)가 분자 내에서 헤미케탈을 형성한 구조이다.

5) 아노머

아노머(anomer)는 헤미아세탈의 탄소원자(첫 번째 탄소원자, C−1)에 서로 다른 배열을 한 단당류이며 첫 번째 탄소(C-1)는 아노머 탄소(anomeric carbon)라 한다. 아노머는 α와 β형의 2가지 종류가 있다. α형은 첫 번째 탄소(C-1)의 하이드록시기(-OH)가 아래쪽(down) 방향이고 β형은 위쪽(up) 방향이다(그림 11-5).

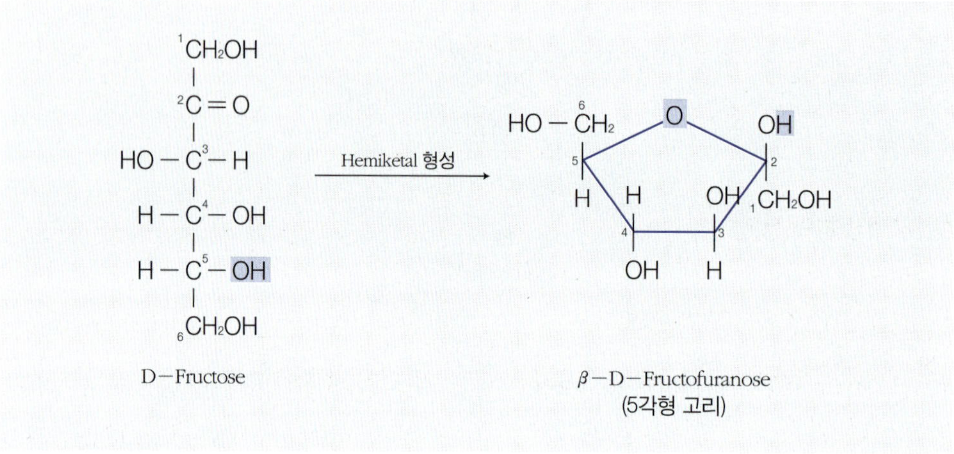

Hemiketal 형성

D-Fructose

β-D-Fructofuranose
(5각형 고리)

그림 11-5 글루코오스의 아노머

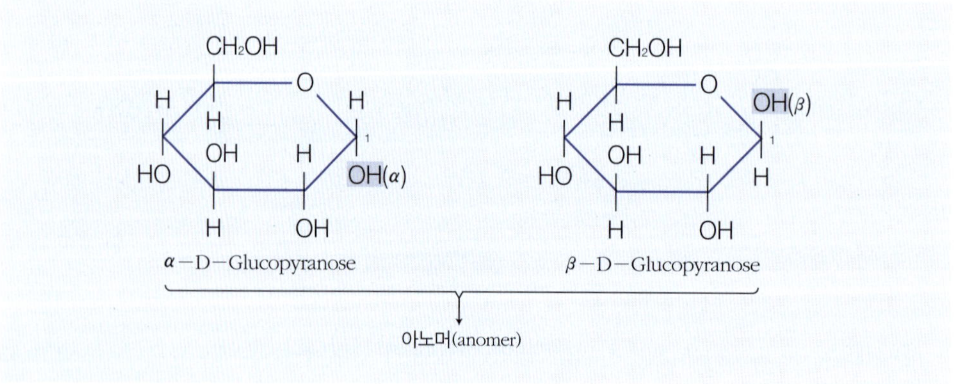

α-D-Glucopyranose

β-D-Glucopyranose

아노머(anomer)

6) 입체 구조

단당류의 또 다른 입체 배치로 단당류를 의자형(chair form)과 배형(boat form, 보트형)으로 나타내며 의자형이 배형보다 안정하다.

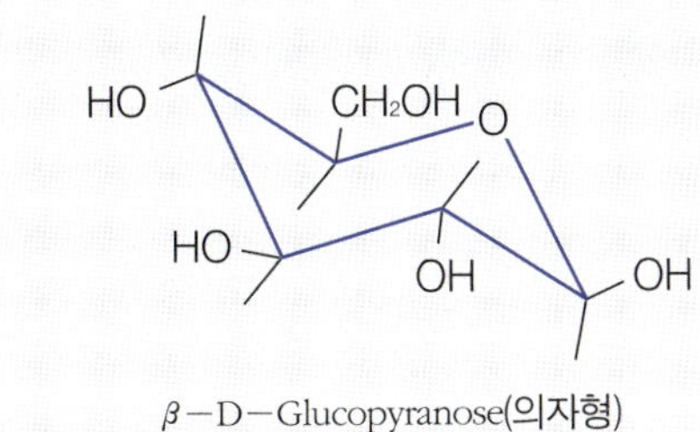

β－D－Glucopyranose(의자형)

2.3 단당류의 반응

1) 변선광

변선광(mutarotation)은 단당류 및 그 유도체의 수용액이 시간이 경과함에 따라 선광도가 변화하여 평형에 도달하면서 고유한 선광도 값을 갖는 현상이다. 사슬 형태의 글루코오스는 수용액에서 고리형의 α–D–glucopyranose와 β–D–glucopyranose로 존재하는데, 이들의 선광도는 각각 +112.2°, +18.7°이며 구성비율은 각각 36.2%, 63.8%로 이들은 선광도 값이 +52.5°에서 평형이 된다(표 11–2).

표 11–2 α– 및 β–D–글루코오스의 물리적 성질

성질	α–이성질체	β–이성질체
고유광 회전도, $[\alpha]_D^{20}$	+112.2°	+18.7°
녹는점(℃)	146	150
용해도(g/100g H_2O, 25℃)	82	178

$$\alpha\text{–D–Glucose} \underset{}{\overset{H_2O}{\rightleftharpoons}} \text{D–Glucose} \overset{H_2O}{\rightleftharpoons} \beta\text{–D–Glucose}$$

36.2% (사슬) 63.8%

2) 알도오스의 산화-환원반응

① 약산화반응 : 알도오스는 약산화제(Br)와 반응하면 알데하이드기(-CHO)가 카복실기(-COOH)로 전환된 알돈산(aldonic acid)을 생성한다(그림 11-6).

글루코오스, 갈락토오스는 각각 글루콘산(gluconic acid), 갈락톤산(galactonic acid)으로 전환된다.

② 강산화 반응 : 알도오스는 강산화제(HNO_3)와 반응하면 -CHO, $-CH_2OH$가 모두 카복

그림 11-6 알도오스의 산화반응

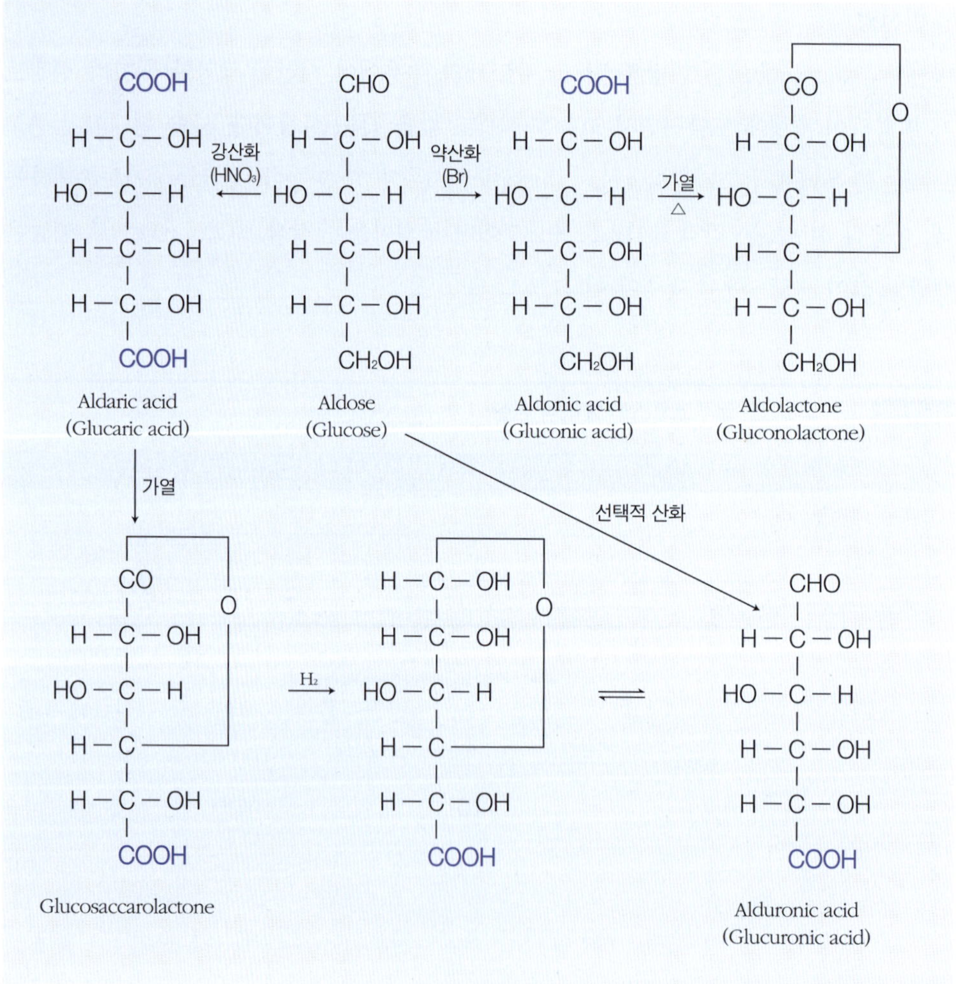

실기(−COOH)로 전환된 알다르산(aldaric acid)을 생성한다(그림 11−6). 글루코오스, 갈락토오스는 각각 글루카르산(glucaric acid), 갈락타르산(galactaric acid)으로 전환된다.

③ 선택적 산화반응 : 알도오스는 선택적 산화제와 반응하면 $-CH_2OH$가 카복실기(−COOH)로 전환된 알두론산(alduronic acid)을 생성한다(그림 11−6). 글루코오스, 갈락토오스는 각각 글루쿠론산(glucuronic acid), 갈락투론산(galacturonic acid)으로 전환된다.

④ 환원반응 : 알도오스는 환원제($NaBH_4$)와 반응하면 −CHO가 $-CH_2OH$으로 전환된 알디톨(alditol)로 전환된다. 글루코오스, 갈락토오스는 각각 소비톨(sorbitol, glucitol),

그림 11−7 단당류의 환원반응

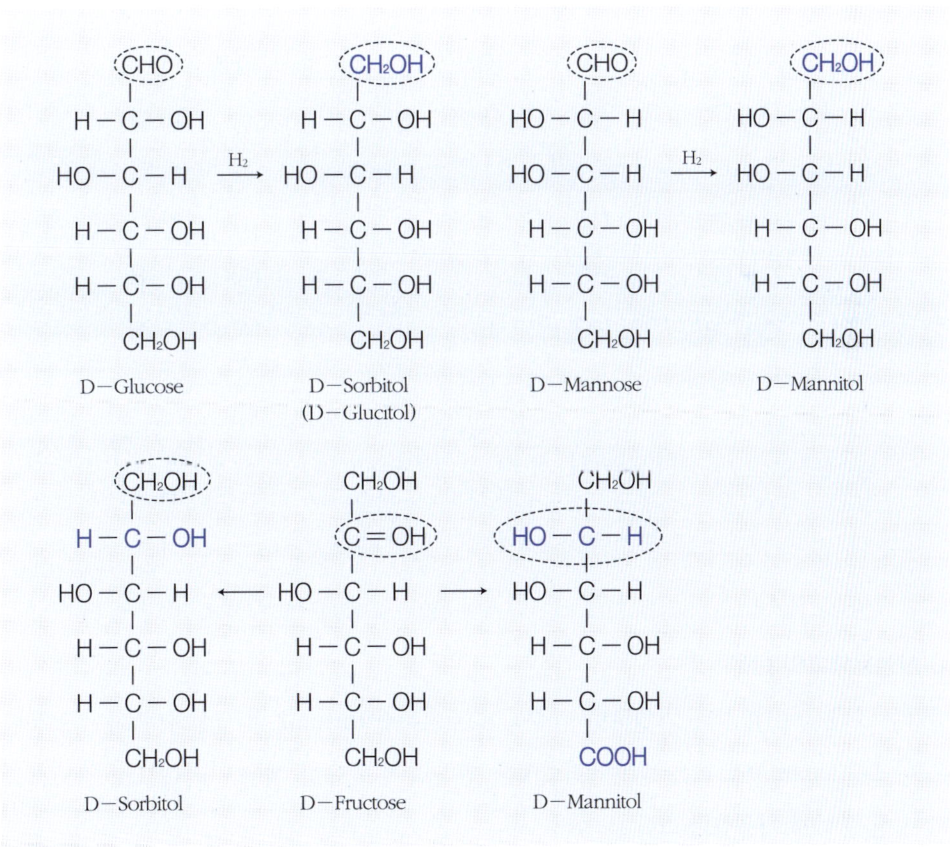

갈락티톨(galactitol)로 전환된다(그림 11–7).

3) 염기용액과의 반응

글루코오스를 묽은 염기와 접촉시키면 일부가 프럭토오스와 만노오스로 변하는 당의 엔올(enol)화 현상이 일어난다(그림 11–8).

그림 11–8 염기용액에서 글루코오스의 변화

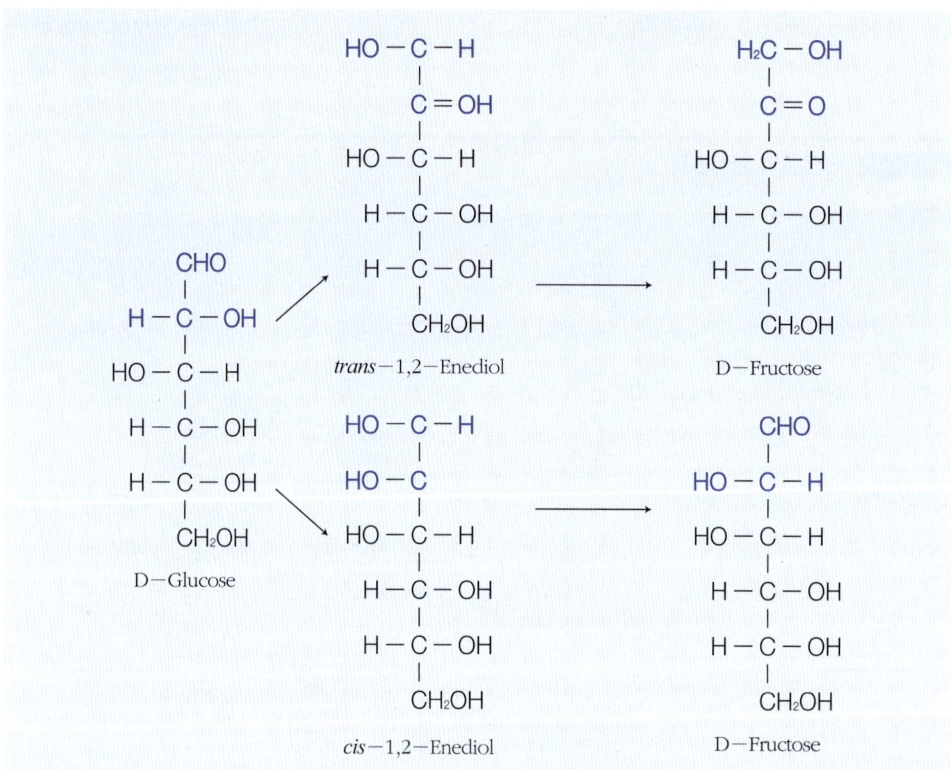

4) 산성용액과의 반응

단당류(오탄당)를 황산과 가열하면 탈수되어 푸르푸랄(furfural)을 생성하며 이 푸르푸랄은 나프톨(naphtol)과 같은 방향족화합물과 반응하여 특유한 색을 나타내므로 알도오스의 정성 분석에 이용한다(그림 11–9).

그림 11-9 산성용액에서 단당류의 변화

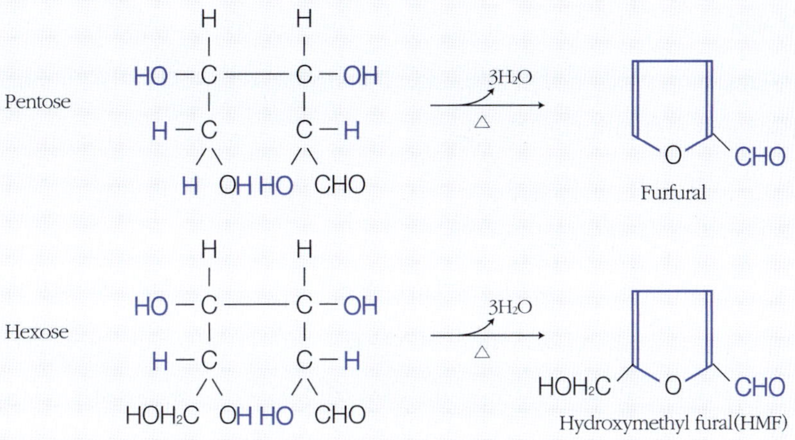

Pentose $\xrightarrow[\triangle]{3H_2O}$ Furfural

Hexose $\xrightarrow[\triangle]{3H_2O}$ Hydroxymethyl fural(HMF)

5) 오사존 생성반응

헥소오스는 페닐하이드라진(phenylhydrazine)과 반응하여 페닐하이드라존, 오사존의 결정을 생성하는데, 이 반응은 미지 당의 구조 결정 및 분리에 사용된다.

6) 아세틸화 반응

글루코오스를 무수 초산(anhydric acetate)과 함께 가열하면 글루코오스의 모든 −OH기가 아세틸화되어 결정성 구조로 당의 동정에 사용된다. 에스터화된 아세틸기는 묽은 산 또는 염기로 가수분해된다.

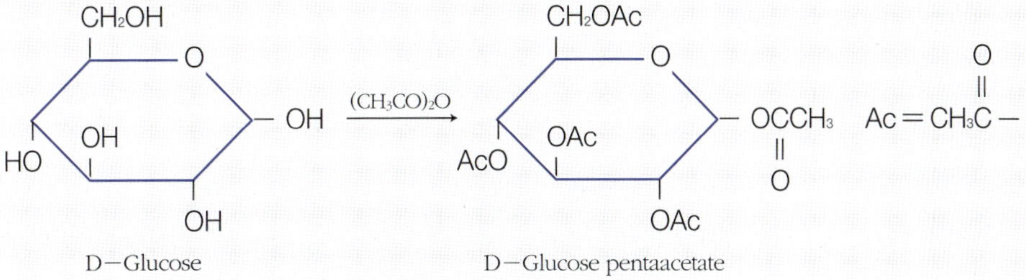

D−Glucose $\xrightarrow{(CH_3CO)_2O}$ D−Glucose pentaacetate

α, mp 112~113℃

β, mp 134℃

Ac = CH_3C −

2.4 주요 단당류

1) L-아라비노오스

천연에 존재하는 아라비노오스(L-arabinose)는 대부분 L형이며 침엽수의 아라비노갈락탄(arabinogalactan), 식물의 헤미셀룰로오스(hemicellulose), 아라비아 검(arabia gum), 펙틴(pectin)의 구성성분이다.

2) D-라이보오스와 D-데옥시라이보오스

D-라이보오스(D-ribose)와 D-데옥시라이보오스(D-deoxyribose)는 동식물 세포의 핵산의 구성성분으로 각각 RNA와 DNA의 당성분이다. D-라이보오스는 리보플라빈(riboflavin) 등 조효소의 구성성분이며 가다랑어 지미 성분으로 화학조미료로 사용된다.

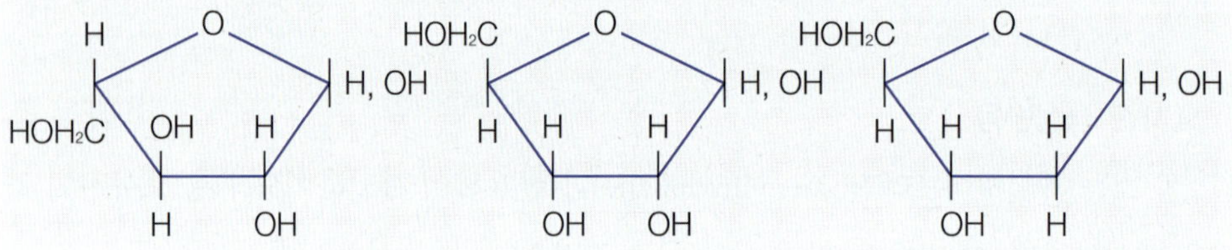

mp 160℃
$[\alpha]_D$ + 105°
L-Arabinose

mp 86~87℃
$[\alpha]_D$ + 23.7°
D-Ribose

mp 97℃
$[\alpha]_D$ + 58°
2-D-Deoxyribose

3) D-자일로오스

D-자일로오스(D-xylose)는 식물 헤미셀룰로오스(hemicellulose)의 주성분인 자일란(xylan)의 구성성분으로 옥수수의 수축, 맥짚에 존재한다.

4) D-갈락토오스

D-갈락토오스(D-galactose)는 락토오스(lactose), 라피노오스(raffinose) 등의 올리고(oligo)당과 한천(agar)이나 카라지난(carrageenan) 등 해조류의 다당류 구성성분이다.

5) D-글루코오스

D-글루코오스(D-glucose)는 지구상에서 가장 풍부하게 존재하는 유기화합물로 혈액 속의 혈당, 꿀, 과실에 존재하며 덱스트로오스(dextrose, 우선성의 당)라고도 한다.

6) D-만노오스

D-만노오스(D-mannose)는 상아야자 만난(mannan)의 구성성분이며 식용식물 근경의 곤약(konjac)에는 글루코만난(gluconomannan)형으로 존재한다.

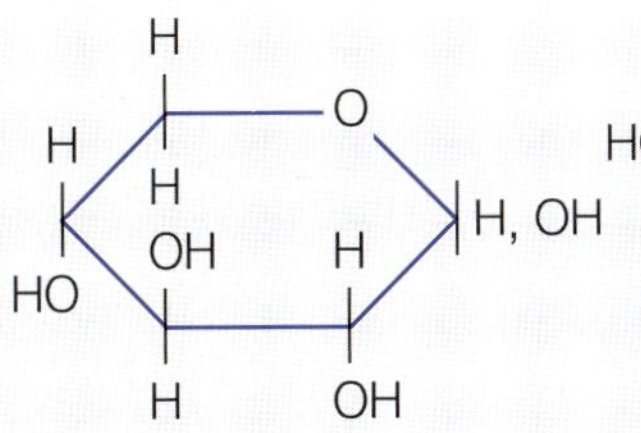

mp 145℃
$[\alpha]_D$ + 18.8°
D-Xylose

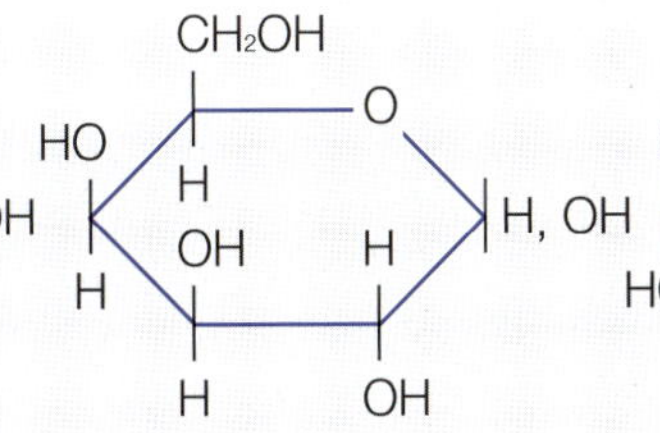

mp 167℃
$[\alpha]_D$ + 81.1°
D-Galactose

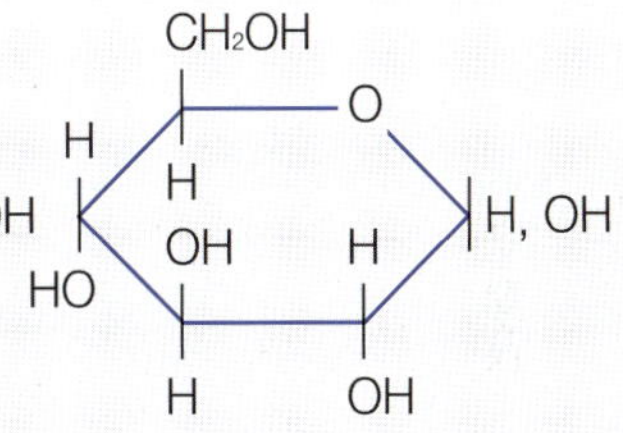

mp 146℃
$[\alpha]_D$ + 52.5°
D-Glucose

7) 프럭토오스

프럭토오스(fructose)는 과당, 레불로오스(levulose, 좌선성의 당)라고도 한다. 과즙, 벌꿀, 돼지감자나 다알리아 뿌리의 다당류인 이눌린(inulin)의 구성성분으로 강한 단맛을 내어 감미제로 사용 된다.

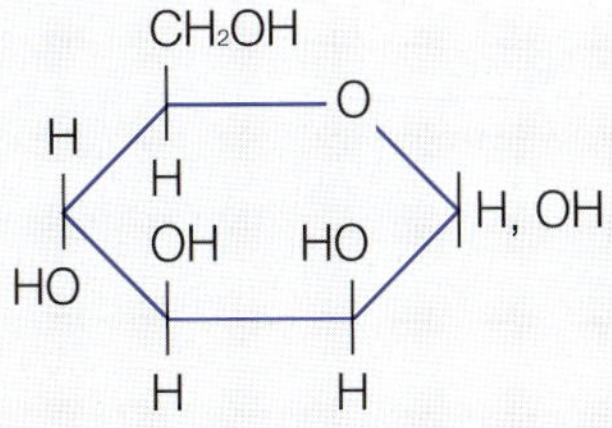

mp 133℃
$[\alpha]_D$ + 14.2°
D-Mannose

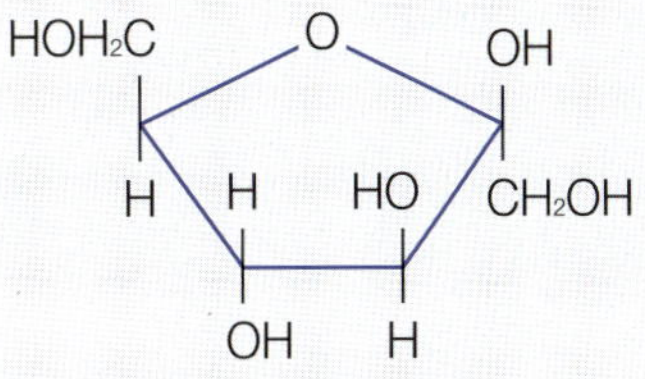

mp 102~104℃
$[\alpha]_D$ − 92.3°
D-Fructose

3. 소당류

소당류는 2~8개의 당 단위를 가진 당으로 이당류는 2개의 단당류 단위가 글리코사이드 결합(glycosidic bond)으로 연결된 구조이다. 글리코사이드 결합은 단당류 단위의 화학 결합으로 α와 β형의 2가지 형태가 있으며 α−글리코사이드 결합은 아노머탄소의 OH기 배열이 α형, β−글리코사이드 결합은 아노머탄소의 OH기 배열이 β형이다. α−글리코사이드 결합은 당단위가 서로 같은 위치 배열인 시스(*cis*)형, β−글리코사이드 결합은 다른(반대) 위치 배열인 트랜스(*trans*)형이다.

α − Glylcosidic band　　β − Glylcosidic band

3.1 주요 소당류

1) 말토오스

말토오스(maltose)는 맥아당(malt sugar)이라고도 하며 전분(starch)의 구성단위이며 glucose(α 1 → 4)glucose의 구조이다.

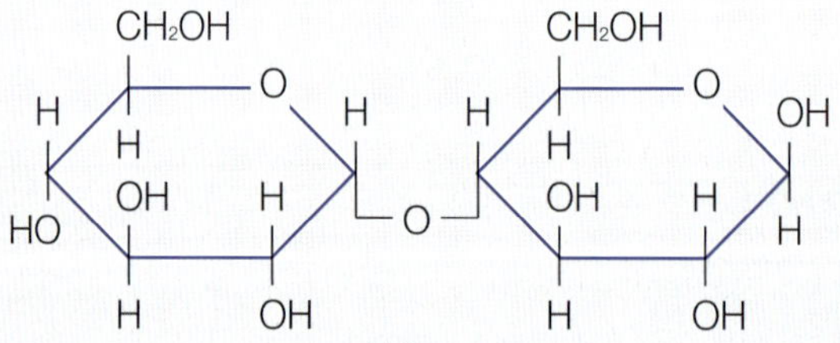

Maltose
Glc(α 1 → 4)Glc

2) 락토오스

락토오스(lactose)는 유당(milk sugar)이라고도 하며 젖, 우유의 성분 당으로 galactose (β 1 → 4)glucose의 구조이다.

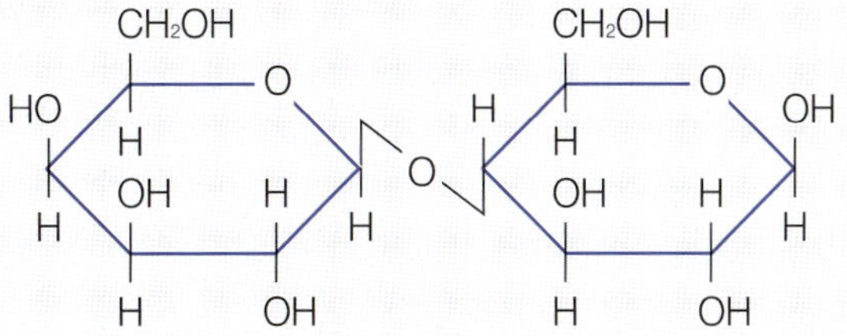

Lactose
Gal(β 1 → 4)Glc

3) 수크로오스

수크로오스(sucrose)는 자당(saccharose, cane sugar), 전화당(invert sugar) 그리고 설탕이라 하며 사탕수수, 사탕무에 존재한다.

수크로오스는 첫 번째 탄소(C-1)가 글리코사이드결합에 참여하여 유리된 아노머 탄소가 없어 산화제를 환원시킬 수 없는 비환원당이다. 수크로오스는 glucose(α 1 → 2) fructose의 구조이다.

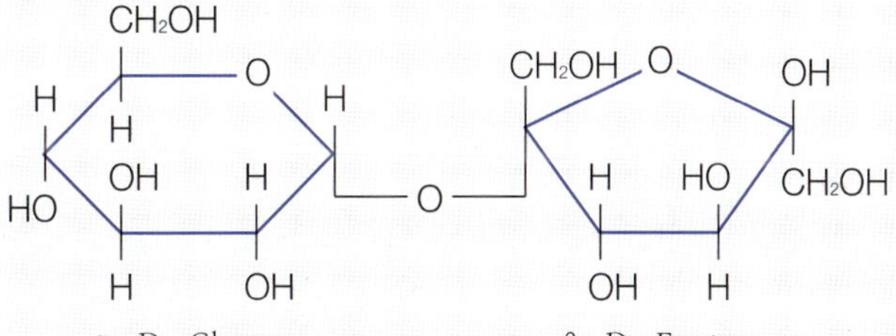

α-D-Glucose　　β-D-Fructose
Sucrose
Glc(α 1 → 2)Fru

$$\text{Sucrose} + H_2O \xrightarrow{\text{Invertase}} \text{D-Glucose} + \text{D-Fructose}$$

$[\alpha]_D^{20}, +66.4°$　　$[\alpha]_D^{20}, +52.5°$　　$[\alpha]_D^{20}, -92°$

$$[\alpha]_D^{20} = \frac{(+52.5° - 92)°}{2} \fallingdotseq -20°$$

4) 셀로바이오스

셀로바이오스(cellobiose)는 섬유소인 셀룰로오스(cellulose)의 구성단위이며 glucose (β 1 → 4)glucose의 구조이다.

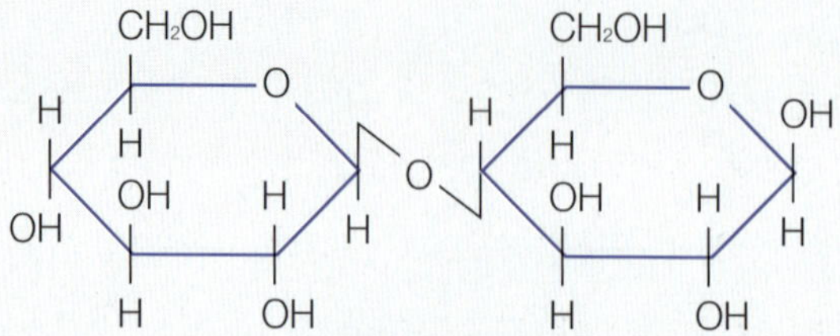

Cellobiose
Glc(β 1 → 4)Glc

5) 라피노오스

라피노오스(raffinose)는 콩 등에 존재하며 galactose(α 1 → 6)glucose(α 1 → 2)fructose로 구성된 삼당류로 비환원당이다.

6) 스타키오스

스타키오스(stachyose)는 목화씨에 존재하는 사당류이며 구성성분은 galactose(α 1 → 6) galactose(α 1 → 6)glucose(α 1 → 2)fructose로 수크로오스, 라피노오스처럼 역시 비환원당이다.

4. 다당류

4.1 다당류의 분류

다당류는 많은 단당류 단위를 가지며 반복되는 단당류 단위의 성질, 사슬의 길이, 분지(가지사슬)의 정도에 따라 구분된다. 다당류는 크게 동질다당류와 이질다당류로 구분한다. 동질다당류(homopolysaccharide)는 동일한 단당류 단위로 구성된 당이며 이질다당류(heteropolysaccharide)는 2종 이상의 서로 다른 단당류 단위로 구성된 당이다. 또한 다당류는 구조의 복잡 여부에 따라 단순다당류(simple polysaccharide)와 복합다당류(complex polysaccharide)로 구분한다.

4.2 단순다당류

1) 전분

전분(starch)은 고등식물의 종자, 근경, 보리, 쌀, 옥수수 등의 곡류의 종자에 분포되어 있다. 전분은 식물 세포의 저장 다당류로 두 종류의 글루코오스 중합체인 아밀로오스(amylose)와 아밀로펙틴(amylopectin)으로 존재한다. 아밀로오스는 (α 1 → 4) 결합의 직쇄구조로 I_2 반응에서 청색을 나타나며(그림 11-10), 아밀로펙틴은 (α 1 → 4), (α 1 → 6) 결합의 분지구조로 I_2 반응에서 적자색을 나타낸다(그림 11-11).

그림 11-10 아밀로오스의 나선 구조

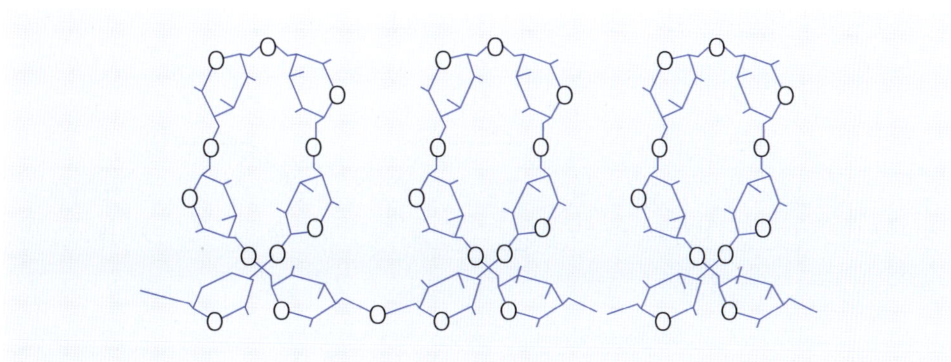

그림 11-11 아밀로펙틴 또는 글리코젠의 가지 구조

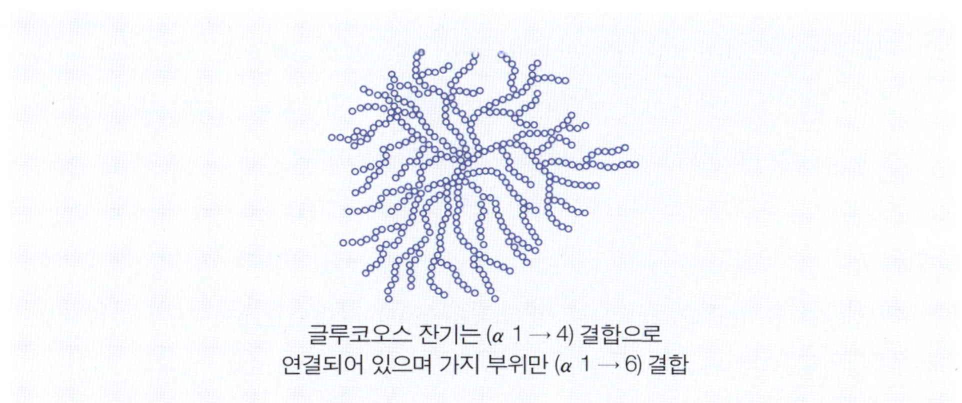

2) 글리코젠

글리코젠(glycogen)은 동물 세포의 저장 다당류로 전분의 아밀로펙틴 구조와 유사하다. 글리코젠은 아밀로펙틴처럼 (α 1 → 4), (α 1 → 6) 결합의 분지구조로 I_2 반응에서 적자색을 나타낸다(그림 11-11).

3) 셀룰로오스

셀룰로오스(cellulose)는 가장 풍부하게 존재하는 구조 다당류로 식물 세포벽의 주성분이다. 구조 다당류는 세포, 조직, 기관 등을 보호하고 형태를 유지시키는 역할을 한다. 셀룰로오스는 3,000개 이상의 글루코오스 단위가 (β 1 → 4)의 글리코사이드 결합으로 연결된 곁가지 사슬이 없는 직쇄 구조의 동질 다당류이다.

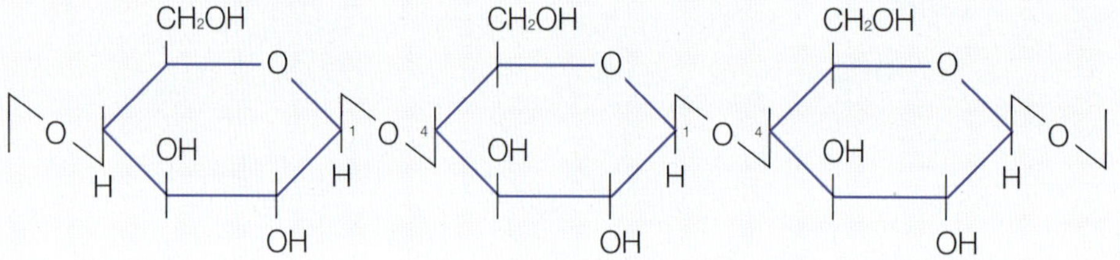

Cellulose

4) 이눌린

이눌린(inulin)은 프럭토오스의 당단위로만 구성된 프럭탄(fructan)으로 돼지감자과(다알리아, 돼지감자의 근경)의 저장 다당이다. 이눌린은 식물의 프럭탄으로 프럭토오스의 (β 2 → 1) 결합 구조이다(그림 11-12). 레반(levan)은 세균의 프럭탄으로 이눌린보다 구성 당단위가 많은 고점성이며 프럭토오스의 (β 2 → 6) 결합 구조이다.

5) 한천

한천(아가, agar)은 갈락탄(galactan) 및 검류(gum)로 갈락토오스와 무수 갈락토오스(anhdro galactose)의 (α 1 → 4) 결합 구조로 이루어진 아가로바이오스(agarobiose)가 구성단위이며 아가는 두 종류의 갈락토오스 중합체인 아가로오스(agarose)와 아가로펙틴

그림 11-12 이눌린(Ⅰ)과 레반(Ⅱ)의 구조

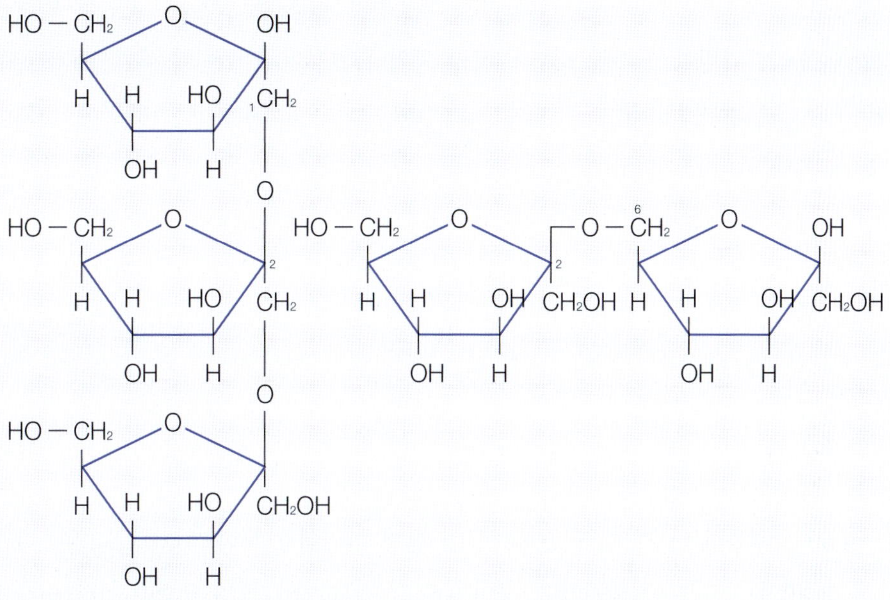

(Ⅰ) Inulin　　　(Ⅱ) Levan

(agaropectin)이 각각 70%, 30%로 존재한다.

6) 펙틴

펙틴(pectin)은 불용성의 프로토펙틴(protopectin)으로부터 생성된 수용성 식이섬유로 갈락투론산(galacturonic acid, GalUA) 단위가 (α 1 → 4) 결합으로 연결된 나선형 직쇄구조이다. 펙틴은 분자 내의 메톡실기($-OCH_3$) 함유량에 따라 7% 이상 메톡실기를 가진 고메톡실펙틴(HMP)과 7% 이하 메톡실기를 가진 저메톡실펙틴(LMP)으로 나눈다.

$$[GalUA(\alpha\ 1 \rightarrow 4)GalUA]_n$$

Pectin

4.2 복합다당류

1) 헤미셀룰로오스

헤미셀룰로오스(hemicellulose)는 고등식물 세포벽의 성분으로 비글루코오스계 다당인 자일란(xylan)계 다당으로 목재, 벼와 식물의 줄기나 껍질에 존재한다. 헤미셀룰로오스는 (β 1 → 4) 결합의 자일란의 주 사슬에 아라비노오스(L−arabinose), 글루쿠론산(GlcUA)이 측쇄로 결합한 구조이다.

$$\begin{array}{ccc} \text{[Xyl(}\beta\text{ 1} \rightarrow \text{4)Xyl]}_n & & \\ | \qquad\qquad | & & \\ \text{L-Ara} \qquad \text{GlcUA} & & \end{array}$$

Hemicellulose

2) 검류

검류(gum)는 점성의 다당류로 단순다당류인 한천 이외에도 구아검(gua gum)과 알긴산(alginic acid) 등 복합다당류가 있다. 구아검은 갈락토오스와 만노오스(mannose)가 1:2 비율로 구성된 갈락토만난(galcatomannan)이다. 알긴산은 미역, 다시마 등 갈조류의 식이섬유이며 구성 당이 만누론산(mannuronic acid, ManUA)과 N−아세틸글루코사민(N−acetylglucosamine, GlcNAc)으로 ManUA(β 1 → 4)GlcNAc 결합의 구조이다.

3) 키틴

키틴(chitin)은 N−acetyl−D−glucosamine(GlcNAc)이 (β 1 → 4) 결합한 것으로 자연계에서 셀룰로오스 다음으로 풍부하다. 키틴은 새우, 게, 곤충 등의 갑각류, 갑충류의 불용성 껍질이나 세포벽의 외골격 구조 다당류이다.

4) 하이알루론산

하이알루론산(hyaluronic acid)은 동물 조직 세포 간의 보존, 기저물질 역할을 하며 GlcNAc(β 1 → 3)GlcUA(glucuronic acid)의 결합으로 연결된 형태이다.

5) 콘드로이틴 황산

콘드로이틴 황산(chondroitin sulfate)은 연골 프로테오글라이칸의 주요 다당으로 GlcUA (β 1 → 3)GalNAcSO$_3^-$(N−acetyl−D−galactosamine sulfate)의 결합 형태, 더마탄 황산(dermatan sulfate)은 IdoUA(β 1 → 3)GalNAcSO$_3^-$의 결합 형태이다.

그림 11−13 주요 복합다당류의 구조

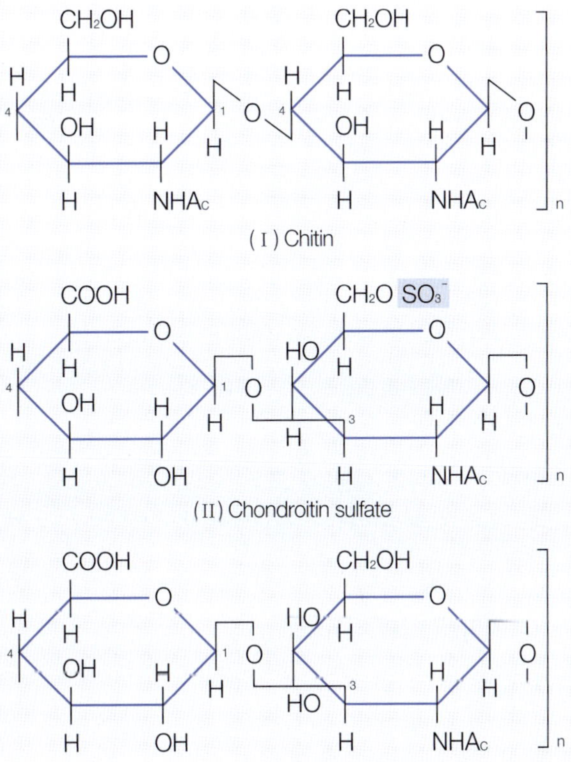

(I) Chitin

(II) Chondroitin sulfate

(III) Hyaluronic acid

연습문제

1. 다음 당분자를 탄소 수와 카보닐기에 따라 구분하시오.

① Ribose ② Fructose

③ Galactose ④ Threose

⑤ Mannose ⑥ Ribulose

2. α-D-Fructofuranose와 β-D-fructofuranose의 구조를 그리시오.

3. 수크로오스가 비환원당인 이유를 설명하시오.

4. Aldose와 ketose의 차이점을 설명하시오.

5. 다음 당의 가수분해 반응식을 쓰시오.

① Sucrose ② Maltose

③ Lactose ④ Raffinose

MEMO

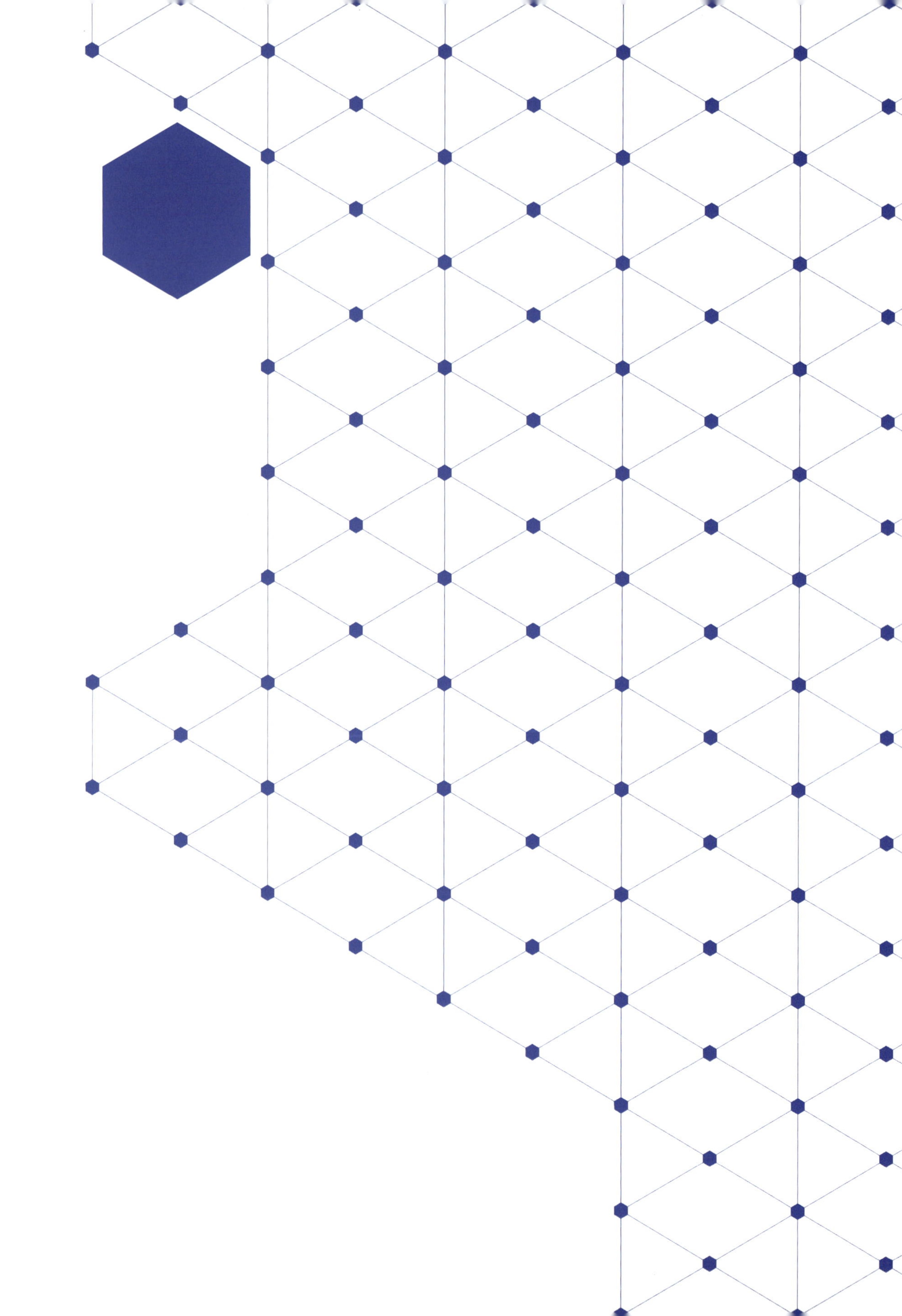

CHAPTER 12

지질

LIPIDS

12 지질

LIPIDS

1. 개요

지질(lipid)은 생물체 내에 널리 분포되어 있는 지방 또는 유사한 물질들의 총칭으로, 물에 녹지 않고 에터, 클로로포름, 벤젠 같은 비극성 용매에 녹는 유기물질이다. 지질은 크게 단순지질, 복합지질, 유도지질로 분류한다. 중성지방, 납은 단순지질, 인지질, 당지질은 복합지질, 그리고 스테롤, 지방산은 유도지질이다(표 12-1).

표 12-1 화학구조에 따른 지질의 분류

단순지질	복합지질	유도지질
▪ Triacylglycerol ▪ Wax	▪ 인지질 Phosphatidyl ethanolamine Phosphatidyl choline Phosphatidyl serine Phosphatidyl inositol Cardiolipin ▪ 스핑고지질 Ceramide Sphingomyelin ▪ 당지질 Cerebroside Ganglioside	▪ Fatty acid ▪ Sterol(Steroid)

2. 지방산

지방산(fatty acid)은 지질의 구성단위이다. 지방산은 긴 탄화수소 사슬에 카복실기가 한쪽 끝에 존재하는 구조이다(그림 12-1). 지방산이 물에 잘 녹지 않는 원인은 탄화수소로 된 비극성의 꼬리 부분 때문이다.

그림 12-1 지방산의 일반구조

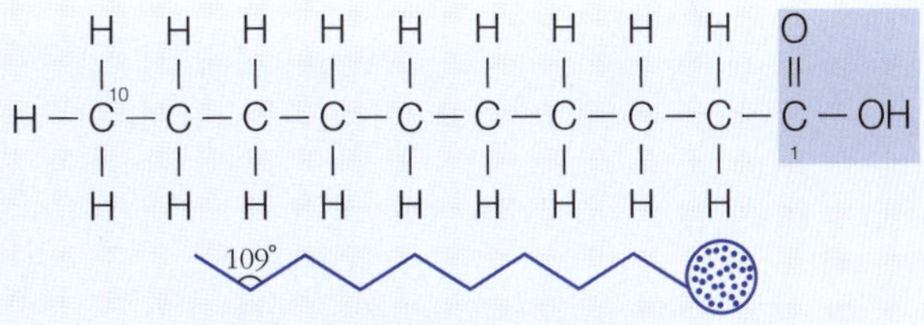

H H H H H H H H H O
H–C–C–C–C–C–C–C–C–C–C–OH
H H H H H H H H H

109°

간단히 표시한 모형

2.1 지방산의 분류

지방산은 탄소 수의 장단, 이중결합의 개수와 위치에 따라 포화지방산, 불포화지방산, 다불포화지방산으로 구분한다(표 12-2). 포화지방산은 탄화수소의 사슬이 단일 결합으로 된 포화탄화수소의 고체 형태로 구조가 안정하다(그림 12-2, I). 불포화지방산은 탄화수소의 사슬이 단일결합 이외에 하나의 이중결합이 있는 불포화탄화수소의 액체 형태로 구조가 불안정하다(그림 12-2, II). 다불포화지방산은 이중결합이 2개 이상 존재하는 지방산이다.

그림 12-2 포화지방산(Ⅰ)과 불포화지방산(Ⅱ)의 구조

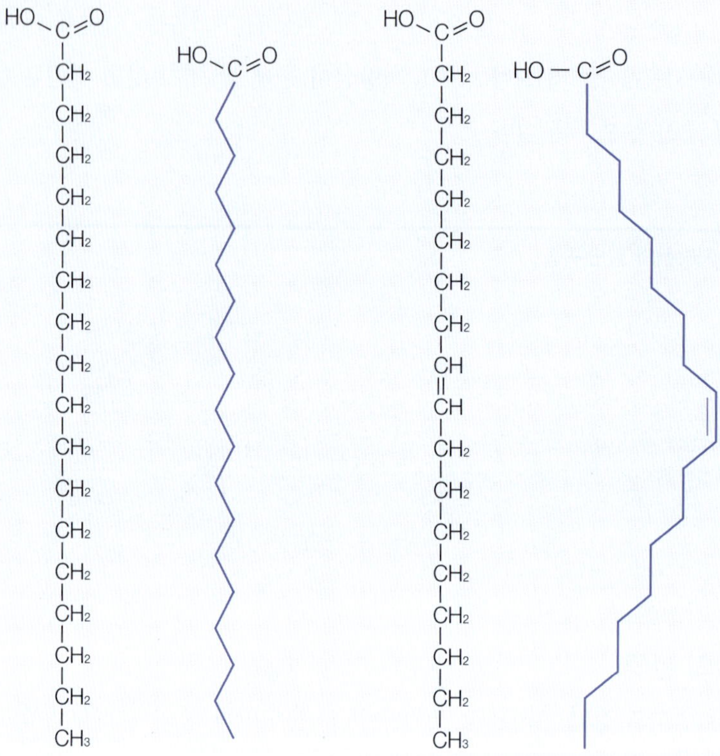

(Ⅰ) Stearic acid(포화지방산)

(Ⅱ) Oleic acid(불포화지방산)

표 12-2 천연에 존재하는 중요한 지방산

표기법	구조*	계통명	관용명	녹는점(℃)
12:0	$CH_3(CH_2)_{12}COOH$	Dodecanoic acid	Lauric acid	44.2
14:0	$CH_3(CH_2)_{12}COOH$	Tetradecanoic acid	Myristic acid	53.9
16:0	$CH_3(CH_2)_{14}COOH$	Hexadecanoic acid	Palmitic acid	63.1
18:0	$CH_3(CH_2)_{16}COOH$	Octadecanoic acid	Stearic acid	69.6
20:0	$CH_3(CH_2)_{18}COOH$	Eicosanoic acid	Arachidic acid	76.5
24:0	$CH_3(CH_2)_{22}COOH$	Tetracosanoic acid	Lignoceric acid	86.0

(계속)

표기법	구조*	계통명	관용명	녹는점(℃)
16:1(△9)	$CH_3(CH_2)_5CH=CH_3(CH_2)_7COOH$		Palmitoleic acid	−0.5
18:1(△9)	$CH_3(CH_2)_7CH=CH_3(CH_2)_7COOH$		Oleic acid	13.4
18:2(△9,12)	$CH_3(CH_2)_4CH=CHCH_2CH=CH(CH_2)_7COOH$		α−Linoleic acid	−5
18:3(△9,12,15)	$CH_3CH_2CH=CHCH_2CH=CHCH_2CH=CH(CH_2)_7COOH$		Linolenic acid	−11
20:4(△5,8,11,14)	$CH_3(CH_2)_4CH=CHCH_2CH=CHCH_2CH=CHCH_2CH=CH(CH_2)_3COOH$		Arachidonic acid	−49.5
20:5(△5,8,11,14,17)	$CH_3CH_2(CH=CHCH_2)_5(CH_2)_2COOH$		Eicosapentaenoic acid(EPA)	−54
22:6(△4,7,10,13,16,19)	−		Docosahexaenoic acid(DHA)	−

* 모든 산은 비이온화형으로 나타냈으며, 중성에서는 모든 지방산이 이온화형으로 존재하고, 탄소원자 번호는 carboxyl기 탄소부터 시작한다. 표기법의 왼쪽 숫자는 탄소 수이고, 오른쪽 숫자는 분자 내의 이중결합의 수를 나타낸다. 불포화지방산의 마지막 불포와 결합의 위치에 따라 분류하는 방법인 omega(n) 분류법이 있다(예 : oleic acid는 omega(ω)−9, linoleic acid와 arachidonic acid는 omega(ω)−6, EPA, linolenic acid, 그리고 DHA는 모두 omega(ω)−3 지방산이다).

2.2 불포화지방산

1) 불포화지방산의 구조

천연상태에서 불포화지방산의 이중 결합 구조는 시스(*cis*)형과 비공액(non−conjugated)형이다. 지방산 사슬에서 시스 배치는 분자가 굽혀지거나 비틀려지는 원인이 된다. 지방산 사슬 내에서의 굽혀짐은 다른 지방산의 탄화수소 사슬과는 격리되어 있어 분자운동이 많게 된다. 이와 같은 성실 때문에, 사슬이 긴 불포화지방산은 불안정하여 일반적으로 실온에서 액체 상태가 되는 것이다.

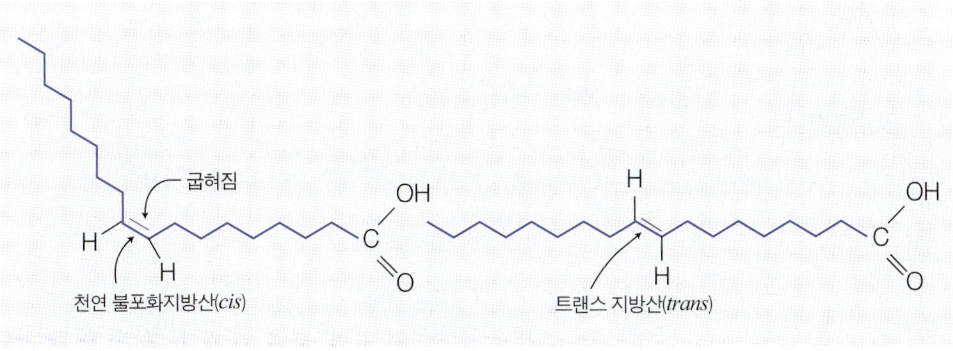

굽혀짐
천연 불포화지방산(*cis*)
트랜스 지방산(*trans*)

2) 불포화지방산의 분류

불포화지방산의 표기법에서 탄소(C) 다음의 숫자는 탄소 수, 그 다음(:) 숫자는 분자 내의 이중결합 수를 나타낸다. 델타(delta, Δ) 분류법은 탄소원자 번호를 카복실(carboxyl)기 탄소(C-1)부터 시작하여 이중 결합의 탄소원자 번호를 위 첨자로 표시하는 방법이다. 또한, 불포화지방산의 마지막 이중 결합의 위치에 따라 분류하는 방법인 오메가(omega, ω, n) 분류법이 있다. 만일 이중 결합이 메틸기(CH_3) 끝의 3번째 탄소에서부터 시작하면 오메가(n)−3 계열의 지방산이라 하며, 6번째 탄소에서부터 시작하면 오메가(n)−6 계열의 지방산, 9번째 탄소에서부터 시작하면 오메가(n)−9 계열의 지방산이라고 한다.

① 올레산 : C18:1, Δ^{9}, n−9

올레산(oleic acid)은 오메가−9 계열의 지방산으로서 탄소 수는 18개, 이중 결합은 말단의 메틸기(CH_3) 끝에서부터 시작하여 탄소 9번에 한 개가 있다.

② 리놀레산(linoleic acid) : C18:2, $\Delta^{9,12}$, n−6

리놀레산(linoleic acid)은 오메가−6 계열의 지방산으로서 탄소 수는 18개, 이중 결합은 말단의 메틸기부터 시작한 탄소 6번부터 2개가 있다. ω−6 계열의 지방산에는 아라키돈산(arachidonic acid, ARA : C20:4, $\Delta^{5,8,11,14}$) 등이 있다.

③ 리놀렌산 : C18:3, $\Delta^{9,12,15}$, n−3

리놀렌산(linolenic acid)은 오메가−3 계열의 지방산으로서 탄소 수는 18개, 이중 결합은 말단의 메틸기부터 시작한 탄소 3번부터 3개가 있으며 오메가−3 계열의 지방산에는 아이코사펜타에노익산(eicosapentaenoic acid, EPA : C20:5, $\Delta^{5,8,11,14,17}$)과 도코사헥사에노익산(docosahexaenoic acid, DHA : C22:6:$\Delta^{4,7,10,13,16,19}$) 등이 있다.

2.3 필수지방산

필수지방산(essential fatty acid, EFA)은 체내에서 합성할 수 없어 외부에서 음식물로 섭취하는 지방산이다. 필수지방산은 리놀레산(C18:2)과 리놀렌산(C18:3)이며 다불포화지방산이다. 가장 풍부한 필수지방산은 중성지방과 인지질 등의 전체 지방산의 10~20% 정도를 차지하는 리놀레산이며, 리놀레산은 포유동물에서 식물에 없는 아라키돈산의 생합성에

그림 12-3 필수지방산의 구조

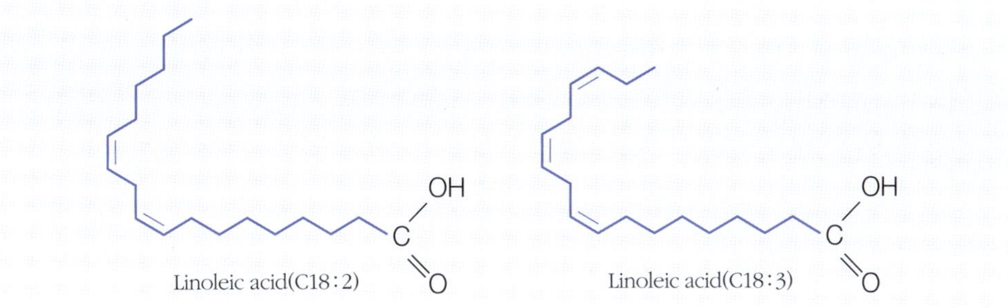

필요한 선구 물질이다.

2.4 트랜스 지방산

트랜스 지방산(trans fatty acid)은 불포화지방산의 시스(*cis*)형의 이중결합이 트랜스(*trans*)형으로 전환된 지방산이다. 트랜스 지방산은 천연 상태에서도 일부 존재하지만 대부분 식물성 기름이 수소 첨가 과정을 거쳐 마가린, 쇼트닝 등 경화유를 만드는 과정이나 고온에서 가열할 때 생성된다. 대표적인 트랜스 지방산으로는 올레산(oleic acid)으로부터 전환된 엘라이드산(elaidic acid)이 있다.

그림 12-4 트랜스 지방산의 구조

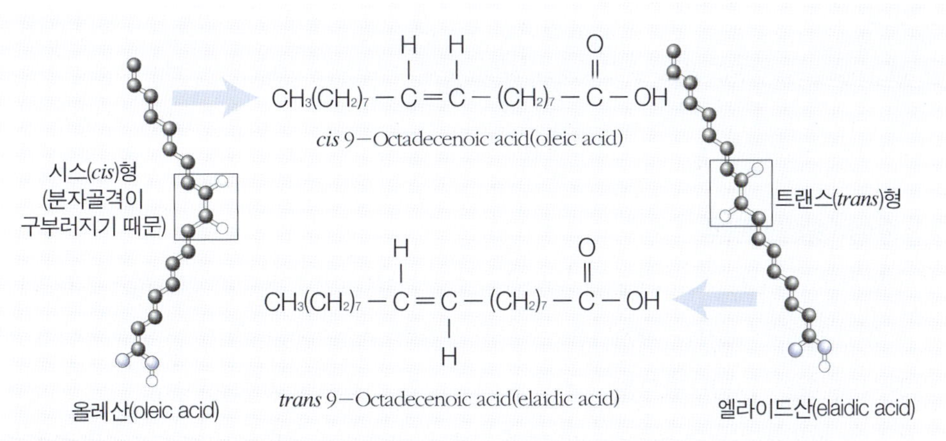

3. 중성지방

중성지방은 트라이아실글리세롤(triacylglycerol, TG)이라 하며 글리세롤(glycerol)의 지방산 에스터(ester)이다. 중성지방은 고체 형태는 fat(지), 액체 형태는 oil(유)로서 저장 지방의 역할을 한다.

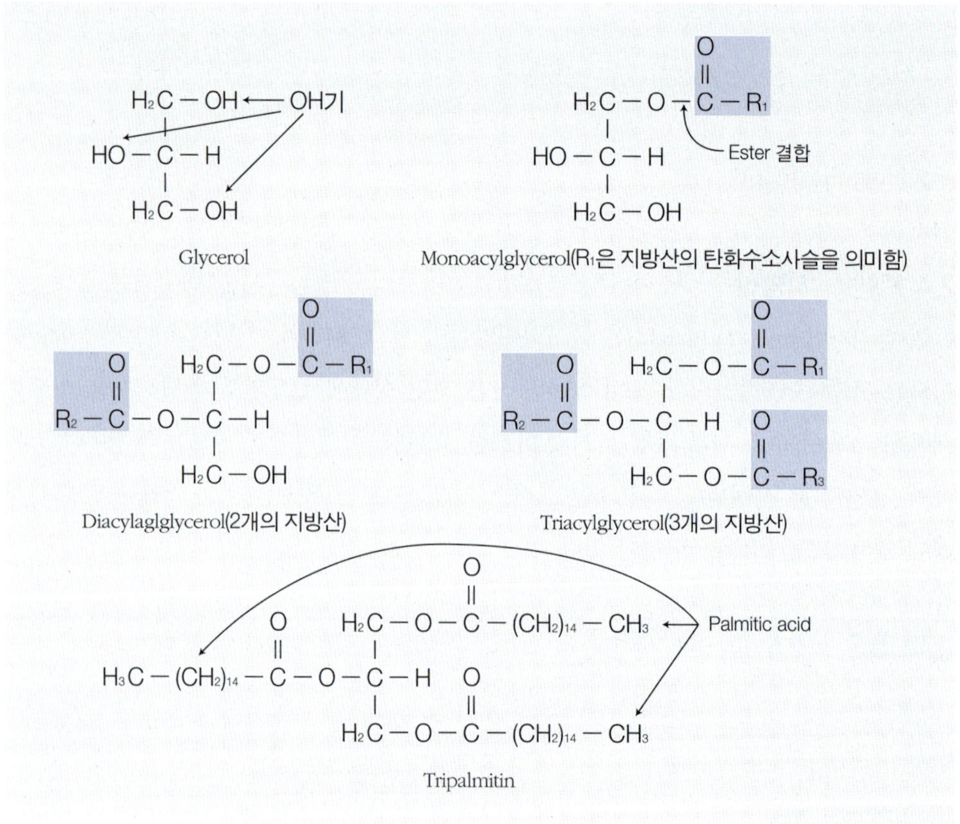

3.1 중성지방의 분류

① 일반적으로 식용유지는 대부분 트라이아실글리세롤이며 동물성과 식물성으로 나눈다. 동물성 유지는 소기름, 돼지기름, 유지방, 라놀린, 버터, 간유 및 기타 어유 등이며, 식물성 유지는 야자유, 면실유, 카카오유, 아마인유 및 올리브유 등이다.

② 유지는 요오드가(iodine value)에 따라 건성유, 반건성유, 불건성유 등으로 나눈다. 요

오드가는 유지 100g에 첨가되는 요오드의 g 수이며 유지 불포화도의 척도이다. 요오드가는 유지의 불포화도에 비례하여 요오드가가 클수록 유지 중에 불포화지방산을 많이 함유한다. 요오드가가 130 이상인 유지인 건성유(drying oil)는 고도의 불포화지방산을 다량으로 함유하여 공기 중에서 산소를 흡수하므로 굳는 데 시간이 오래 소요되는 아마인유, 동유, 들기름 등이 해당된다. 요오드가 100~130인 반건성유(semi-drying oil)는 공기 중에서 굳어지기 힘든 기름으로 면실유, 참기름, 콩기름 등이며, 100 이하인 불건성유(non-drying oil)는 동백유, 피마자유, 올리브유 등이다.

3.2 포화 및 불포화지방

지방은 지방산의 종류에 따라 물리·화학적 성질이 달라진다. 포화지방산이 많은 지질(포화지방)인 쇠기름, 소고기 지방(beef fat), 버터(butter)는 고체 상태(고형)이고 불포화지방산이 많은 지방(불포화지방)인 올리브유 등의 식물성 기름은 액체 상태(액상)이다. 불포화지방(불포화지방산)의 이중결합에 수소를 첨가하면 액상이 고형으로 전환되는데 식물유에 수소를 첨가한 것이 마가린, 쇼트닝 등이다.

3.3 중성지방의 반응

1) 가수분해 반응

중성지질은 가수분해되면 그 구성성분인 3분자의 지방산과 글리세롤을 생성한다.

$$\begin{array}{c} H_2C-O-\overset{O}{\overset{\|}{C}}-R_1 \\ | \\ R_2-\overset{O}{\overset{\|}{C}}-O-C-H \\ | \\ H_2C-O-\overset{O}{\overset{\|}{C}}-R_3 \\ \text{Triglyceride} \end{array} \xrightarrow{H_2O} \begin{array}{c} H_2C-OH \\ | \\ HO-C-H \\ | \\ H_2C-OH \\ \text{Glycerol} \end{array} + 3\ \begin{array}{c} R-\overset{O}{\overset{\|}{C}}-OH \\ \text{Fatty acid} \end{array}$$

2) 비누화 반응

비누화 반응(saponification)은 알칼리에 의한 중성지방의 가수분해 반응으로 KOH를 사용한 지방산의 알칼리염 형성 과정이다.

$$\begin{array}{c} R_2-\overset{\overset{O}{\|}}{C}-O-\underset{\underset{H_2C-O-\overset{\overset{O}{\|}}{C}-R_3}{|}}{\overset{\overset{H_2C-O-\overset{\overset{O}{\|}}{C}-R_1}{|}}{C}}-H \xrightarrow{NaOH} HO-\underset{\underset{H_2C-OH}{|}}{\overset{\overset{H_2C-OH}{|}}{C}}-H + 3\ R-\overset{\overset{O}{\|}}{C}-O^-Na^+ \end{array}$$

Triacylglycerol　　Glycerol　　지방산염(비누)

3) 탈수반응

중성지방에 탈수제인 $KHSO_4$, P_2O_5 등을 가하면 아크로레인(acrolein)이라는 화합물이 생성된다.

$$\begin{array}{c} HO-\underset{\underset{H_2C-OH}{|}}{\overset{\overset{H_2C-OH}{|}}{CH}} + KHSO_4 \longrightarrow \underset{\underset{H_2C}{\|}}{\overset{\overset{CHO}{|}}{CH}} + 2H_2O \end{array}$$

Glycerol　　Acrolein(aldehyde)

4. 왁스

왁스(wax)는 긴 사슬의 고급지방산과 고급알코올의 에스터(ester)이다. 왁스의 지방산은 탄소 수가 14~16개, 알코올은 12~16개다.

$$H_3C-(CH_2)_n-CH_2-O-\overset{\overset{O}{\|}}{C}-(CH_2)_n-CH_3$$

알코올 탄화수소 사슬　에스터 결합　지방산 탄화수소 사슬

왁스의 종류인 밀랍(beeswax)은 탄소 수가 30개인 미리실 알코올(myricyl alcohol)과 팔미트산(palmitic acid)의 에스터이다. 향유고래의 경랍(spermaceti)은 탄소 수 16개의 알코올과 팔미트산의 에스터이다.

5. 인지질

인지질(phospholipid)은 지방산과 글리세롤 인산(glycerol phosphate)의 에스터이며 글리세로인지질(glycerophospholipid)이라고도 한다. 인지질은 포스파티드산(phosphatidate)을 모체로 하는 양친매성(amphipathic) 구조로 가장 풍부한 막지질이다.

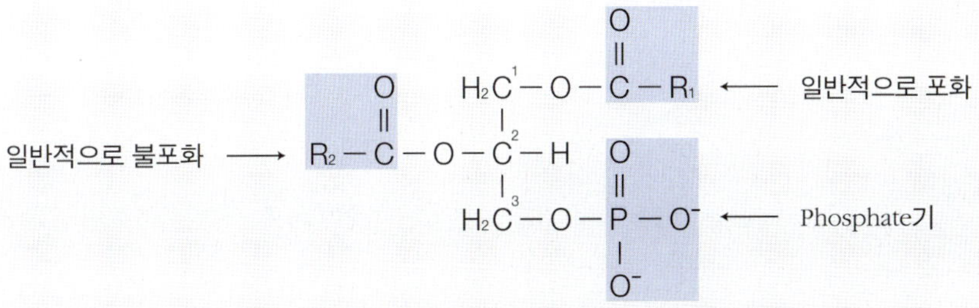

일반적으로 포화

일반적으로 불포화

$H_2C^1-O-C(=O)-R_1$

$R_2-C(=O)-O-C^2-H$

$H_2C^3-O-P(=O)(O^-)-O^-$

Phosphate기

Phosphatidic acid(인지질의 모체화합물, pH 7.0)

모든 인지질은 인산기와 머리 부분의 알코올기가 중성(pH=7) 근처에서 음전하를 띤다. 인지질의 양친매성은 극성의 친수성 머리 부분과 비극성의 소수성 꼬리 부분 때문이다. 인지질이 양친매성인 것과 달리 중성 지질과 같은 구조에서 알 수 있듯이 양친매성이 아니다.

인지질의 종류로는 포스파티딜 콜린(phosphatidyl choline, lecithin), 포스파티딜 에탄올아민(phosphatidyl ethanolamine, cephalin), 포스파티딜 세린(phosphatidyl serine), 포스파티딜 이노시톨(phosphatidyl inositol) 등이 있다(표 12-3).

표 12-3 인지질의 종류

Glycerophospholipid (일반구조)	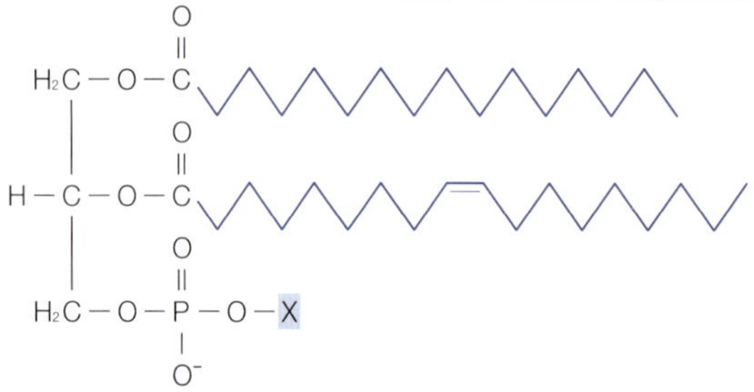 $H_2C-O-C(=O)-$ 포화지방산 (palmitic acid) $H-C-O-C(=O)-$ 불포화지방산 (oleic acid) $H_2C-O-P(=O)(O^-)-O-X$		
X의 이름	**X의 구조**	**Glycerophospholipid의 이름**	**순전하 (pH 7)**
–	$-H$	Phosphatidic acid	–1
Ethanolamine	$-CH_2-CH_2-{}^+NH_3$	Phosphatidyl ethanolamine	0
Choline	$-CH_2-CH_2-{}^+N(CH_3)_3$	Phosphatidyl choline	–1
Serine	$-CH_2-CH(COO^-)-{}^+NH_3$	Phosphatidyl serine	0
Glycerol	$-CH_2-CH(OH)-CH_2-OH$	Phosphatidyl glycerol	–1
Inositol	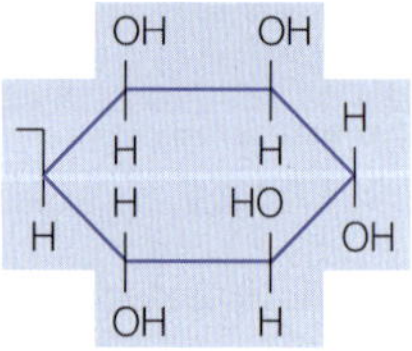 (inositol ring: OH, OH, H, H, H, H, HO, OH, H, OH, H)	Phosphatidyl inositol	–1
Phosphatidyl glycerol	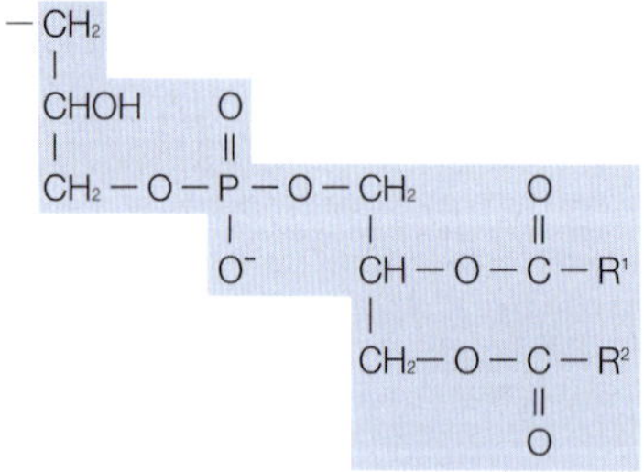 $-CH_2-CHOH-CH_2-O-P(=O)(O^-)-O-CH_2-CH(O-C(=O)-R^1)-CH_2-O-C(=O)-R^2$	Cardiolipin	–1

6. 스핑고지질

스핑고지질(sphingolipid)은 글리세롤을 포함하지 않는 지질이다. 스핑고지질은 스핑고신(sphingosine) 유도체이며 막의 주요 성분이다. 스핑고신은 1분자의 고급(긴 사슬)지방산과 극성 부분 1분자의 고급아미노알코올 구조로 고급아미노알코올의 모체 화합물이다(표 12-4).

표 12-4 스핑고지질의 종류

Sphingolipid (일반구조)

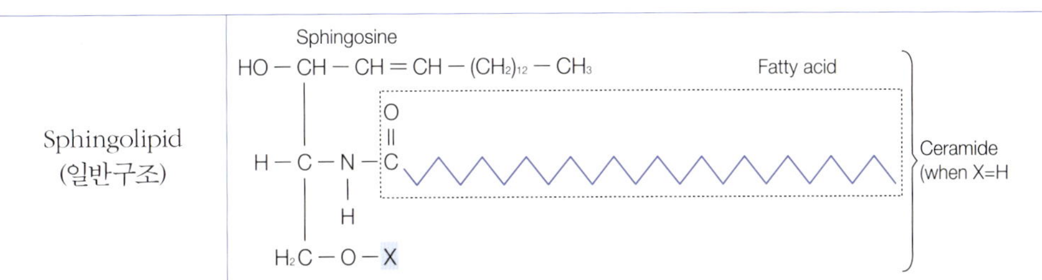

X의 이름	X의 구조	Sphingolipid의 이름	
–	$-H$	Ceramide	
Phosphocholine	$-\overset{O}{\overset{\Vert}{\underset{O^-}{\underset{\vert}{P}}}}-O-CH_2-CH_2-{}^+N(CH_3)_3$	Sphingomyelin	
Glucose	CH_2OH, O, H, OH, OH, H, H, OH (glucose ring)	Glucosyl cerebroside	Neutral glycolipids
Di–, tri–, or terasaccharide	–Glc–Gal–	Lactosyl cerebroside	
Complex oligosaccharide	NeuNAc –Glc–Gal–GalNAc	Ganglioside	

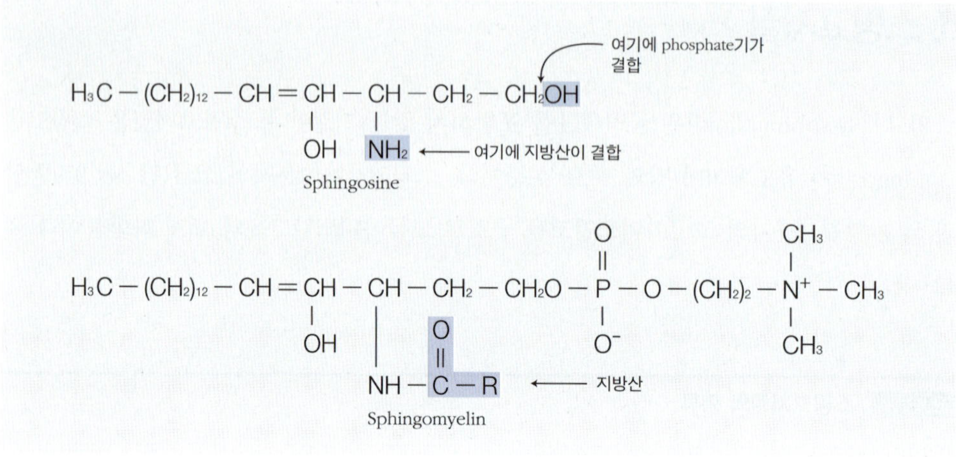

$H_3C-(CH_2)_{12}-CH=CH-CH-CH_2-CH_2OH$ (OH on C3, NH_2 on C2)

여기에 phosphate기가 결합

여기에 지방산이 결합

Sphingosine

$H_3C-(CH_2)_{12}-CH=CH-CH-CH_2-CH_2O-P(=O)(O^-)-O-(CH_2)_2-N^+(CH_3)_3$ (OH on C3, $NH-C(=O)-R$ on C2)

지방산

Sphingomyelin

7. 당지질

당지질(glycolipid)은 스핑고신 모체에 당과 고급지방산이 결합한 구조이다. 당지질의 종류로는 세레브로사이드(cerebroside), 강글리오사이드(ganglioside) 등이 있다. 세레브로사이드(cerebroside)는 머리 부분에 인이 없고 중성으로 전하가 없으며 갈락토오스 또는 락토오스 등의 1개 이상의 당 단위를 가진 구조로 갈락토실 세레브로사이드(galactosyl cerebroside), 락토실 세라마이드(lactosyl ceramide) 등이 있다(그림 12-5). 강글리오사이드는 당지질 중 가장 복잡한 구조로 머리 부분이 pH 7에서 많은 음전하를 갖는 극성이며 당 단위 중 1개 이상이 시알산(sialic acid : N-acetylneuramic acid, NeuNAc)이다(그림 12-6).

8. 스테롤

스테로이드(streroid)는 4개의 고리를 가진 지용성의 탄화수소 유도체이며 스테로이드 중 3번째 탄소에 OH기를 가지고 17번째 탄소에 탄화수소 사슬을 가진 구조를 스테롤

그림 12-5 갈락토실 세레브로사이드(galactosyl cerebroside)의 구조

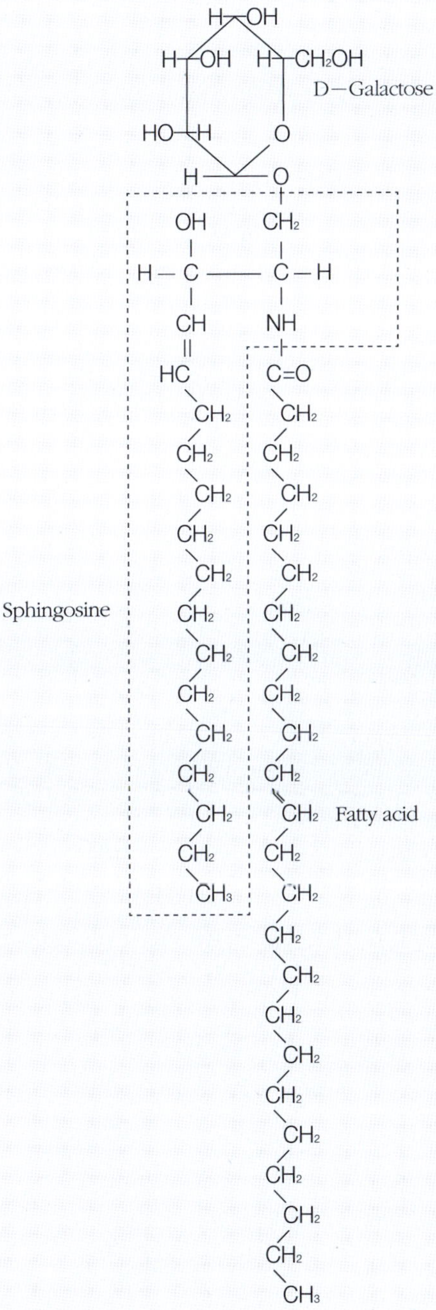

D-Galactose

Sphingosine

Fatty acid

그림 12-6 강글리오사이드 GM_1의 구조

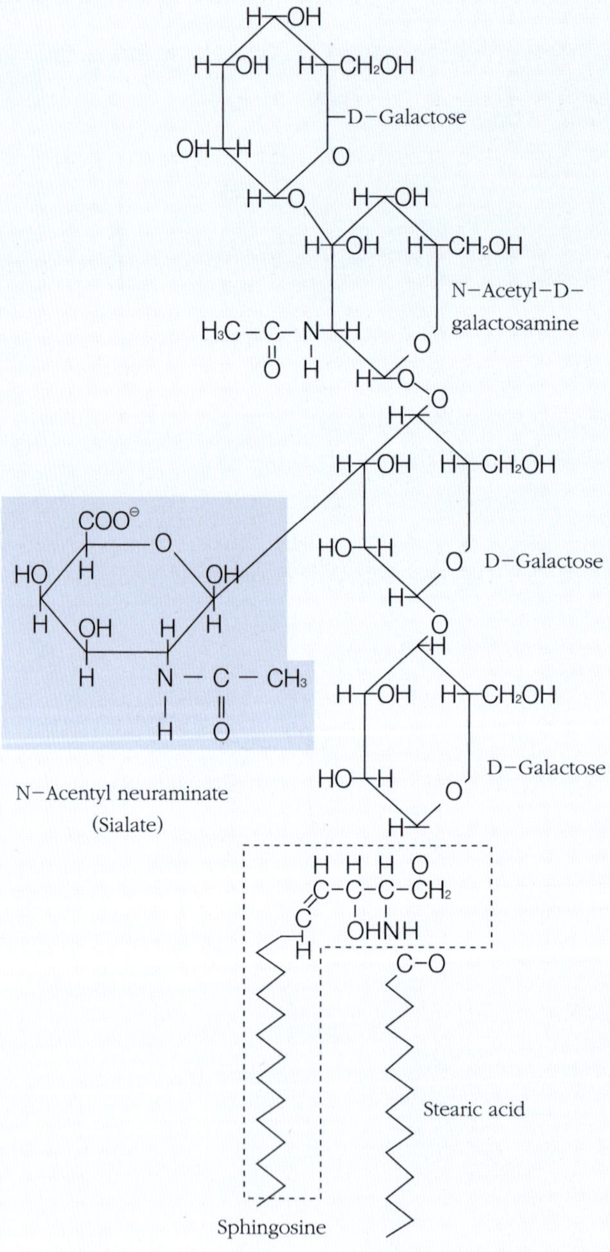

D-Galactose

N-Acetyl-D-galactosamine

D-Galactose

N-Acentyl neuraminate (Sialate)

D-Galactose

Stearic acid

Sphingosine

(sterol)이라 한다.

스테롤은 지방산이 없어 비누화되지 않는 지질(non-saponifiable lipid)이다. 스테롤의 종류로는 콜레스테롤(cholesterol), 스티그마스테롤(stigmasterol) 등이 있다. 콜레스테롤은 탄소 수 27개의 동물 조직의 스테롤로 극성인 세 번째 탄소의 OH기와 나머지는 비극성인 양쪽성 물질이다(그림 12-7).

콜레스테롤의 생리적 중요성은 세포막의 성분, 스테로이드 호르몬, 담즙산, 비타민 D의 전구체 등이다(그림 12-8).

스티그마스테롤은 이중결합이 하나 있는 식물 조직의 스테롤이다. 스테로이드 호르몬 중 테스토스테론(testosterone)은 남성의 성호르몬이고, 에스트라디올(estradiol)은 여성의 성호르몬이다. 코티솔(cortisol)과 알도스테론(aldosterone)은 글루코오스 대사 조절과 염을 배출하는 작용을 한다(그림 12-9).

그림 12-7 스테로이드 고리(Ⅰ)와 콜레스테롤의 구조(Ⅱ)

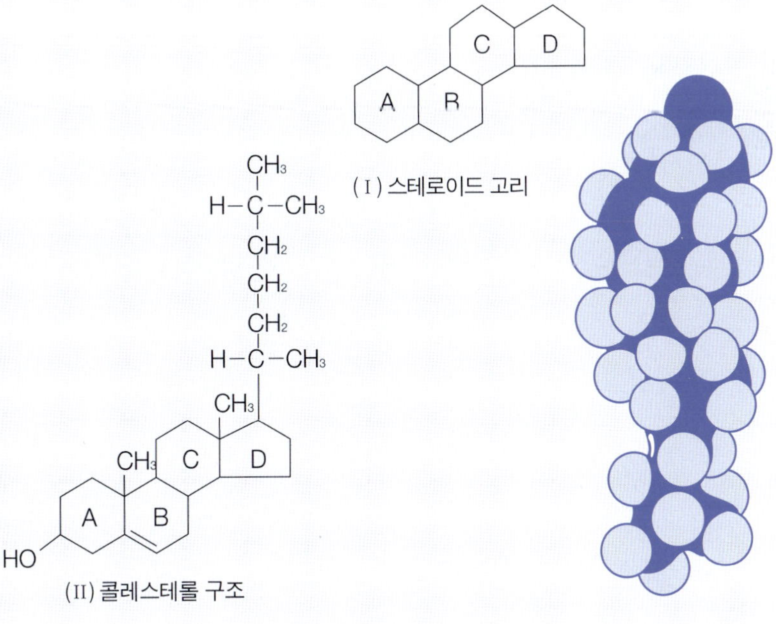

그림 12-8 콜레스테롤에서 유도된 담즙산

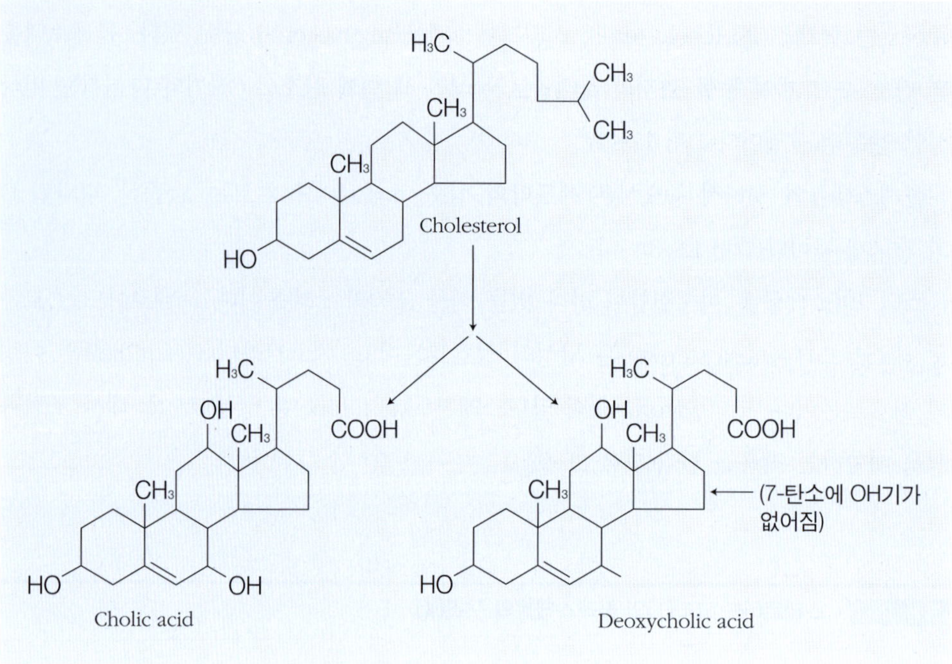

H₃C
CH₃
CH₃
CH₃
CH₃
HO
Cholesterol
H₃C
OH
CH₃
COOH
CH₃
HO
OH
Cholic acid
H₃C
OH
CH₃
COOH
CH₃
(7-탄소에 OH기가
없어짐)
HO
Deoxycholic acid

그림 12-9 스테로이드 호르몬의 종류

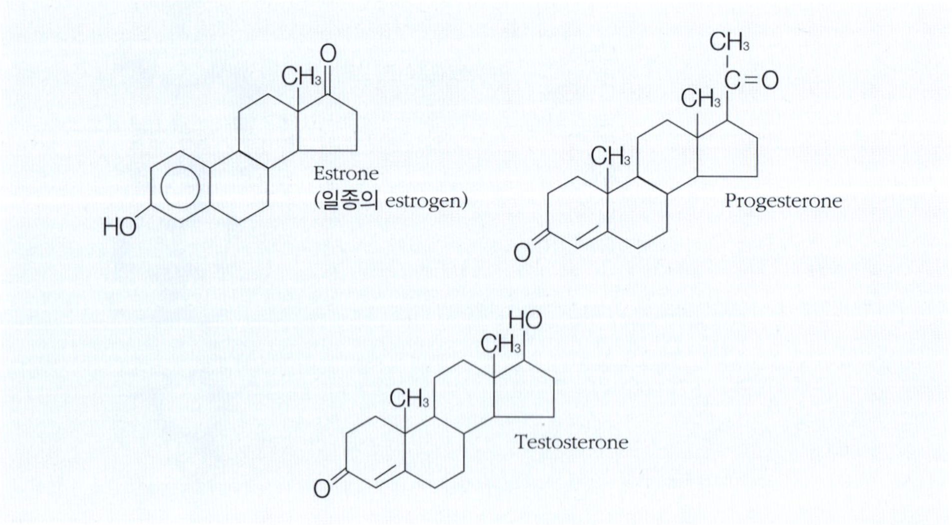

O
CH₃
HO
Estrone
(일종의 estrogen)
CH₃
C=O
CH₃
CH₃
O
Progesterone
HO
CH₃
CH₃
O
Testosterone

9. 아이소프레노이드

아이소프레노이드(isoprenoid)는 아이소프렌(isoprene, 2-methylbutadiene) 단위가 중복된 지용성 화합물로, 터펜(terpene)이라고도 한다. 아이소프레노이드의 종류로는 동물에는 비타민 A, E, K, 스쿠알렌(squalene) 등이 있으며, 식물에는 리모넨(limonene), β-카로틴(β-carotene) 등이 있다.

10. 아이코사노이드

아이코사노이드(eicosanoid)는 탄소 수가 20개이고 다불포화지방산인 아라키돈산으로부터 유도 생성된 물질로서 여러 생물학적 작용을 한다. 아이코사노이드의 종류에는 프로스타글란딘(prostaglandin, PG), 트롬복산(thromboxane, TX), 류코트라이엔(leukotriene, LT) 등이 있다.

프로스타글란딘은 호르몬과 조절 성격을 띠며 광범위한 생리 작용에 영향을 미치는 지방산 유도체들의 그룹이다. 모든 자연 상태의 프로스타글란딘은 필수지방산인 리놀레산(linoleic acid)으로부터 형성된 아라키돈산과 같은 20개 탄소의 불포화지방산의 고리화에서 얻어지는데, 지방산 뼈대의 5개 탄소원자가 루프(loop)되어 5원자 고리 구조(five-membered ring)를 형성한다.

트롬복산은 6원자 고리 구조로 혈액 응고, 혈류 감소 등의 생리적 기능이 있고, 류코트라이엔은 3개의 짝지은(conjugated) 이중결합 구조로 폐근육 수축 기능이 있으며 과잉 생산 시 천식이 발생한다. 아스피린(aspirin), 부르펜(ibuprofen)은 아라키돈산으로부터 프로스타글란딘과 트롬복산 등의 형성을 억제한다.

그림 12-10 아이소프렌과 주요 아이소프레노이드의 구조

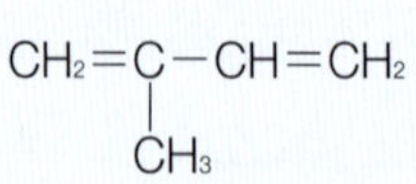

$CH_2=C-CH=CH_2$
CH_3
Isoprene

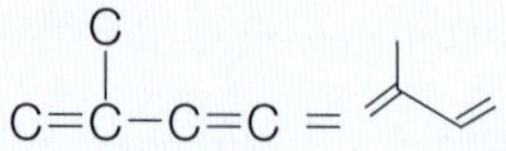

C
C=C-C=C =
Isoprene unit

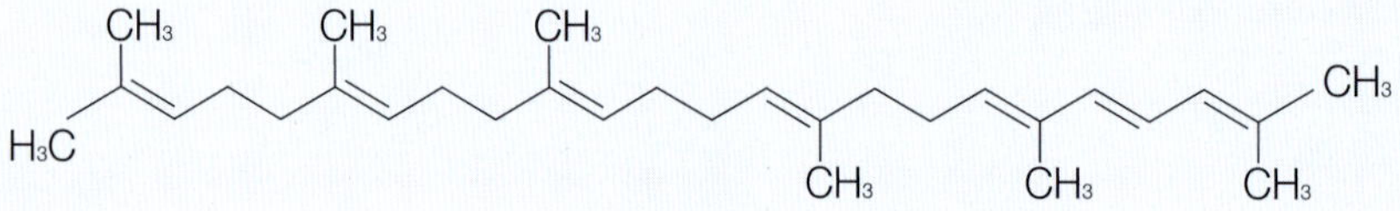

CH_3 CH_3 CH_3
H_3C CH_3
CH_3 CH_3 CH_3
Squalene

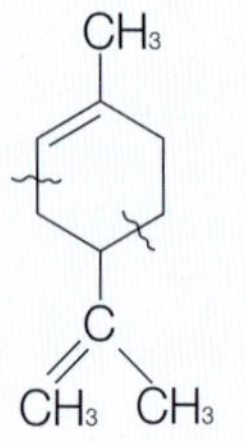

CH_3
C
CH_3 CH_3
Limonene(레몬)

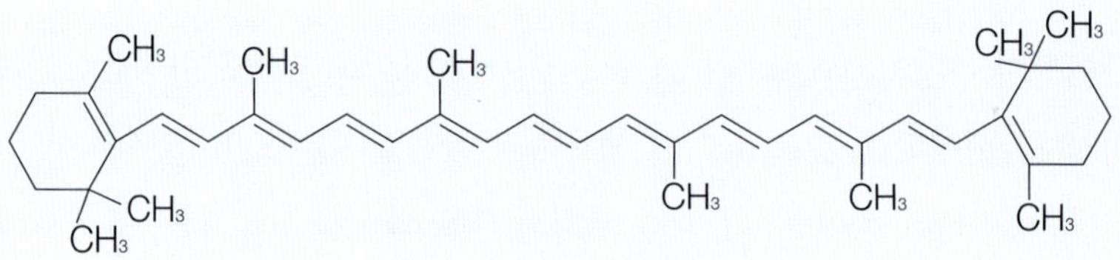

CH_3 CH_3 CH_3 CH_3 CH_3
CH_3 CH_3 CH_3 CH_3 CH_3
β-Carotene(당근)

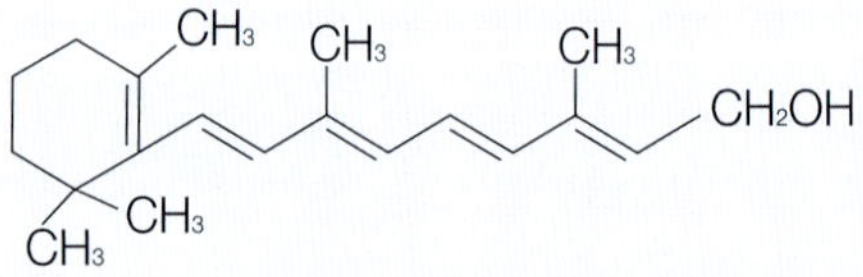

CH_3 CH_3 CH_3
CH_2OH
CH_3 CH_3
Vitamin A_1(retinol)

O
CH_3
CH_3
$-[CH_2-CH_2=C-CH_2]_n-H$
O
Vitamin K_2(menaquinone)

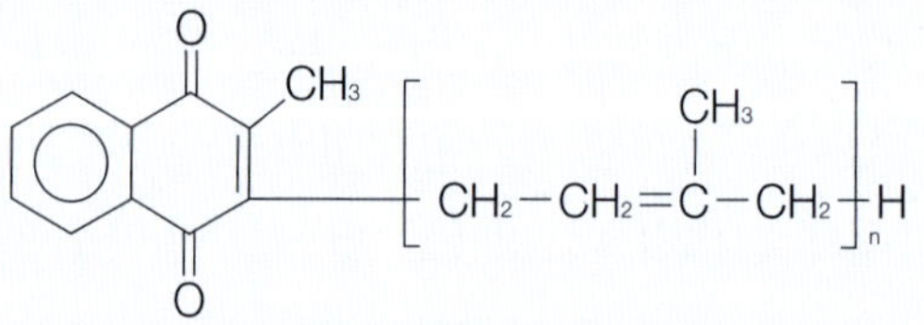

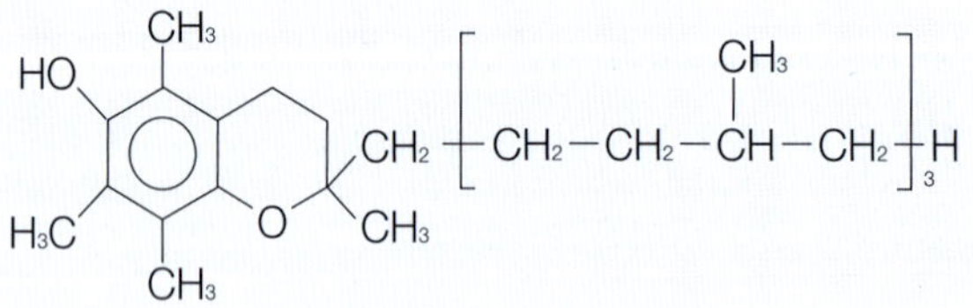

CH_3
HO
CH_3
$CH_2-[CH_2-CH_2-CH-CH_2]_3-H$
H_3C O CH_3
CH_3
Vitamin E(α-tocopherol)

그림 12-11 주요 프로스타글란딘(PG), 트롬복산(TX) 및 류코트라이엔(LT)의 구조

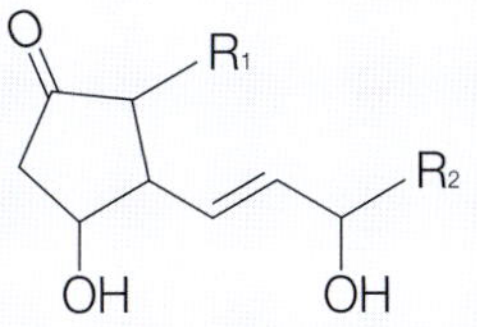

PGE

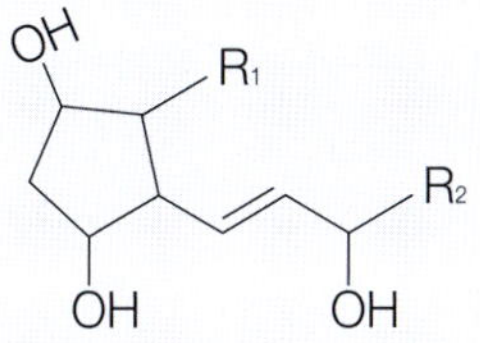

PGF_{α}

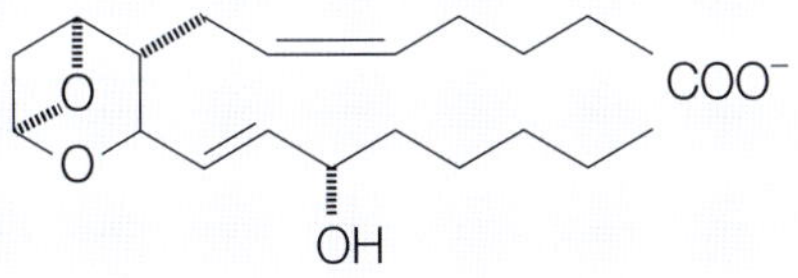

TXA_2

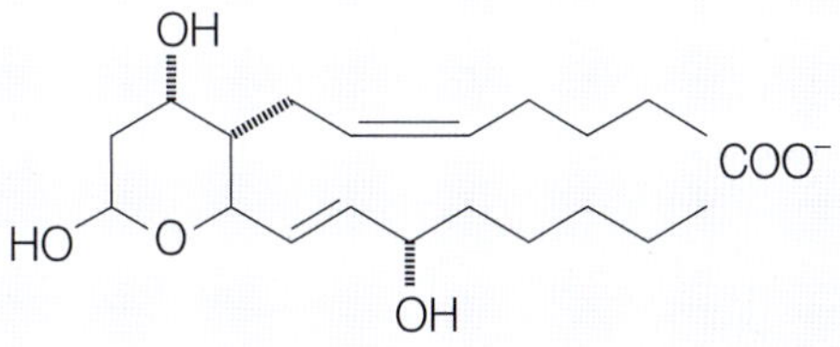

TXB_2

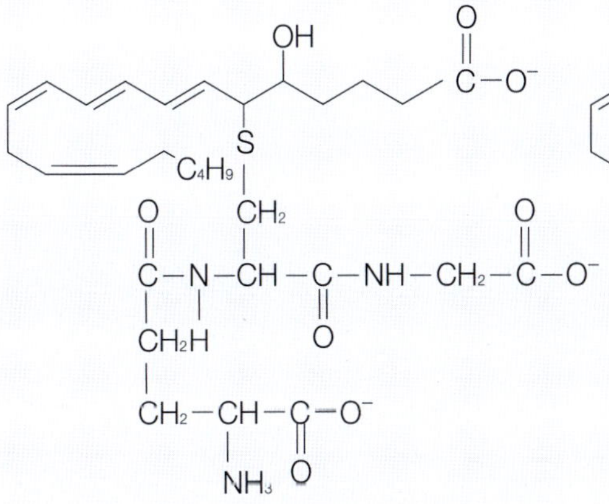

LTC_4

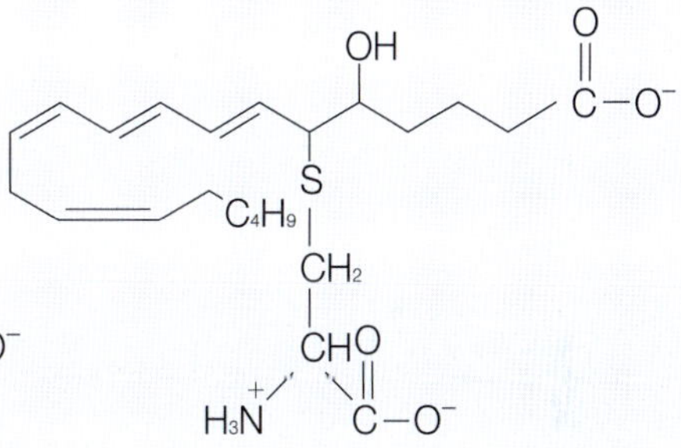

LTE_4

연습문제

1. 구조를 사용하여 다음 용어를 정의하시오.

① Fat

② Oil

③ Fatty acid

④ Triacylglycerol

⑤ Unsaturated fatty acid

2. 다음 지방산의 구조를 그리시오.

① Stearic acid

② Palmitic acid

③ Oleic acid

④ Linoleic acid

3. 다음 용어를 정의하시오.

① Cholesterol

② Steroid

③ Wax

④ Saponification

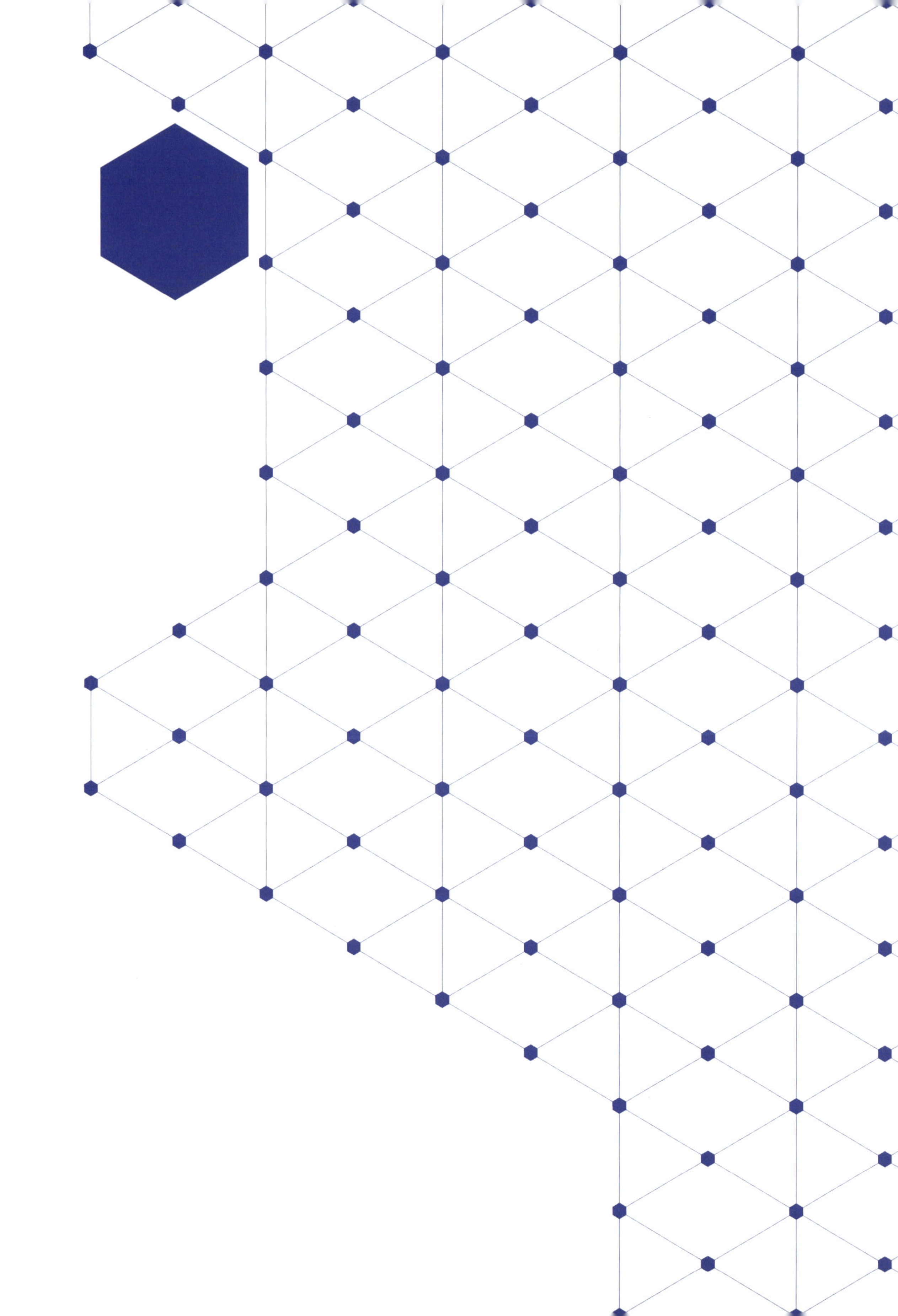

CHAPTER 13

아미노산과 단백질

AMINO ACIDS & PROTEINS

13 아미노산과 단백질

AMINO ACIDS & PROTEINS

1. 개요

단백질(protein)은 고분자 질소화합물로 생명체의 구조물질인 동시에 생명 현상의 기능을 담당하는 물질이다. 단백질은 산 또는 효소에 의해 구성단위인 아미노산으로 분해되며 분해된 아미노산은 다시 단백질로 합성된다. 단백질의 원소 조성은 C 51~55%, O 20~23.5%, N 15.5~18.5%, H 6.8~7.9%, S 0.4~2.5%로 되어 있으며 종류에 따라 P, Fe, I, Cu 및 무기성분을 함유한다. 단백질은 반드시 질소를 함유하며 그 함유량은 평균 16% 정도이다. 조단백질의 양은 단백질을 분해하여 생기는 질소의 양에 일반적 단백질 질소계수인 6.25(100/16)를 곱하면 산출할 수 있다.

2. 아미노산

2.1 아미노산의 구조

아미노산(amino acid)은 단백질의 구성 기본단위로서 공통된 구조적 특징을 가지고 있다. 아미노산은 각각 1개의 아미노기(amino group, $-NH_2$), 카복실기(carboxyl group, $-COOH$), 수소원자(H), R기(side chain) 로 구성되어 있다(그림 13-1).

그림 13-1 아미노산의 일반적 구조

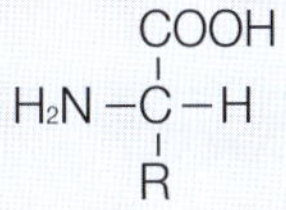

$$\begin{array}{c} \text{COOH} \\ | \\ \text{H}_2\text{N}-\text{C}-\text{H} \\ | \\ \text{R} \end{array}$$

아미노산은 분자 내에서 염기성기(아미노기)와 산성기(카복실기)를 동시에 가진 양쪽성 물질(양쪽성 전해질, ampholyte)의 구조를 갖고 있다. 아미노산은 아미노기에 결합한 탄소의 위치에 따라 α-(C-2), β-(C-3), γ-(C-4), δ-(C-5) 아미노산으로 구분하며 R기에 의해 20가지 종류로 분류한다.

2.2 아미노산의 입체이성질체

글라이신(glycine, R=H)을 제외한 아미노산은 4개의 서로 다른 치환기(-NH_2, -COOH, H, R)와 결합된 탄소인 비대칭탄소를 가지고 있다(그림 13-2).

그림 13-2 글라이신의 구조

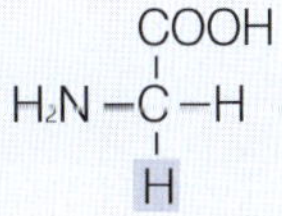

$$\begin{array}{c} \text{COOH} \\ | \\ \text{H}_2\text{N}-\text{C}-\text{H} \\ | \\ \text{H} \end{array}$$

비대칭탄소를 가진 아미노산은 광학적 활성(optical active)을 가지기 때문에 편광면을 오른쪽 또는 왼쪽 방향으로 회전시켜 공간 안에 서로 다른 배열을 갖는 2가지 종류가 존재한다. 이러한 2가지 종류를 광학이성질체(optical isomer)라 하는데, 이 둘은 서로 거울상 관계로 겹쳐지지 않기 때문에 거울상이성질체(enantiomer) 또는 입체이성질체(stereoisomer)라고도 한다. 아미노산의 절대 입체배치(absolute configuration)는 L형과 D형으로 나누는데 이들은 편광면의 회전 방향과 관계없다. L-아미노산은 L-글리세르알데하이드(glyceraldehyde)에 대응하는 입체배치를 가진 것이고, D-아미노산은 D-글리세르알데하이드에 대응하는 입체배치를 가진 것이다(그림 13-3).

또한 아미노산은 아미노기 위치에 따라 입체 배치를 L형(좌측), D형(우측)으로도 분류한다(그림 13-4). 천연 단백질 내의 아미노산은 모두 L-아미노산이다.

그림 13-3 글리세르알데하이드의 절대 입체배치

CHO
HO► C ◄H L형
CH₂OH

CHO
H► C ◄OH D형
CH₂OH

그림 13-4 알라닌의 투시식과 투영식 구조

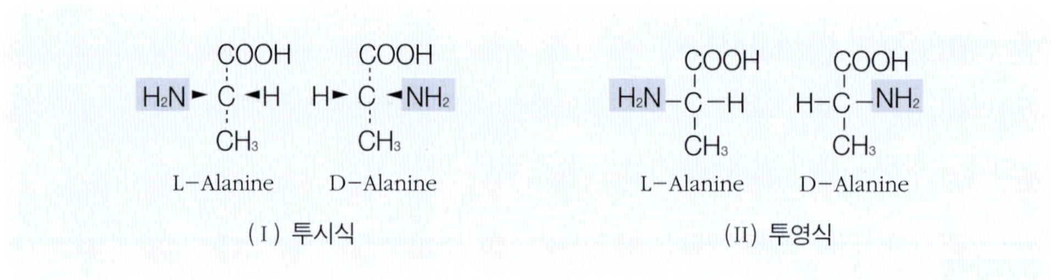

2.3 아미노산의 분류

천연 아미노산은 20가지 종류가 있고, 중성(pH 7)에서 즈비터 이온(zwitter ion)이며 글라이신(Gly)을 제외한 아미노산은 비대칭탄소를 가진다. 글라이신은 대칭탄소이며 프롤린(Pro)은 이미노산이다. 아미노산은 R기의 극성 여부에 따라 비극성, 극성(uncharged), 극성(−전하, 산성), 극성(+전하, 염기성) 등 4가지로 분류한다.

① 비극성 R기 : Ala, Val, Leu, Ile, Pro, Met, Phe, Trp

② 극성(uncharged) R기 : Gly, Ser, Thr, Tyr, Cys, Asn, Gln

③ 극성(−전하) R기 : Asp, Glu

④ 극성(+전하) R기 : Lys, Arg, His

그림 13-5 R기의 극성에 따른 아미노산의 분류와 구조

(I) 비극성(소수성) R기

Alanine(Ala, A) Valine(Val, V) Leucine(Leu, L) Isoleucine(Ile, I)

Proline(Pro, P) Metthionine(Met, M) Pheylalanine(Phe, F) Tryptophan(Trp, W)

(II) 비극성이지만 전하를 띠지 않는 R기

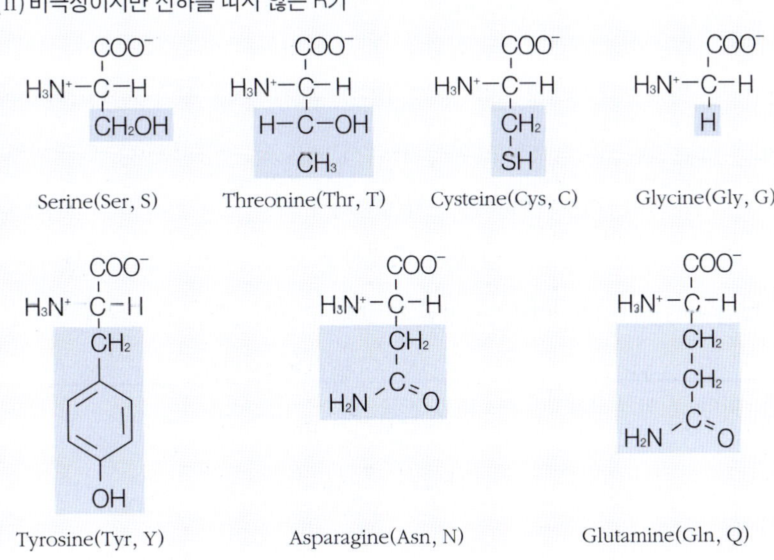

2.4 필수아미노산

필수아미노산(essential amino acid)은 체내에서 합성할 수 없어 반드시 외부 또는 음식물로 섭취해야 하는 아미노산으로, 성인의 경우 발린(Val), 루신(Leu), 아이소루신(Ile), 트레오닌(Thr), 메티오닌(Met), 라이신(Lys), 페닐알라닌(Phe), 트립토판(Trp) 등 8가지이며 유아의 경우에는 이외에 아지닌(Arg), 히스티딘(His)이 추가되어 모두 10가지이다(표 13-1).

표 13-1 인간의 필수아미노산

비필수아미노산		필수아미노산	
Glu	Ala	Ile	Thr
Gln	Gly	Leu	Trp
Pro	Ser	Lys	Val
Asp	Tyr	Met	Arg*
Asn	Cys	Phe	His*

2.5 아미노산의 성질과 반응

1) 양쪽성

아미노산은 물, 묽은 산, 염기에 녹고 알코올, 에터에 거의 녹지 않으며 녹는점이 200℃ 이상이다. 아미노산은 수용액에서 이온화되는데 한 분자 중에 염기성(양전하)과 산성(음전하)을 동시에 가진 양쪽성 전해질로 산성 용액 중에는 염기(양이온)로, 염기성 용액 중에는 산(음이온)으로 작용한다. 아미노산은 아미노기와 카복실기를 가지며 중성용액(pH=7)에서 이 두 기는 이온화된다. 이처럼 분자 내에서 서로 다른 반대의 전하를 띤 쌍극성 이온을 zwitter ion(혼합 이온)이라 한다(그림 13-6).

그림 13-6 아미노산의 쌍극성 이온과 이온화 반응

$$\underset{(\text{산성})}{R-\underset{\underset{+}{N}H_3}{\overset{|}{C}}HCOOH} \rightleftharpoons \underset{(\text{쌍극성 이온, 중성})}{R-\underset{\underset{+}{N}H_3}{\overset{|}{C}}HCOO^-} \rightleftharpoons \underset{(\text{염기성})}{R-\underset{NH_2}{\overset{|}{C}}HCOO^-}$$

2) 등전점

이 쌍극성 이온의 묽은 수용액의 pH는 이들의 산성과 염기성의 세기로 정해지며 pH= $\frac{(pK_{a1}+pK_{a2})}{2}$로 표시한다. 이러한 pH에서는 즈비터 이온이 동일하게 존재하며 순전하(net charge)가 없어 전기적으로 중성이고 전기장 내에서 움직이지 않는다. 이때의 pH를 등전점(isoelectric point, pI)이라 한다. 즉, 등전점(pI)은 전기장 안에서 이동하지 않는 pH, 양전하 화학종과 음전하 화학종의 수가 같은 pH를 말한다(표 13-2).

3) 적정곡선

아미노산은 산(proton donor) 또는 염기(proton acceptor)로 작용하는 양쪽성 전해질로 아미노산은 특성적인 적정 곡선을 갖는다. 중성 용액에서 글라이신(Gly)은 염기(OH^-)를

표 13-2 아미노산의 pK와 pI

아미노산	pK_1	pK_2	pK_3	pI
Gly	2.34(α−COOH)	9.60(α−NH_3^+)	−	5.97
Ala	2.34(α−COOH)	9.69(α−NH_3^+)	−	6.01
Val	2.32(α−COOH)	9.62(α−NH_3^+)	−	5.97
Leu	2.36(α−COOH)	9.60(α−NH_3^+)	−	5.98
Ile	2.36(α−COOH)	9.68(α−NH_3^+)	−	6.02
Ser	2.21(α−COOH)	9.15(α−NH_3^+)		5.68
Pro	1.99(α−COOH)	10.60(α−NH_3^+)	−	6.30
Phe	1.83(α−COOH)	9.13(α−NH_3^+)	−	5.48
Trp	2.38(α−COOH)	9.39(α−NH_3^+)	−	5.89
Met	2.28(α−COOH)	9.21(α−NH_3^+)	−	5.74
Tyr	2.20(α−COOH)	9.11(α−NH_3^+)	10.97(OH)	5.66
Cys	1.96(α−COOH)	8.18(α−NH_3^+)	10.28(SH)	5.07
Asp	1.88(α−COOH)	3.65(β−NH_3^+)	9.60(α−NH_3^+)	2.77
Glu	2.19(α−COOH)	4.25(γ−NH_3^+)	9.67(α−NH_3^+)	3.22
His	1.82(α−COOH)	6.00(Imidazole)	9.17(α−NH_3^+)	7.59
Arg	2.17(α−COOH)	9.04(α−NH_3^+)	12.48(Guanidyl)	10.76
Lys	2.18(α−COOH)	8.95(α−NH_3^+)	10.53(ε−NH_3^+)	9.74

그림 13-7 중성아미노산의 단계적 적정 곡선

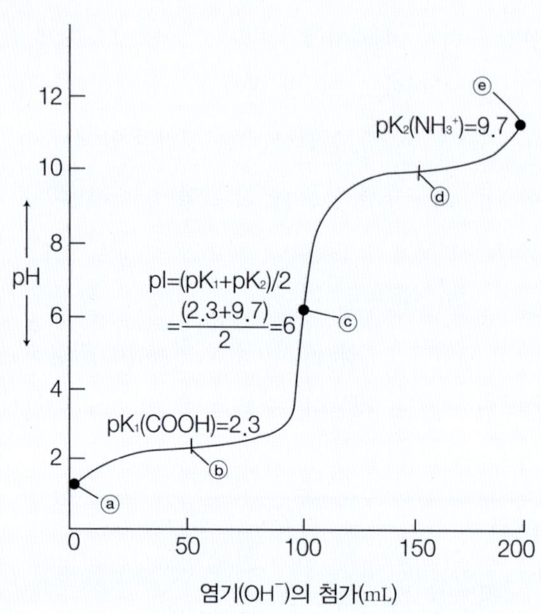

ⓐ 100% $-R-\underset{\mid \atop NH_3^+}{CH}-COOH$ 완전한 양성자화

ⓑ 50% $-R-\underset{\mid \atop NH_3^+}{CH}-COOH$ 완전한 양성자화

50% $-R-\underset{\mid \atop NH_3^+}{CH}-COO^-$ 쌍극성 이온형

ⓒ 100% $-R-\underset{\mid \atop NH_3^+}{CH}-COO^-$ 쌍극성 이온형

ⓓ 50% $-R-\underset{\mid \atop NH_3^+}{CH}-COO^-$ 쌍극성 이온형

50% $-R-\underset{\mid \atop NH_2}{CH}-COO^-$ 완전한 탈양성자화

ⓔ 100% $-R-\underset{\mid \atop NH_2}{CH}-COO^-$ 완전한 탈양성자화

가하면 음(−)전하로 양극(anode)으로 이동하고, 산(H^+)을 가하면 양(+)전하로 음극(cathode)으로 이동한다. 또한, 적정 곡선으로부터 아미노산의 전하를 예측할 수 있다(그림 13−7).

4) 닌하이드린 반응

닌하이드린(ninhydrin) 반응은 아미노산의 검출, 정량에 이용된다. 닌하이드린은 아미노산의 아미노기에 완만한 산화제로 작용하여 닌하이드린 2분자와 아미노산의 질소분자와 결합하여 purple pigment를 생성한다(그림 13−8).

그림 13−8 닌하이드린 반응

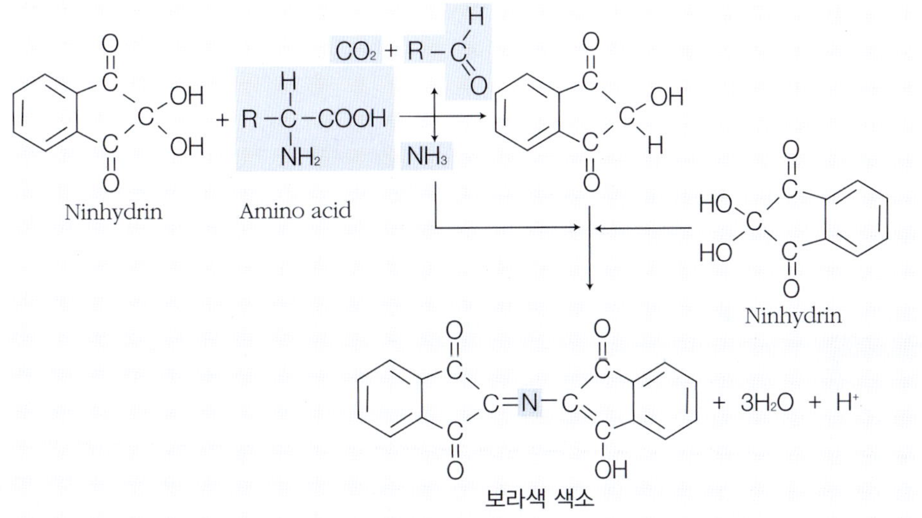

3. 펩타이드

다이펩타이드(dipeptide), 트라이펩타이드(tripeptide), 테트라펩타이드(tetrapeptide)는 각각 2, 3, 4개의 아미노산 잔기로 구성된 1, 2, 3개의 펩타이드 결합(peptide bond)을 갖고 있는 아미노산 결합체이다. 올리고펩타이드(oligopeptide)와 폴리펩타이드(polypeptide)는 각각 10개 이하, 10~50개의 아미노산 결합체이다.

3.1 펩타이드 결합

펩타이드 결합(peptide bond)은 1분자의 아미노산의 카복실기와 다른 1분자의 아미노산의 아미노기로부터 물이 빠져나가면서 생성되는 아마이드 결합(amide bond)이며 폴리펩타이드사슬에서 아미노산 간의 결합이다(그림 13-9).

그림 13-9 축합 반응에 의한 펩타이드 결합의 형성

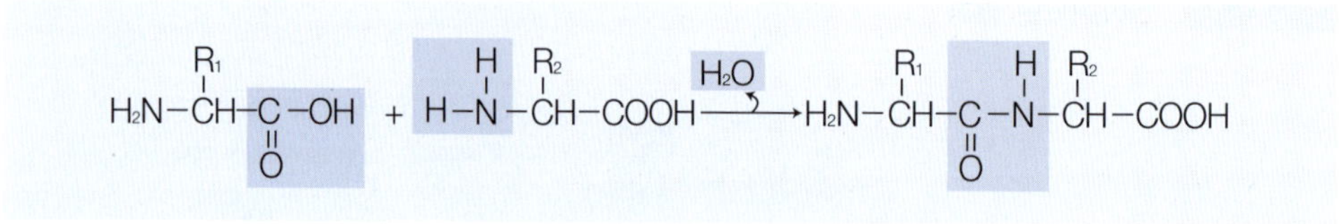

$$H_2N-CH(R_1)-C(=O)-OH + H-N(H)-CH(R_2)-COOH \xrightarrow{H_2O} H_2N-CH(R_1)-C(=O)-N(H)-CH(R_2)-COOH$$

펩타이드 결합은 경직된 평면적 단위이며 C–N 결합은 부분적인 이중결합(partial double bond)으로 회전을 못하고 결합 길이는 단일과 이중결합 길이의 중간이다. 또한 CO기와 NH기는 서로 트랜스(*trans*) 형태이다(그림 13-10).

그림 13-10 펩타이드기

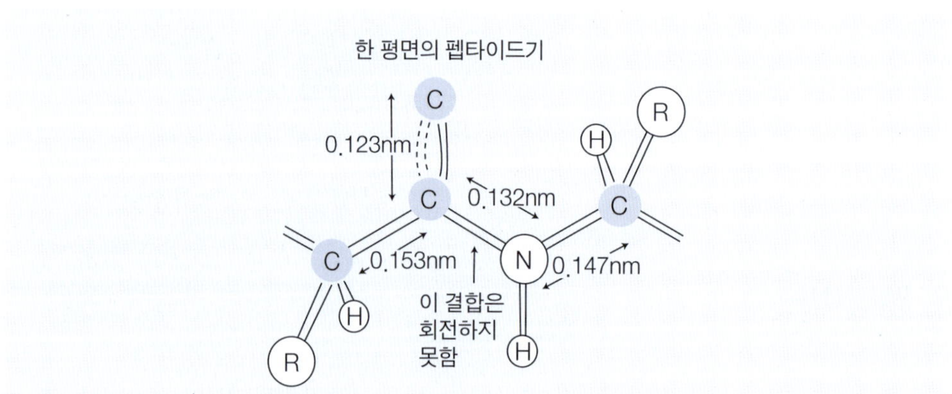

펩타이드는 N–말단에서 시작하여 C–말단에서 끝나는 방향성을 가진다(그림 13–11).

그림 13–11 펜타펩타이드(pentapeptide)의 방향성

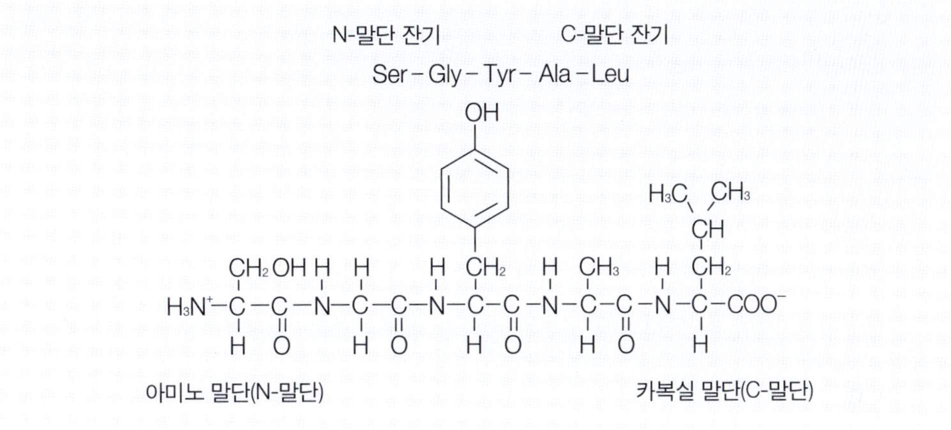

N-말단 잔기　　　　C-말단 잔기

Ser – Gly – Tyr – Ala – Leu

$H_3N^+-C-C-N-C-C-N-C-C-N-C-C-N-C-COO^-$

아미노 말단(N-말단)　　　　카복실 말단(C-말단)

4. 단백질

4.1 단백질의 분류

단백질은 매우 큰 분자로 모든 단백질은 각기 정해진 아미노산 조성, 배열, 폴리펩타이드

그림 13–12 구상단백질(Ⅰ)과 섬유상단백질(Ⅱ)

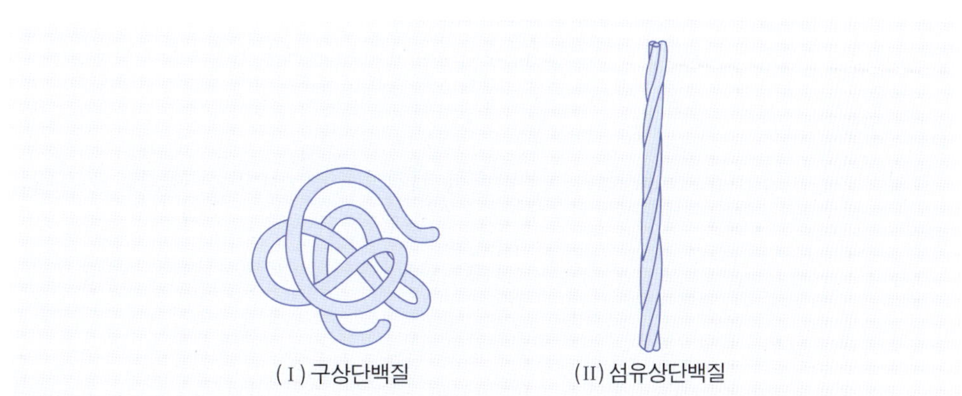

사슬의 길이를 가진다. 단백질은 특징적인 아미노산 조성을 가지며 기능이 다른 단백질은 구성 아미노산의 수가 다른데 20종의 아미노산은 단백질 안에 동량으로 존재하지 않고 각 단백질은 아미노산 단위를 서로 다른 비율로 함유한다. 단백질은 조성에 따라 단순단백질, 복합단백질, 유도단백질로 나눌 수 있으며 형상에 따라 구상단백질, 섬유상단백질로 구분된다(그림 13-12).

1) 조성

단순단백질은 아미노산만으로 구성된 단백질이며 복합단백질은 단순단백질(아미노산)과 보결 분자 비아미노산 부분)로 이루어진 단백질이다. 유도단백질은 천연의 단백질이 산, 염기, 효소작용, 가열 등에 의하여 성질이 변화된 단백질로 1, 2차로 구분한다.

2) 형상

구상단백질은 α-헬릭스(α-helix) 구조로 구성된 효소, 생리활성 단백질 등 기능 단백질인 반면, 섬유상단백질은 β-시트(β-sheet) 구조로 구성된 신체구조 보호 단백질이다.

4.2 단백질의 구조

단백질의 구조는 1, 2, 3, 4차 구조로 각각 나눌 수 있다. 단백질의 1차 구조는 아미노산 배열순서(공유결합), 2차 구조는 연속하여 인접되어 있는 아미노산 잔기의 공간적 관계(수소결합), 3차 구조는 아미노산 잔기 사이의 공간적 관계(모든 결합), 4차 구조는 서브유니트(subunit, 배위체)들 간의 공간적인 관계를 나타낸다.

1) 1차 구조

단백질의 1차 구조(primary structure)는 단순한 배열의 구성 아미노산 서열로 공유결합이다.

2) 2차 구조

단백질의 2차 구조(secondary structure)는 3차원 구조의 주기 인자(regular element)로

그림 13-13 단백질의 구조

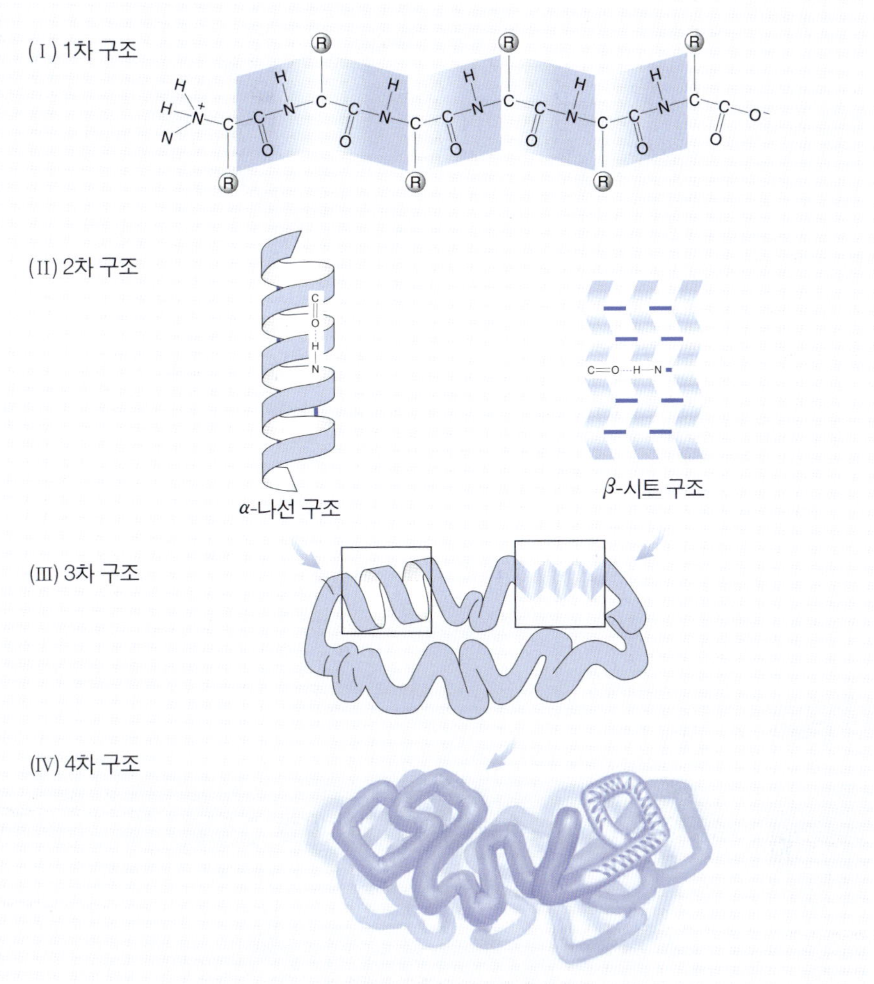

α-헬릭스(α-helix)와 β-시트(β-sheet) 등이 있다. α-헬릭스와 β-시트와 같은 2차 구조는 구성 아미노산의 조성과 배열에 의해서 자동적으로 결정된다(그림 13-14, 13-15).

① α-헬릭스 : α-헬릭스(α-helix)는 나선구조(right-handed helix)로 단백질의 C-말단에서 N-말단 쪽으로 시계방향으로 꼬였으며 아미노산 잔기 n과 n+1의 펩타이드 결합의 CO-기와 아미노산 잔기 n+4와 n+5의 펩티드 결합의 NH-기 간의 수소결합

그림 13-14 α-헬릭스의 구조

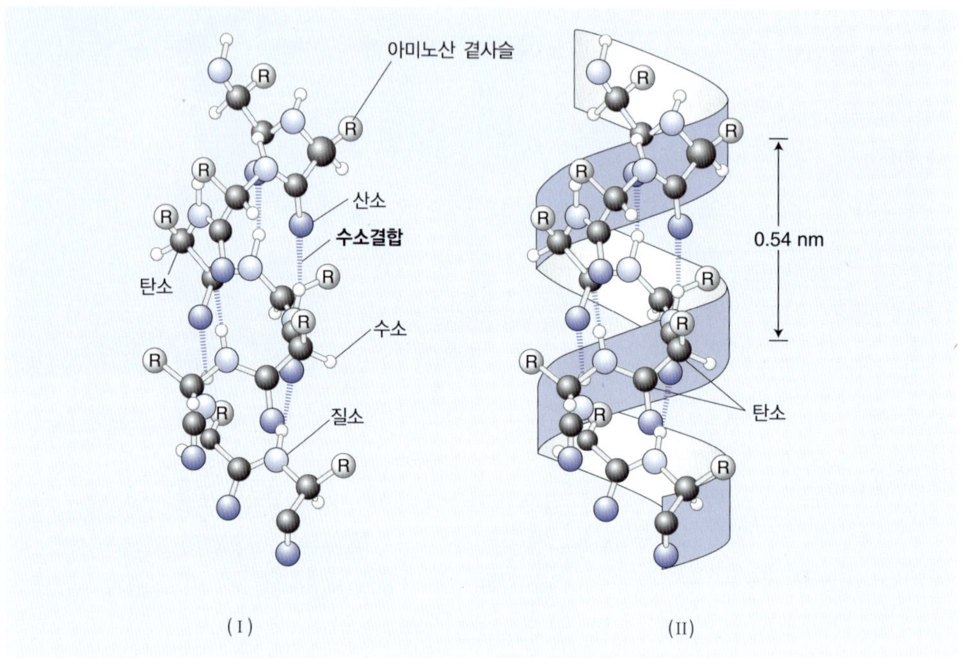

그림 13-15 β-시트의 구조

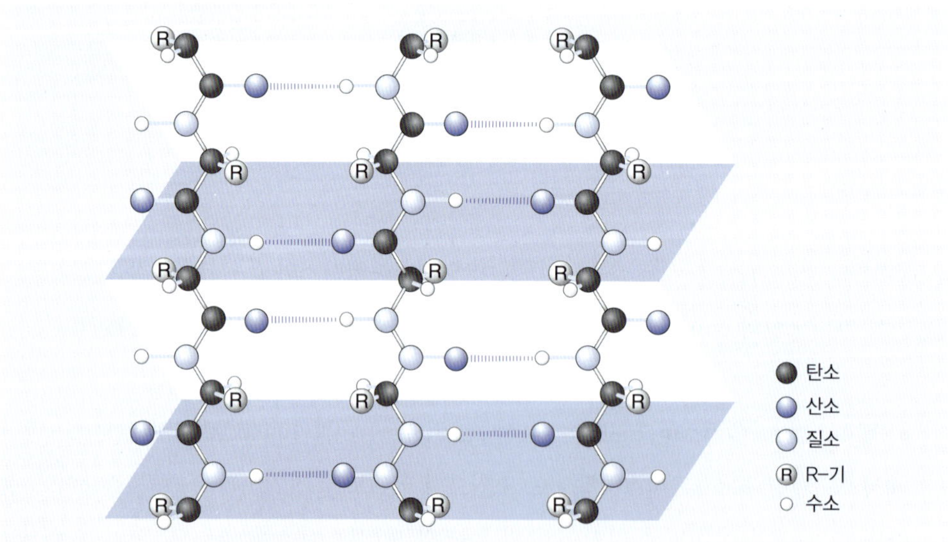

(사슬 내 수소결합, intrachain H–bond)의 구조이다(그림 13–14).

② β–시트 : β–시트(β–sheet)는 지그재그(zigzag)형의 병풍 구조로 단백질의 폴리펩타이드 사슬이 평형(pararell)과 역평형(antipararell) 방향에서 형성된 수소결합의 구조이다(그림 13–15). β–시트는 사슬 내 수소결합의 α–헬릭스와는 달리 인접한 폴리펩타이드 사슬의 모든 펩타이드 결합이 사슬 간 수소결합(interchain H–bond)으로, 구성 아미노산의 R기는 지그재그 구조로부터 밖으로 돌출되어 있다.

3) 3차 구조

단백질의 3차 구조(tertiary structure)는 3차원 구조의 폴딩(folding, 접힘)으로 마이오글로빈(myoglobin) 등이 그 예이다. 마이오글로빈은 근육의 산소 운반 단백질로 분자량이 16,700이며 아미노산 잔기가 153개인 1개의 폴리펩타이드 사슬이다(그림 13–16).

그림 13–16 마이오글로빈의 구조

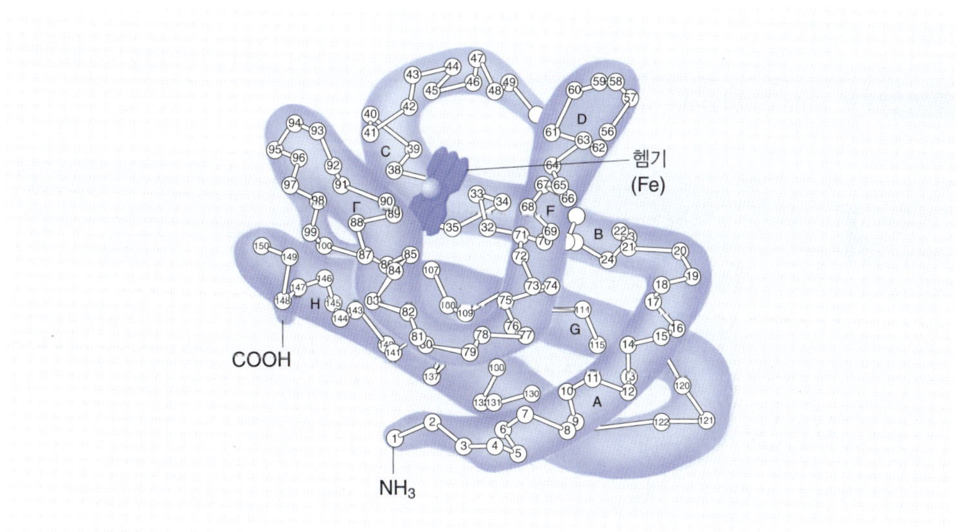

단백질의 3차 구조를 안정화시키는 힘은 정전기적 인력, S–S 결합, 수소결합, 소수성 R기의 상호 작용, 쌍극자 간의 인력 등이다(그림 13–17).

이 중에서 특히 비극성 R기 사이의 소수성 상호작용이 3차 구조의 안정에 큰 역할을 한다. 단백질의 접힘 구조는 약한 비공유결합의 수가 많아 구조를 유지한다.

그림 13-17 단백질의 3차 구조를 유지하는 인자

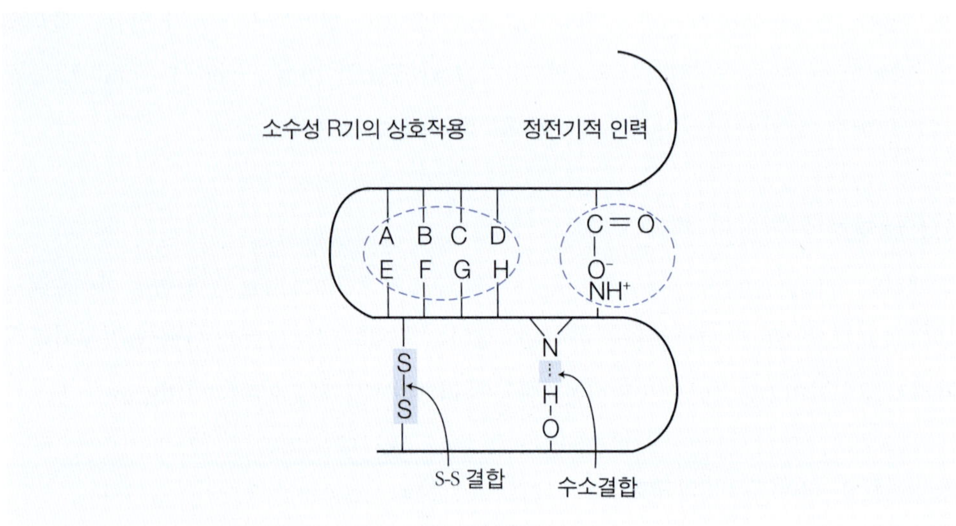

그림 13-18 헤모글로빈의 4차 구조

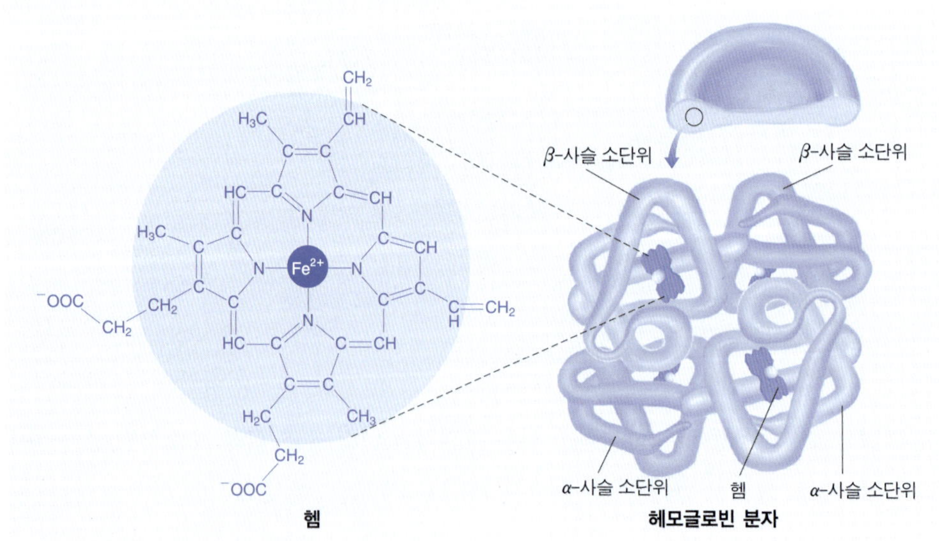

4) 4차 구조

단백질의 4차 구조(qurternary structure)는 서브유닛(subunit) 간의 공간적인 배열(arrangement)로 올리고머릭 단백질(oligomeric protein)의 형태 안에 서브유닛 사슬이 서로 적합하게 수용된 상태이다. 헤모글로빈(hemoglobin)은 분자량이 64,500이고 각각 2개의 α(141 잔기)와 β(146 잔기) 사슬로 된 테트라머(tetramer)의 산소 운반 단백질이다(그림 13–18).

4.3 단백질의 변성과 재생

1) 변성과 재생

단백질의 변성(denaturation, unfolding)은 변성제(denaturing agent)에 의해 수소결합의 파괴로 공간에서 형태의 변화, 즉 3차원 구조의 손실로 생물학적 활성을 잃는 것이다(그림 13–19). 변성제의 종류로는 극단 pH(extreme pH), 가열(heating), 유기용매(organic solvent), 계면활성제(detergent), 트리클로로 아세트산(trichloroacetic acid, TCA) 등이 있다.

단백질의 재생(renaturation, refolding)은 변성 구조에서 본래 구조로 되돌아가 생물학적 활성을 되찾는 것으로 변성된 단백질은 변성제를 제거하면 본래의 정확한 구조로 돌아간다(그림 13–20).

그림 13–19 단백질의 변성

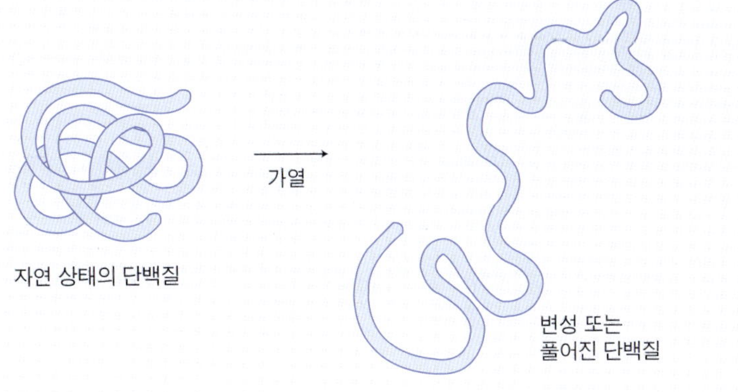

그림 13-20 단백질의 재생

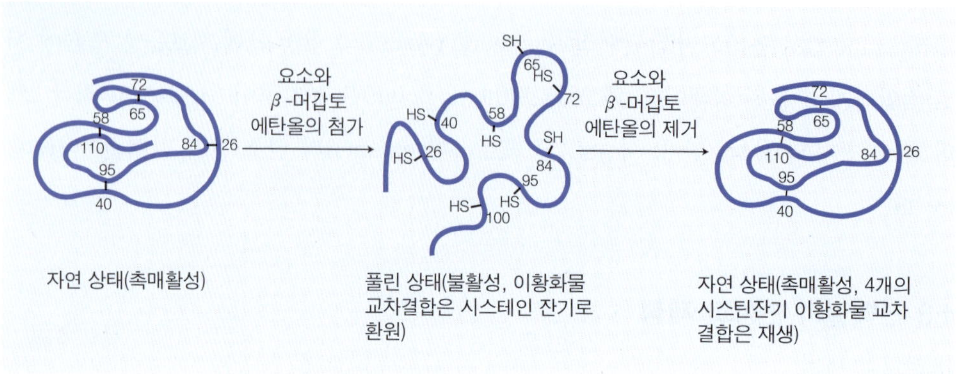

2) 변성 단백질의 성질

① 생물학적 특성의 상실 : 단백질이 변성되면 원래의 입체 구조가 풀리면서 본래 가지고 있던 효소 활성, 면역성 등 고유의 생물학적 특성을 상실하게 된다.

② 용해도의 감소 : 단백질이 물에 녹으면 친수성기는 물과 가까운 외부에, 소수성기는 물과 멀리 떨어진 내부에 위치하지만, 변성되면 구조가 풀리면서 소수성기도 표면에 노출되어 단백질의 친수성이 감소하여 용해도도 감소한다.

③ 반응성의 증가 : 단백질이 변성되면 내부에 있던 작용기($-NH_2$, $-COOH$, $-OH$, $-SH$)가 표면에 나타나 유리 아미노기와 카복실기가 증가하여 반응성이 증가한다.

④ 소화 용이 : 단백질이 가열에 의해 변성되면 폴리펩타이드 사슬이 풀어지면서 소화효소가 쉽게 작용할 수 있어 소화가 잘 된다. 그러나 지나치게 가열하면 오히려 새로운 결합과 촘촘한 구조를 형성하게 되어 소화효소 작용이 어려워진다. 반숙달걀이 완숙달걀보다 소화가 잘 되는 것도 이러한 이유이다.

⑤ 청색 이동 및 점도 증가 : 단백질이 변성되면 풀린 구조 때문에 내부에 있던 아미노산 잔기가 표면에 노출되면서 자외선 흡광도가 단파장 쪽으로 이동하여 증가하는 변성 청색이동(denatured blue shift)이 일어나고, 분자 부피도 커져 점도도 증가한다.

4.4 단백질의 성질

1) 분자량

단백질은 대부분 분자량이 수만에서 수백만에 이르는 고분자화합물로 셀로판 등의 반투막을 통과하지 못하며 투석을 통해 단백질용액에서 염, 유기용매 등과 같은 저분자물질을 제거하여 단백질을 정제할 수 있다.

2) 용해성

단백질은 물에 녹으면 분자 내에 아미노기($-NH_2$), 카복실기($-COOH$), 알코올기($-OH$) 등의 친수성기를 가지고 있어 이들 친수성기가 물 분자와 수소결합하는 수화현상에 의해 용해되어 콜로이드 용액을 형성한다. 단백질은 대부분 묽은 중성 염류에는 잘 녹는데 이런 현상을 염용(salting in)이라고 한다. 이 효과는 중성염의 해리이온이 단백질의 작용기와 작용하여 단백질 분자 사이의 인력을 감소시켜 물 분자에 의한 수화가 증가되기 때문에 나타난다. 그러나 중성 염류의 농도가 증가하면 염과 단백질이 물 분자에 대하여 서로 경쟁하기 때문에 오히려 수화를 감소시켜 용해도가 감소하는 염석(salting out)이 일어난다.

3) 침전성

단백질 또한 아미노산처럼 음이온(산성)과 양이온(염기성)을 모두 가지고 있는 양쪽성 전해질(ampholyte)로 수은, 카드뮴, 납 등의 중금속류, TCA(tricholoacetic acid), 피크르산(picric acid), 설포살리실산(sulfosalicylic acid), 타닌산(tannic acid) 등의 유기침전제, 알코올, 아세톤 등의 유기용매에 의해 불용성의 염을 형성하여 침전한다.

4) 응고성

단백질은 가열, 산, 연기, 염류, 효소 등에 의해 응고된다. 대부분의 단백질은 60~70℃로 가열하면 응고가 일어나며 이때 묽은 염산이나 초산을 가하면 응고가 촉진된다.

5) 등전점

단백질은 아미노산으로 구성되어 있어 아미노산처럼 분자 내에 양이온과 음이온을 동시에 가진 양쪽성 전해질이며 산성 용액 중에는 양전하로, 염기성 용액 중에는 음전하로 작용한다. 아미노산처럼, 어떤 특정 pH에서 양전하와 음전하 수가 같을 때, 단백질의 순전하(net charge)가 0이 되어 전기적으로 중성일 때의 pH를 등전점(isoelectric point, pI)이라 한다. 등전점(pI)은 전기장 안에서 이동하지 않는 pH로 단백질은 등전점에서 움직이지 않기 때문에 용해도가 최소화되어 쉽게 침전된다.

단백질은 구성아미노산 중 각각 산성과 염기성이 많으면, 산성과 염기성의 등전점을 갖는다.

6) 정색반응

단백질은 구성아미노산의 종류와 성질에 따라 여러 가지 정색반응을 생성한다.

① 뷰렛(Biuret) 반응 : 펩타이드(peptide) 결합이 2개 이상 있는 단백질 또는 단백질 분해물에서 나타나는 반응으로 분자량이 크면 청자색을, 작으면 적자색을 띤다.

② 닌하이드린(Ninhydrin) 반응 : α-아미노산, 펩타이드, 단백질은 산성 내지 중성에서 100℃ 이상으로 가열하면서 닌하이드린과 반응시키면 황색 또는 청자색으로 정색반응을 일으키며 β, γ-아미노산들은 이 반응이 일어나지 않는다.

③ 밀론(Millon) 반응 : 페놀성 수산기를 지닌 방향족 화합물에서 공통적으로 일어나는 반응으로 타이로신(tyrosine)은 적색 반응을 나타낸다.

④ 잔토프로테인(Xanthoprotein) 반응 : 방향족 아미노산은 진한 질산에 의해 니트로화하면서 황색으로 정색반응을 일으킨다. 이 나이트로 화합물은 염기 용액에서 황색의 알칼리(alkali) 금속염을 이룬다. 이 반응은 처음에 질산을 가하면 백색의 침전이 형성되고 다시 가열하면 침전이 용해되면서 황색으로 변하며 알칼리화하면 오렌지색으로 변한다.

⑤ 홉킨스-콜(Hopkins-Cole) 반응 : 단백질 용액에 글리옥살산(glyoxalic acid) 또는 무수 아세트산을 가한 후, 다시 진한 황산을 가하면 경계 면에 적자색의 고리가 생긴다.

이는 트립토판(tryptophan)의 인돌(indole)기가 존재할 경우에만 일어나는 반응이다.

⑥ 파울리(Pauly) 반응 : 단백질 용액에 알칼리 존재하에서 다이아조벤젠 설폰산(diazobenzene sulfonic acid) 용액을 가하면 등황색 내지 적색으로 된다. 이는 타이로신(tyrosine)과 히스티딘(histidine)의 벤젠핵이 시약과 반응하여 아조(azo)계 색소를 형성하기 때문이다.

⑦ 나이트로푸루사이드(Nitroprusside) 반응 : 시스테인(cysteine)의 티올(thiol)기가 과량의 암모니아 존재하에 소듐 나이트로푸루사이드(sodium nitroprussede)와 반응하여 붉은색을 나타낸다.

⑧ 사카쿠치(Sakaguchi) 반응 : 아지닌(arginine)의 구아니딜(guanidyl)기가 α–나프톨(α–naphtol)과 반응한 생성물이 브롬(Br)과 같은 산화제에 의해 산화되어 적색이 된다.

연습문제

1. 다음 화합물의 구조를 그리시오.

① Glycine

② α–Amino acid

③ Alanine

④ Glutamic acid

⑤ D–Glyceraldehyde

2. 다음 용어를 정의하시오.

① Peptide bond

② α–Helix

③ Polypeptide

④ Primary structure

⑤ Secondary structure

⑥ Tertiary structure

3. 필수아미노산에 대해 설명하고 종류를 쓰시오.

4. 다음 용어를 설명하시오.

① 등전점

② 섬유상 난백질

③ 트라이펩타이드

④ 변성

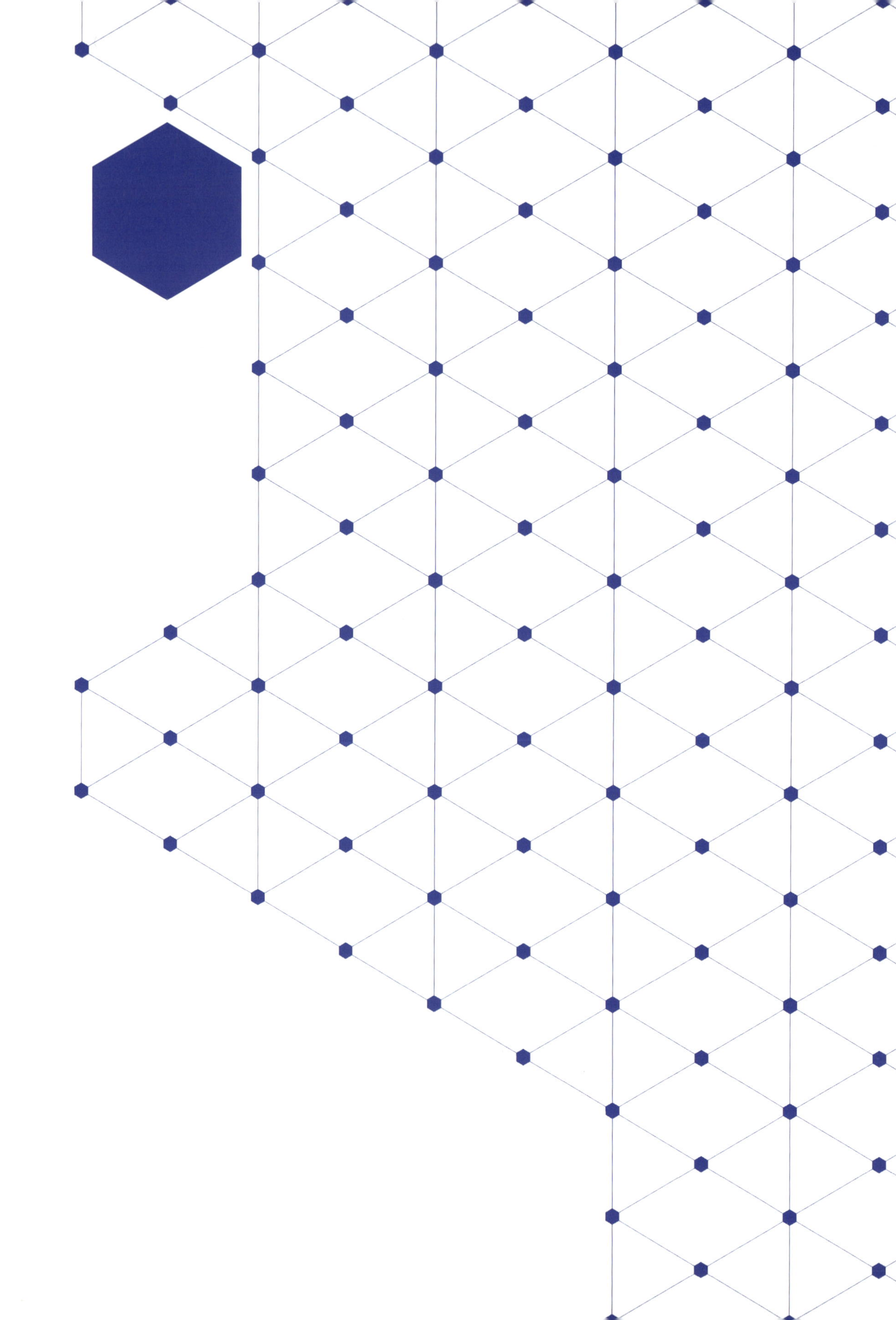

부록

APPENDIX

유기화합물의 물리적 성질

1. 사이클로알케인(Cycloalkanes)

명칭	mp(℃)	bp(℃)	밀도(g/mL)
Cyclopropane	−128	−33	−
Cyclobutane	−80	−12	−
Cyclopentane	−94	50	0.751
Cyclohexane	6.5	81	0.779
Cycloheptane	−12	118	0.811
Cyclooctane	14	149	0.834
Methylcyclopentane	−142	72	0.749
Methylcyclohexane	−126	100	0.769
cis−1,2−Dimethylcyclopentane	−62	99	0.772
trans−1,2−Dimethylcyclopentane	−120	92	0.750

2. 알킬할라이드(Alkyl halides)

명칭	bp(℃)			
	−F	−Cl	−Br	−I
Methyl	−78.4	−24.2	3.6	42.4
Ethyl	−37.7	12.3	38.4	72.3
Propyl	−2.5	46.6	71.0	102.5
Isopropyl	−9.4	34.8	59.4	89.5
Butyl	32.5	78.4	100	130.5
Isobutyl	−	68.8	90	120
sec−Butyl	−	68.3	91.2	120.0
tert−Butyl	−	50.2	73.1	dec.
Pentyl	62.8	108	130	157.0
Hexyl	92	133	154	179

3. 알켄(Alkenes)

명칭	구조	mp(℃)	bp(℃)	밀도(g/mL)
Ethene	$CH_2=CH_2$	−169	−104	−
Propene	$CH_2=CHCH_3$	−185	−47	−
1−Butene	$CH_2=CHCH_2CH_3$	−185	−6.3	−
1−Pentene	$CH_2=CH(CH_2)_2CH_3$	−138	30	0.641
1−Hexene	$CH_2=CH(CH_2)_3CH_3$	−140	64	0.673
1−Heptene	$CH_2=CH(CH_2)_4CH_3$	−119	94	0.697
1−Octene	$CH_2=CH(CH_2)_5CH_3$	−101	122	0.715
1−Nonene	$CH_2=CH(CH_2)_6CH_3$	−81	146	0.730
1−Decene	$CH_2=CH(CH_2)_7CH_3$	−66	171	0.741
cis−2−Butene	*cis*−$CH_3CH=CHCH_3$	−180	37	0.650
trans−2−Butene	*trans*−$CH_3CH=CHCH_3$	−140	37	0.649
Methylpropene	$CH_2=C(CH_3)_2$	−140	−6.9	0.594
cis−2−Pentene	*cis*−$H_3CH=CHCH_2CH_3$	−180	37	0.650
trans−2−Pentene	*trans*−$CH_3CH=CHCH_2CF_3$	−140	37	0.649
Cyclohexene	−	−104	83	0.811

4. 벤젠(Benzenes) 및 유도체

명칭	구조	mp(℃)	bp(℃)	용해도 (g/100g H_2O, 25℃)
Aniline	$C_6H_5NH_2$	−6	184	3.7
Benzene	C_6H_6	5.5	80.1	난용성
Benzaldehyde	C_6H_5CHO	−26	178	난용성
Benzamide	$C_6H_5CONH_2$	132	290	난용성
Benzoic acid	C_6H_5COOH	122	249	0.34
Bromobenzene	C_6H_5Br	−30.8	156	불용성
Chlorobenzene	C_6H_5Cl	−45.6	132	불용성
Nitrobenzene	$C_6H_5NO_2$	5.7	210.8	난용성
Phenol	C_6H_5OH	43	182	난용성
Styrene	$C_6H_5CH=CH_2$	−30.6	145.2	불용성
Toluene	$C_6H_5CH_3$	−95	110.6	불용성

5. 알코올(Alcohols)

명칭	구조	mp(℃)	bp(℃)	용해도 (g/100g H_2O, 25℃)
Methanol	CH_3OH	−97.8	64	∞
Ethanol	CH_3CH_2OH	−114.7	78	∞
1−Propanol	$CH_3(CH_2)_2OH$	−127	97.4	∞
1−Butanol	$CH_3(CH_2)_3OH$	−90	118	7.9
1−Pentanol	$CH_3(CH_2)_4OH$	−78	138	2.3
1−Hexanol	$CH_3(CH_2)_5OH$	−52	157	0.6
1−Heptanol	$CH_3(CH_2)_6OH$	−36	176	0.2
1−Octanol	$CH_3(CH_2)_7OH$	−15	196	0.05
2−Propanol	$CH_3CHOHCH_3$	−89.5	82	∞
2−Butanol	$CH_3CHOHCH_2CH_3$	−115	99.5	12.5
2−Methyl−1−propanol	$(CH_3)_2CHCH_2OH$	−108	108	10.0
2−Methyl−2−propanol	$(CH_3)_3COH$	25.5	83	∞
3−Methyl−1−butanol	$(CH_3)_2CH(CH_2)_2OH$	−117	130	2
2−Methyl−2−butanol	$(CH_3)_2COHCH_2CH_3$	−12	102	12.5
2,2−Dimethyl−1−propanol	$(CH_3)_3CCH_2OH$	55	114	∞
Allyl alcohol	$CH_2=CHCH_2OH$	−129	97	∞
Cyclopentanol	C_5H_9OH	−19	140	난용성
Cyclohexanol	$C_6H_{11}OH$	24	161	난용성
Benzyl alcohol	$C_6H_5CH_2OH$	−15	205	4

6. 알데하이드(Aldehydes)

명칭	구조	mp(℃)	bp(℃)	용해도 (g/100g H_2O, 25℃)
Formaldehyde	$HCHO$	−92	−21	가용성
Acetaldehyde	CH_3CHO	−121	21	∞
Propionaldehyde	CH_3CH_2CHO	−81	49	16
Butyraldehyde	$CH_3(CH_2)_2CHO$	−96	75	7
Pentanal	$CH_3(CH_2)_3CHO$	−92	103	난용성
Hexanal	$CH_3(CH_2)_4CHO$	−56	131	난용성
Heptanal	$CH_3(CH_2)_5CHO$	−43	153	0.1
Octanal	$CH_3(CH_2)_6CHO$	−	171	불용성
Nonanal	$CH_3(CH_2)_7CHO$	−	192	불용성
Decanal	$CH_3(CH_2)_8CHO$	−5	209	불용성
Benzaldehyde	C_6H_5CHO	−26	178	0.3

7. 케톤(Ketones)

명칭	구조	mp(℃)	bp(℃)	용해도 (g/100g H_2O, 25℃)
Acetone	CH_3COCH_3	−95	56	∞
2−Butanone	$CH_3COCH_2CH_3$	−86	80	25.6
2−Pentanone	$CH_3CO(CH_2)_2CH_3$	−78	102	5.5
2−Hexanone	$CH_3CO(CH_2)_3CH_3$	−57	127	1.6
2−Heptanone	$CH_3CO(CH_2)_4CH_3$	−36	151	0.4
2−Octanone	$CH_3CO(CH_2)_5CH_3$	−16	173	불용성
2−Nonanone	$CH_3CO(CH_2)_6CH_3$	−7	195	불용성
2−Decanone	$CH_3CO(CH_2)_7CH_3$	14	210	불용성
3−Pentanone	$CH_3CH_2COCH_2CH_3$	−40	102	4.8
3−Hexanone	$CH_3CH_2CO(CH_2)_2CH_3$	−	123	1.5
3−Heptanone	$CH_3CH_2CO(CH_2)_3CH_3$	−39	149	0.3
Acetophenone	$CH_3COC_6H_5$	19	202	불용성
Propiophenone	$CH_3CH_2COC_6H_5$	18	218	불용성

8. 카복실산(Carboxylic acids)

명칭	구조	mp(℃)	bp(℃)	용해도 (g/100g H_2O, 25℃)
Formic acid	$HCOOH$	8.4	101	∞
Acetic acid	CH_3COOH	16.6	118	∞
Propionic acid	CH_3CH_2COOH	−21	141	∞
Butanoic acid	$CH_3(CH_2)_2COOH$	−5	162	∞
Pentanoic acid	$CH_3(CH_2)_3COOH$	−34	186	4.97
Hexanoic acid	$CH_3(CH_2)_4COOH$	−4	202	0.97
Heptanoic acid	$CH_3(CH_2)_5COOH$	−8	223	0.24
Octanoic acid	$CH_3(CH_2)_6COOH$	17	237	0.068
Nonanoic acid	$CH_3(CH_2)_7COOH$	15	255	0.026
Decanoic acid	$CH_3(CH_2)_8COOH$	32	270	0.015
Oxalic acid	$HOOCCOOH$	189	−	가용성
Malonic acid	$HOOCCH_2COOH$	136	−	가용성
Succinic acid	$HOOC(CH_2)_2COOH$	185	−	난용성
Glutaric acid	$HOOC(CH_2)_3COOH$	98	−	가용성
Adipic acid	$HOOC(CH_2)_4COOH$	151	−	난용성
Pimelic acid	$HOOC(CH_2)_5COOH$	106	−	난용성
Phthalic acid	1,2−$C_6H_4(COOH)_2$	231	−	난용성
Maleic acid	*cis*−HOOCCH=CHCOOH	130.5	−	가용성
Fumaric acid	*trans*−HOOCCH=CHCOOH	302	−	난용성

9. 에터(Ethers)

명칭	구조	mp(℃)	bp(℃)	밀도(g/mL)
Dimethyl ether	CH_3OCH_3	−141	−24.8	−
Diethyl ether	$CH_3CH_2OCH_2CH_3$	−116	34.6	0.706
Dipropyl ether	$CH_3(CH_2)_2O(CH_2)_2CH_3$	−123	88	0.736
Diisopropyl ether	$(CH_3)_2CHOCH(CH_3)_2$	−86	69	0.725
Dibutyl ether	$CH_3(CH_2)_3O(CH_2)_3CH_3$	−98	142	0.764
Divinyl ether	$CH_2{=}CHOCH{=}CH_2$	−	35	−
Diallyl ether	$CH_2{=}CHCH_2OCH_2CH{=}CH_2$	−	94	0.830
Tetrahydrofuran	(구조식: O를 포함한 5원 고리)	−108	66	0.889
Dioxane	(구조식: O 두 개를 포함한 6원 고리)	12	101	1.04

10. 에스터(Esters)

명칭	구조	mp(℃)	bp(℃)
Mcthyl formate	$HCOOCH_3$	−100	32
Ethyl formate	$HCOOCH_2CH_3$	−80	54
Methyl acetate	CH_3COOCH_3	−98	57.5
Ethyl acetate	$CH_3COOCH_2CH_3$	−84	77
Propyl acetate	$CH_3COO(CH_2)_2CH_3$	92	102
Methyl propionate	$CH_3CH_2COOCH_3$	−87.5	80
Ethyl propionate	$CH_3CH_2COOCH_2CH_3$	−74	99
Methyl butyrate	$CH_3CH_2CH_2COOCH_3$	−84.8	102.3
Ethyl butyrate	$CH_3CH_2CH_2COOCH_2CH_3$	−93	121

11. 아민(Amines)

명칭	구조	mp(℃)	bp(℃)	용해도 (g/100g H_2O, 25℃)
1차 아민				
Methylamine	CH_3NH_2	−93	−6.3	가용성
Ethylamin	$CH_3CH_2NH_2$	−81	17	∞
Propylamine	$CH_3(CH_2)_2NH_2$	−83	48	∞
Isopropylamine	$(CH_3)_2CHNH_2$	−95	33	∞
Butylamine	$CH_3(CH_2)_3NH_2$	−49	78	가용성
Isobutylamine	$(CH_3)_2CHCH_2NH_2$	−85	68	∞
sec−Butylamine	$CH_3CH_2CH(CH_3)NH_2$	−72	63	∞
tert−Butylamine	$(CH_3)_3CNH_2$	−67	46	∞
Cyclohexyamine	$C_6H_{11}NH_2$	−18	134	난용성
2차 아민				
Dimethylamine	$(CH_3)_2NH$	−93	7.4	가용성
Diethylamine	$(CH_3CH_2)_2NH$	−93	55	10.0
Dipropylamine	$(CH_3CH_2CH_2)_2NH$	−50	110	10.0
Dibutylamine	$(CH_3CH_2CH_2CH_2)_2NH$	−62	159	난용성
3차 아민				
Trimethylamine	$(CH_3)_3N$	−115	2.9	91
Triethylamine	$(CH_3CH_2)_3N$	−114	89	14
Tripropylamine	$(CH_3CH_2CH_2)_3N$	−93	159	난용성

12. 아마이드(Amides)

명칭	구조	mp(℃)	bp(℃)
Formamide	$HCONH_2$	3	200
Acetamide	CH_3CONH_2	82	221
Propanamide	$CH_3CH_2CONH_2$	80	213
Butanamide	$CH_3(CH_2)_2CONH_2$	116	216
Pentanamide	$CH_3(CH_2)_3CONH_2$	106	232

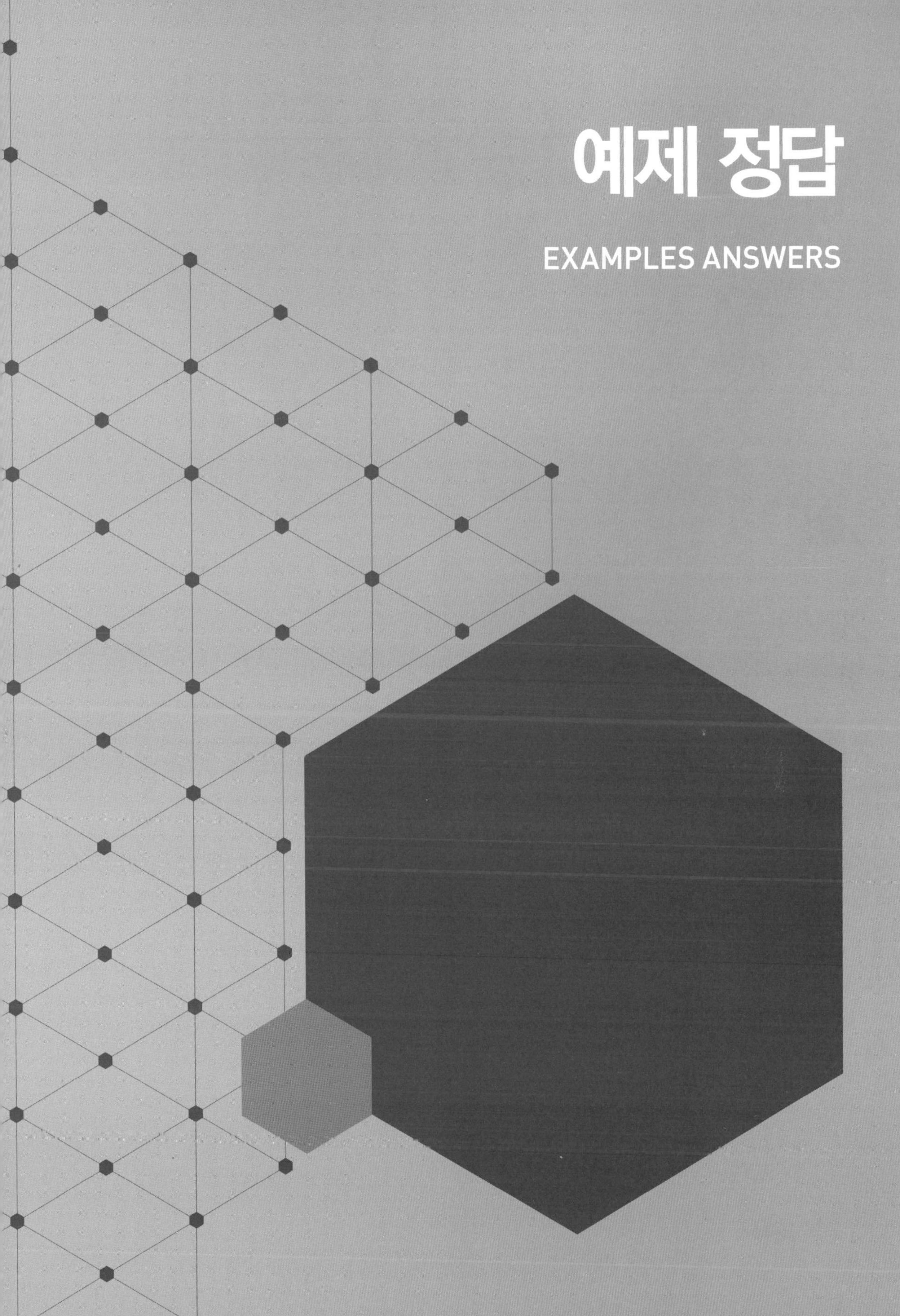

예제 정답

EXAMPLES ANSWERS

CHAPTER 1

예제 1 p.26

(a)

```
                              C
                              |
C-C-C-C-C      C-C-C-C-C    C-C-C
                 |            |
                 C            C

n-Pentane      iso-Pentane  neo-Pentane
```

(b)

```
C-C-C-OH       C-C-OH
                 |
                 C

n-Propyl alcohol   iso-Propyl alcohol
```

예제 2 p.27

(a)

```
  Cl
  |
C-C-C
  |
  Cl
```

(b)

```
    C
    |
C-C-C-C-C
    |
    C
```

CHAPTER 2

예제 1 p.35

(a)

```
  C
  |
C-C-C-C-C
  |
  C
```

(b)

```
C-C-C-C-C-C
  | |
  C C
    |
    C
```

(c)

```
C-C-C-C-C-C
    | |
    C C
    | |
    C C
      |
      C
```

예제 2 p.40

```
(a) C – C – C – C –              (b) C – C – C –
                                         |
                                         C
       n – Butyl                     iso – Butyl

                                         C
                                         |
(c) C – C – C –                  (d) C – C –
            |                            |
            C                            C
    sec(s) – Butyl                  tert(t) – Butyl
```

예제 3 p.40

```
         C 1차                             C 1차                        C 1차
         |                           3차   | 4차                        | 4차
(a) C – C – C – C         (b) C – C – C – C – C          (c) C – C – C – C
   1차  3차  2차  1차            1차  2차  |   |   1차             1차  |   1차
                                         C   C                        C
                                        1차  2차                      1차
```

예제 4 p.48

(a) 1,1 — Diethyl cyclopropane

(b) 1 — Methyl — 3 propyl cyclopentane

(c) 1 — Butyl — 1,4 — dimethyl cyclohexane

(d) *cis* — 1,2 — Dibromo cyclopropane

(e) *trans* — 1,2 — Dibromo cyclopropane

CHAPTER 3

예제 1 p.58

(a) 4 — Methyl — 1 — pentene

(b) 3 — Heptene

(c) 1,5 — Heptadiene

(d) 2 — Methyl — 3 — hexene

예제 2 p.58

(a) C=C−C−C−C−C (with C branch on C2)

(b) C−C=C−C−C (with two C branches on C4)

(c) C=C−C−C−C−C=C (with C branch on C2)

(d) C−C−C=C−C−C−C (with two C branches on C2 and C−C branch on C3)

예제 3 p.59

cis−2−Pentene

trans−2−Pentene

예제 4 p.59

cis−2−Chloro−2−pentene

trans−2−Chloro−2−pentene

CHAPTER 4

예제 1 p.75

(a) 3−Methyl−1−phenyl butane

(b) 5－Bromo－2－chloro aniline

(c) 4－Bromo－2－methyl toluene

(d) 1,3,5－Trichloro benzene

예제 2 p.75

(a)

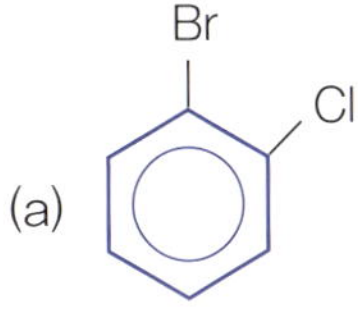

(b)

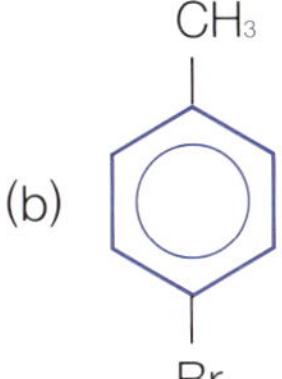

(c) 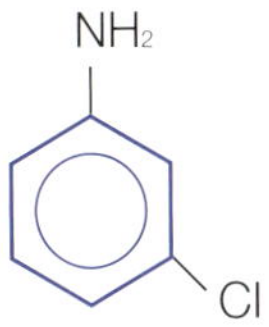 NH_2, Cl

(d) 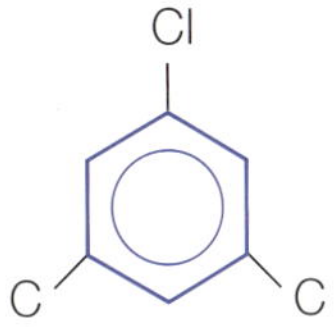 Cl, C, C

CHAPTER 6

예제 1 p.106

(a) 1－Methyl－1－butanol

(b) 2,4－Pentanediol

(c) 3－Buten－2－ol

(d) Phenyl methanol

(e) 1－Methyl cyclohexanol

예제 2 p.106

(a) 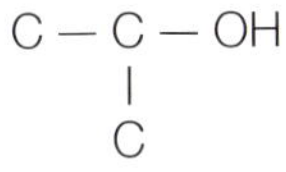
```
C－C－OH
   |
   C
```

(b) 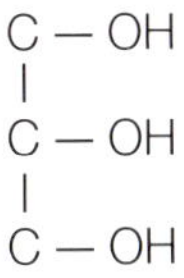
```
C－OH
|
C－OH
|
C－OH
```

(c) C＝C－C－OH

(d) CH₂OH

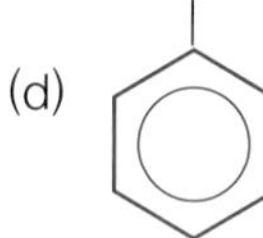

(e) C — C — C — OH
      |
      C

CHAPTER 7

예제 1 p.119

(a) Propanal

(b) Ethanal

(c) 2 — Butanone

(d) 4 — Hexen — 2 — one

예제 2 p.119

(a) C — C — C — OH
        |
        C

(b) C = C — C — CHO
          |
          C

(c) C — C — C — C — C
        || |
        O   Cl

(d) C — CHO (attached to benzene ring)

CHAPTER 8

예제 1 p.133

(a) 2 — Bromo hexanoic acid

(b) 2 — Bromo propanoic acid

(c) *p* — Bromo benzoic acid

(d) *trans* — 2 — Butenoic acid

예제 2 p.133

(a)
```
COOH
 |
 C
 |
 C
 |
COOH
```

(b)
```
COOH
 |
COOH
```

(c)
```
C = C − C − C − COOH
            |
            Br
```

(d)
```
      COOH
       |      NO2
    (benzene ring)
       |
      NO2
```

CHAPTER 10

p.157

(a) 1차 아민, *iso*−Propyl amine

(b) 2차 아민, Diethyl amine

(c) 3차 아민, N−Dimethyl cyclohexyl amine

(d) 4차 암모늄염, Benzyl trimethyl ammonium

p.159

(a) 1,4−Diamino butane

(b) 2−Amino butanoic acid

REFERENCE / INDEX

강종민(2010). 유기화학 길라잡이(2판). 라이프사이언스

유기화학교재편찬위원회(1994). 유기화학. 도서출판 대학서림

최병범(2011). 필수유기화학. 도서출판 대학서림

ㅇ

ㅈ

기타

저자 소개

최병범

연세대학교 생화학과 학사

연세대학교 생화학과 석사

연세대학교 생화학과 박사

현재 신한대학교 식품조리과학부 식품영양학전공 교수

2판 유기화학

2015년 2월 9일 초판 인쇄 | 2015년 2월 16일 초판 발행 | 2020년 1월 15일 2판 발행

지은이 최병범 | **펴낸이** 류원식 | **펴낸곳** **교문사**

편집부장 모은영 | **책임편집** 성혜진 | **본문 디자인** 황순하 | **표지 디자인** 베이퍼 | **본문편집** 벽호미디어
제작 김선형 | **영업** 정용섭·송기윤·진경민 | **출력·인쇄** 삼신인쇄 | **제본** 한진제본

주소 (10881)경기도 파주시 문발로 116 | **전화** 031-955-6111 | **팩스** 031-955-0955
홈페이지 www.gyomoon.com | **E-mail** genie@gyomoon.com
등록 1960. 10. 28. 제406-2006-000035호
ISBN 978-89-363-1880-2(93590) | 값 19,500원

* 저자와의 협의하에 인지를 생략합니다.
* 잘못된 책은 바꿔 드립니다.